这样养 肉牛 才赚钱

肖冠华 编著

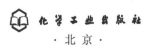

U0231179

化学工业出版社

·北京·

图书在版编目（CIP）数据

这样养肉牛才赚钱/肖冠华编著. —北京：化学
工业出版社，2018.3（2022.4重印）
ISBN 978-7-122-31268-6

Ⅰ.①这… Ⅱ.①肖… Ⅲ.①肉牛-饲养管理
Ⅳ.①S823.9

中国版本图书馆CIP数据核字（2017）第325412号

责任编辑：邵桂林 　　　　　　文字编辑：陈　雨
责任校对：宋　夏 　　　　　　装帧设计：王晓宇

出版发行：化学工业出版社（北京市东城区青年湖南街13号　邮政编码100011）
印　　装：涿州市般润文化传播有限公司
850mm×1168mm　1/32　印张10½　字数326千字
2022年4月北京第1版第5次印刷

购书咨询：010-64518888 　　　　　　售后服务：010-64518899
网　　址：http：// www.cip.com.cn
凡购买本书，如有缺损质量问题，本社销售中心负责调换。

定　　价：39.80元 　　　　　　　　　版权所有　违者必究

　　为什么同样是搞养殖，有的人赚钱，有的人却总是赔钱。而赔钱的这部分人里边，有很多人对搞好养殖可谓是勤勤恳恳、兢兢业业，付出的很多，到头来收入与付出却不成正比。问题出在哪里？

　　我们知道，养殖涉及品种选择、场舍建设、饲养管理、饲料营养、疾病防控、产品销售等各方面。养殖要选择优良品种，因为优良品种普遍具有生长速度快、适应性强、抗病力强、饲料转化率高、受市场欢迎等特点，所以优良品种是实现高产高效的基础。养殖场应因地制宜，选用高产、优质、高效的畜禽良种，品种来源清楚、检疫合格，实现畜禽品种良种化。养殖场选址布局要科学合理，符合防疫要求，畜禽圈舍、饲养和环境控制等生产设施、设备满足规模化生产的需要，实现养殖设施化，既能为所养殖的品种提供舒适的生产环境，又能提高养殖场的生产效率。饲养管理是养殖场日常的主要工作，贯穿于畜禽养殖的整个过程，规范化管理的养殖场应制定并实施科学规范的畜禽饲养管理规程，配备与饲养规模相适应的畜牧兽医技术人员，配制和使用安全高效饲料，严格遵守饲料、饲料添加剂和兽药使用的有关规定，生产过程实行信息化动态管理。疾病的防控也是养殖场不可忽视的重要环节，只有畜禽不得病或者少得病，养殖场才能平稳运行，为此养殖场要有完善的防疫设施、健全的防疫制度，加强动物防疫条件审查，实施科学的畜禽疫病综合防控措施，有效防止养殖场重大动物疫病发生，对病死畜禽实行无害化处理。畜禽粪污处理方法要得当，设施齐全且运转正常，达到相关排放标准，实现粪污处理无害化或资源化利用。

养殖场既要掌握和熟练运用养殖技术，在实现养得好的前提下，还要想办法拓宽销售渠道，实现卖得好。做到生产有水平、产品有出路、效益有保障。规模养殖场要创建自己的品牌，建立自己的销售渠道。养殖场加入专业合作社或与畜产品加工龙头企业、大型批发市场、超市、特色饭店和大型宾馆、饭店等签订长期稳定的畜产品购销协议，建立长期稳定的产销合作关系，可有效解决养殖场的销售难题。同时，还要充分利用各种营销手段，如区别于传统营销的网络营销，网络媒介具有传播范围广、速度快、无时间地域限制、无时间约束、内容详尽、多媒体传送、形象生动、双向交流、反馈迅速等特点，可以有效降低企业营销信息传播的成本。利用大数据分析市场需求量与供应量的关系，通过政府引导生产，合理增减砝码，使畜禽供给量与需求量趋于平衡，避免畜禽产品因供求变化过大而导致价格剧烈波动。常见的网上专卖店、网站推广、QQ群营销、微博营销、微信朋友圈营销等电商平台均可取得良好的效果。以观光旅游畜牧业发展为载体，促使城市居民走进养殖场区，开展动物认领和认购活动，实现生产与销售直接挂钩。这也是一种很好的销售方式。实体店的专卖店、品鉴店体验等体验式营销也是拓宽营销渠道的方式之一。在体验经济的今天，养殖场如果善于运用体验式营销，一定能够取得消费者的认可，俘获消费者的心，赢得消费者的忠诚度，并最终为企业带来源源不断的利润。以上这些方面的工作都做好了，实现养殖赚钱不难。

经济新常态和供给侧改革对规模化养殖场来说，机遇与挑战并存。如何适应经济新常态，规避风险，做好规模养殖场的经营管理，取得好的养殖效益，是每个养殖场经营管理者都需要思考的问题。笔者认为要想实现经济新常态下养殖效益最大化，养殖场的经营管理者要主动去适应，而不是固守旧的观念，不能"只管低头拉车，不管抬头看路"。必须不断地总结经验教训，更重要的是养殖场的经营管理者必须不断地学习新知识、新技术，特别是新常态和"互联网＋"下养殖场的经营管理方法，这样才能使养殖场的经营管理始终站在行业的排头。

本书共分为了解肉牛、选择优良的肉牛品种、建设科学合理的肉牛场、掌握规模化养肉牛关键技术、满足肉牛的营养需要、实行精细化饲养管理、科学防治肉牛疾病和科学经营管理8章及附录。

本书紧紧围绕养肉牛成功所必须做到的各个生产要素进行重点阐述，使读者能够学到养肉牛赚钱的必备知识和符合实际的经营管理方法。本书结构新颖，内容全面充实，紧贴肉牛生产实践，可操作性强，无论是新建场，还是老场，均具有极强的指导作用和实用性。

本书在编写过程中，参考借鉴了国内外一些肉牛养殖专家和养殖实践者实用的观点与做法，在此对他们表示诚挚的感谢！由于笔者水平有限，书中很多做法和体会难免有不妥之处，敬请批评指正。

畜禽养殖是一门实践科学，很多一线养殖实践者更有发言权，也有很多好的做法，希望读者朋友在阅读本书的同时，就有关肉牛养殖管理方面的知识和经验进行交流和探讨，我的微信公众号"肖冠华谈畜牧养殖"，期待大家的到来！

编著者
2018 年 1 月

目 录
CONTENTS

附 录

参考文献

第一章

养肉牛就要了解肉牛

　　肉牛是以牛肉生产为主的牛。肉牛具有身躯丰满、肉质口感好、增重快、产肉性能好、饲料利用率高等特点。与其他种类的牛相比，肉牛具有生长快、产肉多等特点。肉牛养殖不仅能提供肉用品，还可提供其他与牛肉相关的副食品。

　　了解肉牛的生物学特性，可以更好地帮助养殖场（户）科学合理地利用肉牛的习性和特点，为肉牛提供更好的饲养条件，最大限度地发挥肉牛的生产潜力，提高饲养效益。

一、肉牛的生物学特性

1. 耐寒不耐热

　　牛体型较大，单位体重的体表面积小，皮肤散热比较困难，因此，牛比较怕热，但具有较强的耐寒能力。在−18℃ 的环境中，乳牛亦能维持正常的体温，但低温时，牛需采食大量饲料来维持一定的生产力水平。高温时，牛的采食量会大幅度下降，导致肉牛的生长发育速度减慢和乳牛的泌乳量明显下降。高温对牛的繁殖性能也有很大的影响，可使公牛的精液品质和母牛的受胎率降低。因此，生产中必须采取防暑降温措施，以减少高温对牛的影响，并避免在盛夏时采精和配种。

2. 反刍与嗳气

　　牛是反刍动物，有四个胃，即瘤胃、网胃、瓣胃和皱胃。前三个胃没有腺体，又称前胃；只有皱胃能分泌胃液，又称真胃。

牛无门齿和犬齿,靠高度灵活的舌把草卷入口中,并借助头的摆动将草扯断,匆匆咀嚼后即吞咽入瘤胃。休息时,瘤胃中经过浸泡的食团通过逆呕重回到口腔,经过重新咀嚼并混入唾液后再吞咽入瘤胃,这个过程称为反刍。牛每天需要 6～8 小时进行反刍。反刍能使大量饲草变细、变软,较快地通过瘤胃进入后面的消化道中,这样使牛能采食更多的草料。而瘤胃中寄居着大量微生物,是饲料进行发酵的主要场所,故有"天然发酵罐"之称。进入瘤胃的饲料在微生物的作用下,不断发酵产生挥发性脂肪酸和各种气体(如 CO_2、CH_4、NH_3 等),这些气体由食管进入口腔后,吐出的过程称为嗳气。嗳气也是牛的正常消化生理活动,一旦失常,就会导致一系列消化功能障碍。如当牛采食大量带有露水的豆科牧草和富含淀粉的根茎类饲料时,瘤胃发酵急剧上升,所产生的气体超过嗳气负荷时,就会出现膨气,如不及时救治,就会使牛窒息而死。

3. 食管沟反射

食管沟始于贲门,延伸至网瓣胃口,它是食管的延续,收缩时呈一个中空闭合的管子,使食管直接和瓣胃相通。犊牛哺乳时,引起食管沟闭合,称食管沟反射。这样可防止乳汁进入瘤胃、网胃中由细菌发酵而引起腹泻。

4. 群居性与优势序列

牛喜群居。牛群在长期共处过程中,通过相互交锋,可以形成群体等级制度和优势序列。这种优势序列在规定牛群的放牧游走路线,按时归牧,有条不紊进入挤奶厅以及防御敌害等方面都有重要意义。

5. 食物特性与消化率

牛是草食动物,放牧时喜食高草。在草架上吃草有往后甩的动作,故对饲草的浪费很大。应根据这一采食行为采取合适的饲喂设施和方法。牛喜食青绿饲料和块根饲料,喜食带甜、咸味的饲料,但通过训练能大量采食带酸性成分的饲料。

6. 生殖特性

牛是常年发情的家畜,发育正常的后备母牛在 18 月龄时就可进行初配。母牛发情周期为 21 天左右,妊娠期为 280 天。种公牛一般从

1.5 岁开始利用。

二、肉牛的行为习性

1. 群居行为

牛是群居家畜，具有合群行为，喜群居。

放牧时常以 3～5 头结群活动；舍饲时仅有 2％单独散窝，40％以上 3～5 头结群卧地。根据此特性，在牛群转移时，常以小群驱赶为宜。

牛群过大则会影响牛的辨识能力，增加争斗次数，影响采食。因此，牛群规模应控制在 70 头以下，每头牛的适宜活动面积为15～30 米^2。

2. 排泄行为

牛一天一般排尿约 9 次、排粪12～18 次。牛排泄的次数和排泄量随采食饲料的性质和数量、环境温度以及牛个体不同而异。

虽然牛的排泄行为不能在发生次数上进行特殊调节，又不能使其自觉地在某一区域排泄，但是在夜晚和坏天气情况下，散放牛群倾向于聚集一处，于是所排粪便大量淤积一处。

牛对粪便毫不在意，经常行走和躺卧在排泄物上。有证据表明，乳牛可形成模仿性行为，当一头牛排粪或排尿时，其他牛可能跟着排泄。公牛和母牛正常的排粪姿势是尾巴从尾根处弯曲向上拱起，背拱起，后腿向前撇开。摆出这种姿势可使排泄物污染自身的可能性变小。

3. 交流行为

牛的个体都可以通过传递姿势、声音、气味等不同信号来与同类进行交流，但大多数行为模式都需要学习和训练过程才能准确无误地掌握。通常这种学习过程只发生在一生中的某个阶段，如果错过这个阶段，则无法建立这种相似的行为。如将初生牛隔离 2～3 个月，会发现它们很难与其他犊牛相处。

4. 仿效行为

仿效行为就是相互模仿行为。当一头牛开始从牛舍或牧场走向挤奶厅时，其他牛会跟着走；而其他牛跟着走，第1头牛就会继续走下去。在饲养管理中利用奶牛的这一行为特点，使奶牛统一行动，大大节约了劳动力成本。但仿效行为有时也会带来不良后果。一头牛翻越围栏，其他牛也会跟着跳出去。

5. 寻求行为

牛在恶劣环境下会寻找庇护场所，或聚集在一起共同抵御恶劣条件。放牧牛在遇大风、暴雨时会背对风雨并随时准备逃离。夏季中午炎热时，牛会寻找阴凉或有水的地方休息，而在清晨或傍晚天气凉爽时采食。舍饲奶牛的运动场应设凉棚，供奶牛遮阳、避雨或挡风雪；夏季中午炎热或冬季严寒时，可让奶牛在舍内休息。

6. 探究行为

探究或探索是牛对环境刺激的本能反应，通过看（视）、听、闻（嗅）、尝（味）、触等感觉器官完成。当牛进入新环境（如新圈舍、新牛群）或牛群中引入新个体时，牛的第一表现就是探究，逐步认识、熟悉新环境，并尽量与之适应或加以利用。近距离探察初次见到的物体时，如果牛感到没有危险，便会走向前去，仔细查看一番，通过五官了解该物体的性状，如果口味尚可，它还会嚼一嚼，甚至吞下去。在舍饲条件下，当舍门打开或运动场围栏出现缺口，牛会跑出去探究，有时在"头牛"的带领下，甚至成群牛都会跑出去"溜达"。犊牛比成年牛更具好奇心，其探究行为也更为强烈。

7. 性行为

性行为包括求爱和交配。母牛发情时，体内雌激素增多，并在少量孕酮的协同作用下刺激性中枢，使之发生性兴奋，表现为精神不安，食欲减退，产奶量下降，不停走动、哞叫，爬跨其他牛，接受其他牛爬跨，尾根屡屡抬起或摇摆，频频排尿，外阴充血、肿胀，分泌黏液等。公牛靠视觉和嗅觉发现发情母牛，通常能在适合配种前24～48小时"检测"到发情母牛。其求爱方式包括跟随母牛，头颈水平伸展，嘴唇翻卷，嗅舔母牛外阴部，下颚和喉咙放在母牛臀腰部等。干奶期母牛和青年牛发情时乳房增大，而泌乳母牛经常会发生产奶量急剧下降的情况。

8. 母性行为

母性行为包括哺乳、保护（护犊）和带领犊牛等。牛出生后，母牛即表现出强烈的护犊行为，即通常所说的母性，它会站起来，舐干犊牛身上的黏液，并发出亲昵的呼叫声。当犊牛试图站立、跟跄学步时，母牛会表现出十分担心，紧张不安；最后，犊牛在母牛不断的舐护和呼叫声鼓励下，终于站立起来并寻到乳头，开始吮乳。新生犊牛视觉尚不完善，但可依靠听、嗅、触、味觉辨识其母亲。母牛对犊牛十分护恋，在牧场上母牛会把犊牛藏到隐蔽的地方；犊牛睡觉时，母牛就在附近吃草，还要不时回到藏身处去喂犊牛。若在犊牛出生后不久（1～2 小时内）就把它从母牛身边移走，过一段时间再将它抱回，则常被母牛拒绝。因此，及时将初生犊牛和母牛分开，对消除母子互恋的纽带关系，提高母牛的产奶量，具有重要意义。

9. 牛鼻唇线的黏液分泌

成年牛的黏液分泌率为 0.8 毫克/（米^3·分），当给予适口性好的饲料时，其分泌量可加倍。这种分泌物可蒸发冷却鼻镜。当鼻唇线分泌停止，鼻镜干燥结痂、发热时，说明牛发病了。

10. 攻击性行为

牛之间的攻击行为和身体相互接触主要发生在建立优势序列（排定位次）阶段。正面（头对头）的打斗是最具攻击性的，而以头部撞击肩与腰窝等部位也非常激烈。一旦这种位次关系排定之后，示威性行为将成为主导。向对方表现出顶撞和摆头行为可能会导致示威行为的升级，从而演变成相互攻击。如果诸如食物、饮水和躺卧位置等资源条件受到限制，可能会激发牛之间大量的、剧烈的攻击性行为。

11. 躺卧行为

牛有明显的生理节律，其休息、采食和反刍等主要行为会按照固定模式交替进行。同时，牛又是群居动物，因此一群成牛有时会在同一时间段进行相同的行为活动。这种生理节律是很难改变的，因此在舍饲饲养过程中就可能引起问题，例如，在设计奶牛场时，自动挤奶设施或者饲料通道等都是以个体行为模式为依据来进行设计的，而没有充分考虑奶牛群居的习性和行为的统一性，从而导致数量和面积等指标相对较小，限制了奶牛的部分行为和活动。

三、牛的异常行为

了解异常行为，首先要知道正常行为。正常行为是指动物在环境能够满足其各种需要的条件下（无应激、无剥夺、无疾病）的行为表现。而异常行为是动物偏离正常范围的行为，但构成异常行为至少应满足：明显偏离一个物种或品种的行为规范；不能满足生存或生活需要；导致自身或其他个体的损伤。

异常行为的特点是无目的性或对自身或对其他个体有害。如争斗增多，个体间相互伤残现象加剧（如咬尾、咬耳），笼养鸡的啄肛、啄羽等，对动物不利。

牛的异常行为有卷舌、幼犊吸吮和成牛吮奶等。卷舌表现为牛将头向前伸平，舌头伸出口外或由一侧摆向另一侧，或将舌头伸出再卷回，如此反复不断。幼犊吸吮表现为吸吮同伴身体的许多部位，如嘴、耳、脐部、包皮、乳房等。主要发生在育肥犊牛及育成牛，后备犊牛也多表现，群养牛表现最为普遍，有时相互吸吮。成牛吮奶是泌乳母牛及育成母牛所表现的行为，有吸吮其他牛的奶和吮自己的奶两种形式。

异常行为的矫正不能通过药物，而是找出异常的行为学原因，以便采取有效的对策。

四、掌握肉牛的生理数据

1. 正常体温范围

牛的正常体温范围为 37.5～39.1℃。

2. 正常心率

初生犊牛的脉搏为 70～80 次/分，成年牛为 40～60 次/分，泌乳牛和怀孕后期的母牛比空怀母牛高些。

3. 正常呼吸频率

牛的正常呼吸频率为 20～28 次/分。

五、牛的生态适应性

1. 温度

牛的最适温度为5～15℃，在－25～－10℃范围内，对奶牛产奶量不会有影响，高温与低温相比，奶牛对高温更为敏感，当气温高于28℃时，奶牛将会产生热应激，产奶量将下降，公牛的精液品质降低，母牛的受胎率会下降。

2. 湿度

气温在24℃以下，空气湿度对奶牛的产奶量、乳成分以及饲料利用率都没有明显的影响，但当气温超过24℃时，相对湿度升高，奶牛的产奶量和采食量都下降，高温高湿条件下，奶牛的产奶量下降，乳脂率降低。

六、年龄与肥育牛生产力的关系

1. 年龄与肥育期的关系

研究表明，肥育（也称育肥）达到相同体重所需的时间随年龄不同而不同。24月龄牛需5～6个月，12月龄牛需8～9个月，6月龄牛需10～12个月。犊牛延长饲养期比老年牛有利，如果把年龄不同的阉牛置于相同条件下肥育，壮年牛达到相同体重所需的时间较短。

2. 年龄对肥育总增重的影响

一般规律是，肥育的初始阶段日增重较高，肥育末期日增重较低。不同年龄牛达到肥育结束时的体重及增重量是不同的。犊牛的总增重量为开始肥育时体重的1倍以上，1岁牛则为原体重的70％以上，2岁牛只有原体重的30％～40％。

3. 年龄与利用牧草的关系

1岁牛的胃容量小于大牛（或老牛），所以若以牧草为肥育的主要饲料，幼牛的生长速度低于成年牛，因此有些地区以牧草肥育成年牛尚可获得满意的效果，而犊牛则不理想。

4. 年龄与饲养管理的关系

年轻的牛能适应不同的饲养管理，所以在市场上出售时较老年牛有利；在市场变化时，年轻牛变更饲养标准，可以延长或缩短肥育期，老年牛在已沉积较多脂肪时，如遇市场变化，要变更饲养标准比较难；此外，年轻牛的维持需要小于成年牛，因此较经济。

5. 年龄与饲料总消耗量的影响

在饲养期饲喂充足的谷类及高品质粗饲料时，年龄小的牛每日消耗饲料量少，但饲养期长；而年龄大一些的牛，虽然每日采食量大，但饲养期短。在一定年龄条件下，达到上等肉牛品质时，年龄的差异和饲料的总消耗量无大的不同。但在充分给予粗饲料，限制谷类饲料时，1～2 岁的架子牛能获得满意的效果，但犊牛不会获得好的效果，因为犊牛的消化器官不能大量利用粗饲料。

因此，购买哪种年龄的牛非常重要，需根据实际情况慎重考虑。计划饲养 100～150 天便出售，不宜选购犊牛，而应选购 1～2 岁的架子牛；在秋天购架子牛，第二年出栏时，应选购 1 岁左右小牛，而不宜购大牛，因大牛冬季用于维持饲料多而不经济；利用大量粗饲料时，选购 2 岁牛较犊牛有利。总之，在选择肥育牛时，要把年龄和饲养效益紧密结合考虑。

七、肉牛各生长阶段的划分及特点

肉牛生长发育阶段一般可以划分为胚胎期、哺乳期、幼年期、青年期和成年期。

1. 胚胎期

胚胎期指从受精开始到出生的时期。胚胎期又可分为卵子期、胚胎分化期和胎儿期三个阶段。卵子期是指从受精卵形成到 11 天受精卵与母体子宫发生联系，即着床的阶段。胚胎分化期是指从着床到胚胎 60 日阶段。此前 2 个月开始直到分娩前为止为胚胎期，此期为身体各组织器官强烈增长期。胚胎期的生长发育直接影响了牛犊的初生重大小，与成年体重呈正相关，从而直接影响肉牛的生产力。

2. 哺乳期

哺乳期指从牛犊出生到 6 月龄断奶的阶段。这是牛犊对外界条件逐渐适应、各种组织器官功能逐步完善的时期。该期牛的生长速度和强度是最快的时期。犊牛哺乳期生长发育所需的营养物质主要靠母乳提供，因而母牛的泌乳量对哺乳犊牛的生长速度影响极大。一般犊牛断奶的变异性，50％～80％受它们母亲产奶量的影响。因此，如果母牛在泌乳期因营养不良或疾病等影响了泌乳性能，就会对哺乳犊牛产生不良影响，从而影响肉牛的生产力。

3. 幼年期

幼年期指犊牛从断奶到性成熟的阶段。此期牛的体型主要向宽深方面发展，后躯发育迅速，骨骼和肌肉生长强烈，性功能开始活动。体重的增长在性成熟前呈加速趋势，绝对增重随年龄增加而增大，体躯结构趋于稳定。该期对肉牛生产力的定向培育极为关键，可决定此阶段后的养牛生产方向。

4. 青年期

青年期指从性成熟到体成熟的阶段。这一时期的牛除高度和长度继续增加外，宽度和深度发育较快，特别是宽度的发育最为明显。绝对增重达到高峰，增重速度开始减慢，各组织器官发育完善，体型基本定型，直到达到稳定的成年体重。这一时期是肥育肉牛的最佳时期。

5. 成年期

成年期指从发育成熟到开始衰老这一阶段。牛的体型、体重保持稳定，脂肪沉积能力大大提高，性功能最旺盛，所以公牛配种能力最强；母牛泌乳稳定，可产生初生重较大、品质优良的后代。成年牛已度过最佳肥育阶段，所以主要是作为繁殖用牛，而不是肥育用牛。在此以后，牛进入老年期，各种功能开始衰退，生产力下降，生产中一般已无利用价值。大多在经短期肥育后直接屠宰，但肉的品质较差。

八、肉牛生长发育的不平衡性

平衡是指牛在不同的生长阶段，不同的组织器官生长发育速度不同。某一阶段这一组织发育得快，下一阶段另一器官生长得快。了解这些不平衡规律，就可以在生产中根据目的的不同利用最快的生长阶段，实现生产效率和经济效益多快好省。肉牛生长发育的不平衡主要有以下几个方面的表现。

1. 体重增长的不平衡性

牛体重增长的不平衡性表现在 12 月龄以前的生长速度很快。从出生到 6 月龄的生长速度要远大于从 6 月龄到 12 月龄。12 月龄以后，牛的生长明显减慢，接近成熟时的生长速度则很慢。因此，在生产上，应掌握牛的生长发育特点，利用其生长发育快速阶段给予充分的营养，使牛能够快速生长，提高饲养效率。

2. 骨骼、肌肉和脂肪生长的不平衡性

牛的各种体组织（骨骼、肌肉、脂肪）占胴体重的百分率，在生长过程中变化很大。肌肉在胴体中的比例先是增加，而后下降；骨骼的比例持续下降；脂肪所占的百分率持续增加，牛年龄越大，脂肪的百分率越大。各体组织所占的比重，因牛品种、饲养水平等的不同也有差别。骨骼在胚胎期的发育以四肢骨的生长强度大，如果营养不良，使肉牛在胚胎期生长最旺盛的四肢骨受到影响，其结果是犊牛在外形上会表现出四肢短小、关节粗大、体重较轻的缺陷特征。肌肉的生长与其功能密切相关。不同部分的肌肉生长速度也不平衡。脂肪组织的生长顺序：先网油和板油，再储存为皮下脂肪，最后才沉积到肌纤维间，形成牛肉的大理石状花纹，使肉质嫩度增加，肉质变嫩。

3. 组织器官生长发育的不平衡性

各种组织器官生长发育的快慢，因其在生命活动中的重要性不同而不同，凡对生命有直接、重要影响的组织器官，如脑、神经系统、内脏等，在胚胎期一般出现较早，发育缓慢而结束较晚；而对生命重要性较差的组织器官，如脂肪、乳房等，则在胚胎期出现较晚，但生长较快。器官的生长发育强度随器官的功能变化也有所不同。如初生犊牛的瘤胃、网胃和瓣胃的结构与功能均不完善，皱胃比瘤胃大一半。但随着年龄和饲养条件的变化，瘤胃从 2～6 周龄开始迅速发育，至成年时瘤胃占整个胃重的 80%，网胃和瓣胃占 12%～13%，而皱胃仅占 7%～8%。

4. 补偿生长

幼牛在生长发育的某个阶段，如果营养不足而增重下降，在后期某个阶段恢复良好的营养条件时，其生长速度就会比一般牛快。这种特性叫作牛的补偿生长。牛在补偿生长期间，饲料的采食量和利用率都会提高。因此生产上对前期发育不足的幼牛常利用牛的补偿生长特性在后期加强营养。牛在出售或屠宰前的肥育，部分就是利用牛的这一生理特性。但是并不是任何阶段和任何程度的发育受阻都能进行补偿，补偿的程度也因前期发育受阻的阶段和程度不同而不同。

九、母牛发情规律

1. 发情的周期及影响因素

母牛发情周期一般为18～23天。发情持续时间为24～72小时。发情正常与否和持续时间的长短，常受年龄、膘情、气候环境等因素的影响。一般年老体衰、营养不良的母牛，异常发情较多。育成母牛发情持续时间较长。久旱不雨、气温干燥，发情牛少，持续期长。阴雨天，湿度大，发情牛多，排卵快。

除此之外，发情牛的卵泡类型、发育形状、泡体大小、质地软硬，跟发情持续期的长短、排卵快慢也有密切关系。从卵泡体积上看，大型泡持续时间长，排卵慢。而中、小型泡发育迅速，排卵较快，尤其小型泡不可忽视。从发育性状上看，卵泡质地硬，泡壁厚，持续时间长，排卵慢；质地软，泡壁薄，持续时间短，排卵快。卵泡质地的软硬又多取决于卵巢基础的软硬。故在发情鉴定中，应以卵泡质地软硬为主、以体积大小为辅来准确确定输精的适宜时间。

2. 发情周期的生理参数

（1）发情周期的计算方法　相邻2次发情（以出现日期为准）的间隔天数称为一个发情周期。通常以2次发情开始的间隔天数作为发情周期。习惯上把出现发情当天算为零天，零天也就是上一个发情周期的最后1天。

牛的发情周期为20～21天，18～24天属正常范围。周期长度存在着年龄上的差异，青年母牛平均20天，成年母牛为21天。

（2）发情期长度　发情期长度也称为发情持续期，是指母牛有发情表现的全部过程所需要的时间。在有公牛的情况下，指有公牛跟随开始到无公牛跟随为止的这段时间，发情期长度的范围很大，6～36小时不等，平均为18小时。

（3）排卵时间

① 测定方法　每间隔一定时间（2小时或4小时）进行1次直肠检查，至排卵为止。

② 计算方法　统计自发情开始到排卵发生所间隔的小时数。或者统计自发情结束到排卵发生间隔的小时数。在生产实践中应根据发情的出现时间估计排卵时间与最佳输精时间。母牛的排卵时间与营养状况有很大关系，营养正常的母牛约75.3％集中在发情开始后21～35小时之内；而营养水平低的母牛只有68.9％集中在21～35小时之内。

（4）产后发情的出现时间　肉牛产后第1次发情距分娩平均为63（40～110）天，但大多数产犊哺乳母牛当年不发情。

十、牛初乳的重要性

母牛产犊后开始分泌的乳叫初乳。牛的初乳中含有较多干物质，黏度大，能覆盖在消化道表面，起到黏膜的作用，可阻止细菌侵入血液；初乳中含有较高酸度，可使胃液变成酸性，从而刺激消化道分泌消化液，而且有助于抑制有害细菌的繁殖；初乳中含有丰富而易消化的养分，其中蛋白质含量较常乳高4～7倍，乳脂肪多1倍左右，维生素A、维生素D多10倍左右，各种矿物质含量也很丰富；初乳中含有溶菌酶和免疫球蛋白，能消灭进入血液的多种病菌，防止系统感染。保护各种器官黏膜，特别是小肠黏膜免受感染，防止腹泻，同时阻止微生物进入血液。初乳中还含有较多镁盐，有利于胎粪的排出。由此可见，给新生犊牛饲喂初乳是增强犊牛健康和提高新生犊牛成活率的最重要措施之一。

动物血液中的抗体或免疫球蛋白是构成动物免疫系统的重要组成部分，通常动物就是依靠这些抗体鉴别和消灭有害细菌和其他外来物质来保护自身健康。由于母牛的胎盘的特殊结构，母牛血液中的免疫球蛋白不能透过胎盘传给胎儿，致使新生犊牛血液中不含抗体，所以新生犊牛没有任何抗病力，患病率和死亡率极高。

实践证明，犊牛只能依靠从初乳中得到免疫球蛋白而获得被动性免疫。犊牛出生后，最初几小时对初乳的免疫球蛋白的吸收率最高，平均为 20%，变化范围在 6%～45%，而后急速下降，生后 24 小时的犊牛无法吸收完整的免疫球蛋白抗体。若犊牛在出生后 12 小时内没能吃上初乳，就很难获得足够的抗体。生后 24 小时才饲喂初乳的犊牛，其中会有 50% 的犊牛因不能吸收抗体，缺乏免疫力而难以成活。因此，初生犊牛饲养管理的重点是及时饲喂初乳，保证犊牛健康。

十一、牛的消化器官

1. 口腔

牛没有上切齿，只有臼齿（板牙）和下切齿。牛是通过左右侧臼齿轮换与切齿切断饲草，在唾液润滑下吞咽入瘤胃，反刍时再经上下齿仔细磨碎食物。

2. 四个胃区

牛有四个胃，即瘤胃、网胃（蜂巢胃）、瓣胃（腺胃）、皱胃（真胃）。由于牛本身营养的需要，必须采食大量饲草、饲料，因此消化道有较大容量来加工和吸收营养物质。消化道中以瘤胃的容量最大。

3. 小肠与大肠

食入的草料在瘤胃发酵形成食糜，通过其余三个胃进入小肠，经过盲肠、结肠，然后到大肠，最后排出体外。整个消化过程大约需 72 小时。

十二、肉牛体重估算方法

新西兰 Tim 教授分享的一套肉牛体重估算表，可以根据测量牛的围长来估计牛的活重。

第一步：测量牛时牛需站在平地上，牛头不要朝地。在牛的前腿 5～10 厘米后处，如图 1-1 所示处测量（图 1-1 中竖黑线位置为正确的测量点），测量时要把皮尺拉紧，让牛的毛和肉紧贴，记下围长的长度（厘米）。

第二步：估算牛的体况，如瘦、一般、肥或太肥。然后查表 1-1，对应的数据即为该牛的活重估算值。

图 1-1　测量点示意图

表 1-1　肉牛的活重皮尺测量表

围长尺寸/厘米	体况/千克			围长尺寸/厘米	体况/千克		
	瘦	一般	肥或太肥		瘦	一般	肥或太肥
80	49	47	44	102	98	94	89
81	51	49	46	103	101	97	91
82	52	50	47	104	105	100	95
83	54	52	49	105	106	101	96
84	56	54	51	106	108	103	98
85	59	56	53	107	112	107	101
86	60	57	54	108	116	111	105
87	61	58	55	109	121	116	109
88	64	61	58	110	125	120	113
89	66	63	60	111	127	122	115
90	69	66	62	112	129	123	117
91	70	67	63	113	133	127	120
92	72	69	65	114	137	131	124
93	75	72	68	115	140	134	127
94	78	75	71	116	142	136	128
95	80	77	72	117	146	140	132
96	82	78	74	118	151	144	136
97	84	80	76	119	154	147	139
98	87	83	79	120	156	149	141
99	91	87	82	121	161	154	146
100	94	90	85	122	165	158	149
101	95	91	86	123	171	164	155

续表

围长尺寸	体况/千克			围长尺寸	体况/千克		
/厘米	瘦	一般	肥或太肥	/厘米	瘦	一般	肥或太肥
124	174	166	157	162	359	343	324
125	176	168	159	163	367	351	332
126	181	173	164	164	374	358	338
127	186	178	168	165	382	365	345
128	191	183	173	166	390	373	353
129	194	186	175	167	394	377	356
130	196	188	177	168	397	380	359
131	202	193	183	169	405	387	366
132	208	199	188	170	414	396	374
133	213	204	193	171	422	404	381
134	215	206	194	172	426	408	385
135	219	210	198	173	430	411	389
136	225	215	203	174	439	420	397
137	230	220	208	175	447	428	404
138	233	223	213	176	451	431	408
139	236	226	211	177	456	436	412
140	242	232	219	178	464	444	419
141	249	238	225	179	473	453	428
142	252	241	228	180	477	456	431
143	255	244	230	181	484	463	437
144	261	250	236	182	491	470	444
145	268	256	242	183	499	477	451
146	274	262	248	184	508	486	459
147	280	268	253	185	513	491	464
148	287	275	259	186	518	496	468
149	290	277	262	187	527	504	476
150	294	281	266	188	537	514	485
151	301	288	272	189	546	522	494
152	308	295	278	190	551	527	498
153	312	299	282	191	556	532	503
154	315	301	285	192	565	541	511
155	322	308	291	193	574	549	519
156	329	315	297	194	584	559	528
157	337	322	305	195	589	564	532
158	340	325	307	196	590	564	533
159	344	329	311	197	603	577	545
160	351	336	317	198	613	586	554
161	355	340	321	199	624	597	564

第二章

选择优良的肉牛品种

"畜牧发展，良种先行"。畜禽良种是畜牧业发展的基础和关键。畜禽良种对畜牧业发展的贡献率超过40％，畜牧业的核心竞争力很大程度上体现在畜禽良种上。

优良品种是现代畜牧业的标志，良种化程度的高低，决定着畜牧业的产业效益，是畜牧业实现产业化、标准化、国际化和现代化的基础。

优良品种具有适应当前生产方式，生长速度快，饲料报酬高的优点，可以有效地节约养殖成本，增产增效明显。

一、目前我国饲养的优良肉牛品种

肉牛即肉用牛，是一类以生产牛肉为主的牛。肉牛的特点是体躯丰满、增重快、饲料利用率高、产肉性能好、肉质口感好。肉牛不仅为人们提供肉用品，还为人们提供其他副食品。

1. 引进品种

国外优良肉牛品种具有生长速度快，饲料转化率高，产肉量高等特点，引进国外优良肉牛品种，不仅可以用于宰杀，提供高品质牛肉，而且可以改良我国本地的牛品种，使它们在生长速度、饲料转化率、产肉量等方面，都有较大的提高。但是，国外肉牛品种，自身也存在着诸多的不足，如抗逆性、耐粗饲等方面就不如我国的本土牛品种，这些问题都是在引进与养殖中应该加以注意的。

（1）西门塔尔牛　西门塔尔牛（图2-1）原产于瑞士西部的阿尔

卑斯山区，因"西门"山谷而得名。原为役用品种，因社会经济发展的需要，经过长期选育，形成了乳肉兼用牛种。自20世纪60年代末引入北美后，被育成肉用品种，丰富了遗传特性，得到广泛的推广应用。它是世界著名的乳肉兼用品种。我国东北、华北、西北及南方一些地方均有饲养。该品种由于常年在山地放牧饲养，因此具有体躯粗大结实，耐粗饲，适应性强等特点。在肉牛杂交体系中，通常被作为"外祖父"角色生产优质牛肉。

图 2-1　西门塔尔牛

【**体型外貌**】该品种牛体格粗壮结实，头、颈中等，额部较宽，公牛角平出，母牛角多数向外上方伸曲。颈垂发达，前躯发育较后躯好，乳房发达，胸深、体躯呈圆筒形，腰宽身躯大。尻部长宽平直，肌肉丰满，四肢粗壮结实，肌肉发达。蹄圆厚。毛色多为红白花、黄白花，乳白毛多在肩胛、腰部绕体躯呈带状分布，头部白色或带小块色斑，腹、腿部和尾帚均为白色。鼻镜、眼睑、皮肤为粉红色。

【**生产性能**】西门塔尔牛耐粗放，适应性、抗病性及繁殖力均强，肉质好，产乳量高，乳脂率高，是具有多种经济用途的优秀兼用品种。一般成年公牛体重为1000～1200千克，成年母牛体重为650～700千克。公犊初生重45千克左右，母犊重44千克左右，周岁体重可达454千克。经育肥屠宰率可达55%～65%。

年平均产乳量为4070千克，乳脂率为3.9%。用西门塔尔牛杂交改良本地黄牛，西杂一代初生重一般为32千克，12月龄体重200千克，18月龄体重277.3千克，比本地牛分别提高49%、48.6%和37.9%，改良效果显著。

【**繁殖性能**】西门塔尔牛常年发情，发情持续期20～36小时，情期受胎率一般在69%以上，妊娠期284天。种公牛的精液射出量都比较大，5～7岁的壮年种畜每次射精量在5.2～6.2毫升，鲜精活力0.60左右，平均密度11.1左右，冷冻后活力保持在0.34～0.36。西门塔尔种公牛每年能生产11000毫升左右的精液，是产量比较大的牛种，对改良黄牛十分有利。

（2）夏洛莱牛　夏洛莱牛（图2-2）原产于法国的夏洛莱及涅夫勒地区。夏洛莱牛是现代大型肉用育成品种之一。1964年以后我国陆续从法国引进。世界公认，夏洛莱牛15月龄以前的日增重超过其他品种，故常用来作为经济杂交的父本。

图2-2　夏洛莱牛

【体型外貌】体大而强壮，毛色为乳白色或枯草黄色。头小而宽短，角中等粗细，向两侧或前方伸展。胸深肋圆，背厚腰宽，臀部丰圆。全身肌肉十分发达，使身躯呈圆筒形，后腿部肌肉尤其丰富，常形成"双肌"特征。牛角和蹄呈蜡黄色。鼻镜、眼睑等为肉色。

【生产性能】6月龄公犊体重可达234千克，母犊为210.5千克，日增重公犊1～1.2千克，母犊1.0千克。周岁公、母牛体重分别可达458.4千克和368.3千克。阉牛14～15月龄体重为495～540千克。成年公牛体重一般为1100～1200千克，母牛为700～800千克。肥育期平均日增重1.88千克，屠宰率65％～70％。夏洛莱母牛产奶量为1700～1800千克，个别牛达到2700千克，乳脂率4.0％～4.7％。

夏洛莱牛有两大特点：一是早期生长发育快，二是瘦肉多，可以在较短时间内以最低廉的成本生产出最大限度的肉量。饲料报酬高，产肉性能好，适应性强，具有皮薄、肉嫩、胴体瘦肉多、肉佳味美的特点。用夏洛莱牛改良本地黄牛，其后代个体大，生长快，全身肌肉丰满。杂种牛初生重30千克，1月龄平均日增重1000克（比本地牛提高25％），18月龄体重可达250～300千克（比本地牛提高50％），屠宰率为48.3％～50.4％。

【繁殖性能】母牛出生后396天开始发情，在长到17～20月龄时可配种，但此时期难产率高达13.7％，因此在原产地将配种时间推迟到27月龄，要求配种时牧牛体重达500千克，约3岁时产犊。

（3）安格斯牛　安格斯牛（图2-3）是英国最古老的肉用牛品种之一。现在世界主要养牛国家大多数都饲养这一品种牛，是英国、美

国、加拿大、新西兰和阿根廷等
国的主要牛种之一。

图 2-3　安格斯牛

【体型外貌】安格斯牛体格低
矮，体质紧凑、结实。头小而方
正，头额部宽而额顶突起，颈中
等长，背线平直，腰丰满，体躯
呈圆筒状。四肢短而端正。体躯
平滑丰润，皮肤松软，富弹性，
被毛光亮滋润。安格斯牛无角，
黑色。

【生产性能】体重平均为 500 千克。公牛体重 700～750 千克。公犊
6 月龄断奶体重为 198.6 千克，母犊 174 千克。日增重约为 1000 克。肥
育期日增重（1.5 岁以内）0.7～0.9 千克。安格斯牛肉用性能良好，
胴体品质高，出肉多，肌肉大理石纹很好。屠宰率一般为 60%～65%。

【繁殖性能】安格斯牛早熟易配，12 月龄性成熟，但常在 18～20
月龄初配；在美国育成的较大型安格斯牛可在 13～14 月龄初配。产
犊间隔短，一般都是 12 个月左右，连产性好，极少难产。

（4）利木赞牛　利木赞牛（图 2-4）原产于法国中部利木赞高原，
是专门肉用品种，为法国第二大品种。比较耐粗饲，生长快，单位体
重增加需要的营养较少，胴体优质
肉比例较高，大理石状纹形成较
早，母牛很少难产，容易受胎，在
肉牛杂交体系中起良好的配套作
用。目前世界上有 54 个国家引入
利木赞牛。我国首次是从法国进口
的，因毛色接近中国黄牛，比较受
群众欢迎，是我国用于改良本地牛
的第三主要品种。

图 2-4　利木赞牛

【体型外貌】利木赞牛体型小
于夏洛莱牛，骨骼较夏洛莱牛细致，体躯冗长，肌肉充实，胸躯部肌
肉特别发达，肋弓开张，背腰壮实，后躯肌肉明显，四肢强健细致。
蹄为红色。公牛角向两侧伸展并略向外前方挑起，母牛角不很发达，
向侧前方平出。毛色以红黄色为主，腹下、四肢内、眼睑、鼻周、会
阴等部位色变浅，呈肉色或草白色。

【**生产性能**】体早熟是利木赞牛的优点之一，在良好的饲养条件下，公牛10月龄能长到408千克，12月龄达480千克。在原产地，成年公牛体重900～1100千克，母牛600～800千克。公牛体高140厘米，母牛130厘米。犊牛初生重较小，公犊36千克，母犊35千克，这种初生重小、成年体重大的相对性状，是现代肉牛业追求的优良性状。

【**繁殖性能**】难产率极低是利木赞牛的优点之一，无论与任何肉牛品种杂交，其犊牛出生时都比较小，一般要轻6～7千克。一般难产率只有0.5％，是专门肉用品种中最好的品种之一。利木赞母牛在较好的饲养条件下，2周岁可以产犊，而一般情况下，2.5岁产犊。

（5）海福特牛　海福特牛（图2-5）原产于英国西部威尔士地区的海福特县及其毗邻的牛津县等地，是英国最古老的肉用牛品种之一，属中小型早熟的肉用牛品种。我国于1964年以后陆续引入，现分布在全国各地。

【**体型外貌**】海福特牛体型中等，头短额宽，有角者，角呈蜡黄色或白色，向两侧伸展，微向下弯曲。颈短厚，颈垂发达；躯干肌肉丰满，呈圆筒形；肩峰宽大，胸宽而深，肋骨开张，背腰平直宽阔，臀部丰满；四肢短粗，蹄质结实，背毛为暗红色，亦有橙黄色者，具"六白"特征，即头部、垂皮、颈脊连鬐甲、腹下、四肢下部和尾帚六个部位为白色；皮肤为橙黄色。

【**生产性能**】海福特牛具有较高的日增重、屠宰率和饲料报酬率，胴体品质良好。一般初生重：公犊为36千克，母犊为33千克；成年母牛体重可达600～750千克，成牛公牛体重可达1000～1100千克。屠宰率一般为60％～65％。据英国资料报道，犊牛生长快，到12月龄可保持平均日增重1.4千克水平，为体早熟品种，18月龄达到725千克。在我国饲养的海福特牛都尚未达到原种应有的水平。在一般情况下，据黑龙江的资料报道，哺乳期平均日增重：公犊1.14千克，母犊0.5千克。7～12月龄的平均日增重：公牛0.98千克，母牛0.85千克。经肥育后，屠宰率可达67％，

图2-5　海福特牛

净肉率达 60%。脂肪沉积主要在腔脏，胴体上覆盖脂肪较厚，而肌肉间脂肪较少，肉质嫩，多汁。

【繁殖性能】海福特小母牛 6 月龄开始发情，育成到 18 月龄，体重达 500 千克开始配种。发情周期 21 天（18～23 天）。持续期 12～36 小时。妊娠期平均 277 天，范围 260～290 天。

（6）短角牛　短角牛（图2-6）原产于英格兰的诺桑伯、德拉姆、约克和林肯等郡，因该品种牛是由当地土种长角牛改良而来，角较短小，故取其相对的名称而称为短角牛。世界各国都有短角牛的分布，以美国、澳大利亚、新

图 2-6　短角牛

西兰、日本和欧洲各地饲养较多。短角牛的培育始于 16 世纪末 17 世纪初，最初只强调肥育，到 20 世纪初，经培育的短角牛已是世界闻名的肉牛良种了。1950 年，随着世界奶牛业的发展，短角牛中一部分又向乳用方向选育，于是逐渐形成了近代短角牛的两种类型：肉用短角牛和乳肉兼用型短角牛。

① 肉用短角牛

【体型外貌】肉用短角牛被毛以红色为主，有白色和红白交杂的沙毛个体，部分个体腹下或乳房部有白斑；鼻镜粉红色，眼圈色淡；皮肤细致柔软。该牛体型为典型肉用牛体型，侧望体躯为矩形，背部宽平，背腰平直，尻部宽广、丰满，股部宽而多肉。体躯各部位结合良好，头短，额宽平；角短细、向下稍弯，角呈蜡黄色或白色，角尖部为黑色，颈部被毛较长且多卷曲，额顶部有丛生的被毛。该牛活重：成年公牛 900～1200 千克，母牛 600～700 千克左右；公、母牛体高分别为 136 厘米和 128 厘米左右。

【生产性能】早熟性好，肉用性能突出，利用粗饲料能力强，增重快，产肉多，肉质细嫩。17 月龄活重可达 500 千克，屠宰率为 65% 以上。大理石纹好，但脂肪沉积不够理想。

② 乳肉兼用型短角牛

【体型外貌】基本上与肉用短角牛一致，不同的是其乳用特征较为明显，乳房发达，后躯较好，整体体格较大。

【生产性能】泌乳量为 3000～4000 千克；乳脂率为 3.5%～3.7%。

在我国吉林省通榆县繁育了约 40 年的短角牛，第一泌乳期泌乳量平均为 2537.1 千克；以后各泌乳期泌乳量为 2826～3819 千克。其肉用性能与肉用短角牛相似。

③ 与我国黄牛杂交效果　短角牛是世界上分布很广泛的品种。我国自 1920 年前后到新中国成立后，曾多次引入，在东北、内蒙古等地改良当地黄牛。普遍反映杂种牛毛色紫红、体型改善、体格加大、产乳量提高，杂种优势明显。尤其值得一提的是新中国成立后我国育成的乳肉兼用型新品种——草原红牛，就是用乳用短角牛同吉林、河北和内蒙古等地的七种黄牛杂交选育而成的。其乳肉性能都取得全面提高，表现出了很好的杂交改良效果。

（7）皮埃蒙特牛　皮埃蒙特牛（图 2-7）因产于意大利北部皮埃蒙特地区而得名，是古老的牛种，属于欧洲原牛与短角型瘤牛的混合型。皮埃蒙特牛因其具有双肌肉基因，是目前国际公认的终端父本，已被世界 20 多个国家引进，用于杂交改良。我国现在 10 余个省、市推广应用。

【体型外貌】皮埃蒙特牛被毛白晕色，公牛在性成熟时颈部、眼圈和四肢下部为黑色。母牛为全白色，有的个体眼圈为浅灰色，眼睫毛、耳廓四周为黑色，犊牛出生到断奶月龄为乳黄色，4～6 月龄时胎毛褪去后，呈成年牛毛色。各年龄和性别的牛在鼻镜部、蹄和尾扫均为黑色。角型为平出、微前弯，角尖黑色。

【生产性能】皮埃蒙特牛具有高屠宰率和高瘦肉率的优点。据意大利皮埃蒙特牛杂志 1991 年 9 期报道：该品种屠宰率为 66%，胴体瘦肉率高达 340 千克，其肉内脂肪含量低，比一般牛肉低 30%。早期增重快，0～4 月龄日增重为 1.3～1.5 千克，饲料利用率高，成本低，肉质好。周岁公牛体重 400～430 千克，12～15 月龄体重达 400～500 千克，每增重 1 千克体重消耗精料 3.1～3.5 千克。据前南斯拉夫测定，该品种牛屠宰率达 72.8%，净肉率 66.2%，瘦肉率 84.1%，骨肉比 1：7.35。成年公牛体高 140 厘米，体重 800 千克；成年母牛体高 130 厘米，体重 500 千克。280 天泌乳量 2000～3000 千克。

据鲍斯蒂科报道：由于皮埃蒙特牛的眼肌面积特别大，与夏洛莱牛在同等试验条件下，当夏洛莱牛

图 2-7　皮埃蒙特牛

眼肌面积达 107.9 厘米^2 时，皮埃蒙特牛达 121.8 厘米^2。因此生产高档牛排的价值很大。又因其具有低脂肪率、低胆固醇的特点，在意大利牛肉市场成为极受欢迎的肉类。

皮埃蒙特牛还有较高的泌乳能力，一个泌乳期的平均产奶量为 3500 千克，对哺育犊牛具有很大的优势，我国利用皮埃蒙特牛改良黄牛，其母性后代的泌乳能力有所提高。

（8）日本和牛　日本和牛主要包括日本黑牛和日本褐牛两个品种。

① 日本黑牛　日本黑牛又称黑毛和牛（图 2-8），是"日本改良牛"中选育最成功的一个品种，是当今世界公认的品质最优秀的良种肉牛。

图 2-8　日本黑毛和牛

【体型外貌】日本黑牛以黑色为主毛色，在乳房和腹壁有白斑，或者黑被毛中可见散发的白毛。部分体躯可允许显示褐色或浅色至白色色斑。角色浅，皮薄毛顺或卷，体呈筒状，四肢轮廓清楚，肋胸开张良好。

【生产性能】成年母牛体重约 620 千克、公牛约 950 千克，犊牛经 27 月龄肥育，体重达 700 千克以上，平均日增重 1.2 千克以上，其肉多汁细嫩、大理石花纹明显，又称"雪花肉"。肌肉脂肪中饱和脂肪酸含量很低，风味独特，肉用价值极高，在日本被视为国宝，在西欧市场也极其昂贵 。

② 日本褐牛　日本褐牛又称褐色和牛，是"日本改良牛"中选育比较成功的一个品种，在国内占第二位。

【体型外貌】日本褐牛的被毛呈黄褐色或赤褐色，下腹部、下腿肢和后肢内侧色浅，皮肤为淡红色，角和蹄呈褐色。乳房大，柔软而富弹性，乳头大小均匀。

【生产性能】肥育牛在 20 月龄时屠宰，肥育 360 天，结束时体重 566 千克，胴体重 356 千克，屠宰率达 62.9％。在 26 月龄时屠宰，肥育 514 天，结束时体重 624 千克，胴体重 403 千克，屠宰率 64.7％。

2. 培育品种

我国肉牛业在育种领域取得了一定成效，通过国家鉴定成功培育的专门化肉牛已有夏南牛、延黄牛、辽育白牛、云岭牛四个品种，但培育新品种的市场优势尚未充分体现，难以满足国内对于优质肉牛生产及消费的需要。

（1）夏南牛　夏南牛（图2-9）是以夏洛莱牛为父本，以南阳牛为母本，采用杂交创新、横交固定和自群繁育三个阶段，开放式育种方法培育而成的肉用牛新品种。夏南牛含夏洛莱牛血统37.5%，含南阳牛血统62.5%。育成于河南省泌阳县，是我国第一个具有自主知识产权的肉用牛品种。

图2-9　夏南牛

【体型外貌】毛色纯正，以浅黄色、米黄色居多。公牛头方正，额平直，成年公牛额部有卷毛，母牛头清秀，额平、稍长；公牛角呈锥状，水平向两侧延伸，母牛角细圆，致密光滑，多向前倾；耳中等大小；鼻镜为肉色。颈粗壮、平直。成年牛结构匀称，体躯呈长方形，胸深而宽，肋圆，背腰平直，肌肉比较丰满，尻部长、宽、平、直。四肢粗壮，蹄质坚实，蹄壳多为肉色。尾细长。母牛乳房发育较好。

【生产性能】农村饲养管理条件下，公、母牛平均初生重为38千克和37千克；18月龄公牛体重达400千克以上，成年公牛体重可达850千克以上；24月龄母牛体重达390千克，成年母牛体重可达600千克以上。

20头体重为（211.05±20.8）千克的夏南牛架子牛，经过180天饲养试验，体重达（433.98±46.2）千克，平均日增重1.11千克。30头体重（392.60±70.71）千克的夏南牛公牛，经过90天的集中强度育肥，体重达（559.53±81.50）千克，日增重达（1.85±0.28）

千克。

未经育肥的 18 月龄夏南公牛屠宰率 60.13％，净肉率 48.84％，眼肌面积 117.7 厘米²，熟肉率 58.66％，肌肉剪切力值 2.61，肉骨比 4.81：1，优质肉切块率 38.37％，高档牛肉率 14.35％。

【繁殖性能】夏南牛初情期平均 432 天，最早 290 天；发情周期平均 20 天；初配时间平均 490 天；怀孕期平均 285 天；产后发情时间平均 60 天；难产率 1.05％。

（2）延黄牛　延黄牛（图 2-10）的中心培育区在吉林省东部的延边朝鲜族自治州，州内的图们市、龙井市农村和州东盛种牛场为核心区。延吉、和龙、珲春等县市也为繁殖区。延边州饲草资源丰富，是延黄牛的主产区。延黄牛的血统中含延边牛 75％、利木赞牛 25％；采用了杂交-回交-自群繁育、群体继代选育几个

图 2-10　延黄牛

阶段，历时（1979～2006 年）约 28 年。延黄牛是继夏南牛之后，由农业部于 2008 年初宣布培育成功的我国第二个肉用型牛品种，2009 年为农业部在东北肉牛区首推品种之一。

【体型外貌】延黄牛全身被毛颜色均为黄红色或浅红色，股间色淡，公牛角较粗壮、平伸；母牛角细，多为龙门角。骨骼坚实，体躯结构匀称，结合良好，公牛头较短宽，母牛头较清秀，尻部发育良好。

【生产性能】屠宰前短期肥育 18 月龄公牛平均宰前活重 432.6 千克，胴体重 255.7 千克，屠宰率 59.1％，净肉率 48.3％；日增重 0.8～1.2 千克。

延黄牛肉用指数：成年公牛 5.66～6.76 千克/厘米，母牛 4.06～4.58 千克/厘米，分别超出了专门肉用型牛 BPI 的底线值 5.60 千克/厘米和 3.90 千克/厘米。

【繁殖性能】母牛初情期 8～9 月龄，初配期 13～15 月龄，农村一般延后至 20 月龄，公牛 14 月龄；发情周期 20～21 天，持续期约 20 小时，平均妊娠期 283～285 天；公牛初生重平均 30.9 千克，母牛 28.8 千克。公牛射精量 3～5 毫升/次，精子密度 9.5 亿/

毫升，活力0.85，冻精解冻复活率0.43％；牛群平均总受胎率90.7％，产犊间隔360～365天；成年母牛泌乳量达1002.5千克，乳脂率4.31％，乳蛋白率3.67％。

（3）辽育白牛　辽育白牛（图2-11）是以夏洛莱牛为父本，以辽宁本地黄牛为母本杂交后，在第四代的杂交群中选择优秀个体进行横交和有计划的选育，采用开放式育种体系，坚持档案组群，形成了夏洛莱牛血统93.75％、本地黄牛血统6.25％遗传组成的稳定群体，该群体抗逆性强，适应当地饲养条件，是经国家畜禽遗传资源委员会审定通过的肉牛新品种。

图2-11　辽育白牛

【体型外貌】辽育白牛全身被毛呈白色或草白色，鼻镜肉色，蹄角多为蜡色；体型大，体质结实，肌肉丰满，体躯呈长方形；头宽且稍短，额阔唇宽，耳中等偏大，大多有角，少数无角；颈粗短，母牛平直，公牛颈部隆起，无肩峰，母牛颈部和胸部多有垂皮，公牛垂皮发达；胸深宽，肋圆，背腰宽厚、平直，尻部宽长，臀端宽齐，后腿部肌肉丰满；四肢粗壮，长短适中，蹄质结实；尾中等长度；母牛乳房发育良好。

【生产性能】辽育白牛成年公牛体重910.5千克，肉用指数6.3；母牛体重451.2千克，肉用指数3.6；初生重公牛41.6千克，母牛38.3千克；6月龄体重公牛221.4千克，母牛190.5千克；12月龄体重公牛366.8千克，母牛280.6千克；24月龄体重公牛624.5千克，母牛386.3千克。辽育白牛6月龄断奶后持续肥育至18月龄，宰前重、屠宰率和净肉率分别为561.8千克、58.6％和49.5％；持续肥育至22月龄，宰前重、屠宰率和净肉率分别为664.8千克、59.6％和50.9％。11～12月龄体重350千克以上发育正常的辽育白牛，短期肥育6个月，体重达到556千克。

【繁殖性能】辽育白牛母牛初情期为 10～12 月龄，性成熟 12～14 月龄，发情周期为 18～22 天，初配年龄为 14～18 月龄，产后发情时间为 45～60 天；公牛适宜初采精年龄为 16～18 月龄，每批次采精量平均为 7.12 毫升，每毫升精液中含精子 8.1 亿个，原精活力为 0.66；人工授精期受胎率为 70%，适繁母牛的繁殖成活率达 84.1% 以上。

（4）云岭牛 云岭牛（图 2-12）育成于云南，是云南省草地动物科学研究院采用婆罗门牛、莫累灰牛和云南黄牛三元杂交方式，并历经 31 年培育而成的，是新中国成立以来全国第四个、我国南方第一个拥有自主知识产权的肉用牛品种。适于热带、亚热带环境饲养，具有肉质好、周期

图 2-12 云岭牛

短、抗病强、适应广、耐粗饲等优良特性。

【体型外貌】云岭牛以黄色、黑色为主，被毛短而细密；体型中等，各部结合良好，细致紧凑，肌肉丰厚；头稍小，眼明有神；多数无角，耳稍大，横向舒张；颈中等长；公牛肩峰明显，颈垂、胸垂和腹垂较发达，体躯宽深，背腰平直，后躯和臀部发育丰满；母牛肩峰稍有隆起，胸垂明显，四肢较长，蹄质结实；尾细长。

【生产性能】在一般饲养管理条件下，云岭牛公牛初生重（30.24±2.78）千克，断奶重（182.48±54.81）千克，12 月龄体重（284.41±33.71）千克，18 月龄体重（416.81±43.84）千克，24 月龄体重（515.86±76.27）千克，成年体重（813.08±112.30）千克；在放牧+补饲的饲养管理条件下，12～24 月龄日增重可达（1060±190）克。母牛初生重（28.17±2.98）千克，断奶重（176.79±42.59）千克，12 月龄体重（280.97±45.22）千克，18 月龄体重（388.52±35.36）千克，24 月龄体重（415.79±31.34）千克，成年体重（517.40±60.81）千克；相比于较大型肉牛品种，云岭牛的饲料报酬较高。

【繁殖性能】母牛初情期 8～10 月龄，适配年龄 12 月龄或体重在 250 千克以上；发情周期为 17～23 天，发情持续时间为 12～27 小时，妊娠期为 278～289 天；产后发情时间为 60～90 天；难产率低于 1%

（0.86％），繁殖成活率高于80％。公牛18月龄或体重在300千克以上可配种或采精。

3. 我国地方良种

中国黄牛是我国固有的普通牛种。其在我国的饲养头数在大家畜中居首位，饲养地区几乎遍布全国。在农区主要作役用，半农半牧区役乳兼用，牧区则乳肉兼用。黄牛被毛以黄色为最多，品种可能因此而得名，但也有红棕色和黑色等。头部略粗重，角形不一，角根圆形。体质粗壮，结构紧凑，肌肉发达，四肢强健，蹄质坚实。其体型和性能上因自然环境和饲养条件不同而有差异，可分为三大类型：北方黄牛、中原黄牛和南方黄牛。

图2-13　秦川牛

（1）秦川牛　秦川牛（图2-13）产于陕西省关中地区，因"八百里秦川"得名，秦川牛被毛紫红色，体躯高大，肉用性能良好，为我国地方良种，是我国役肉兼用牛种之一。经过二十多年的系统选育，形成当今之肉役兼用品种，并正在朝肉用方向选育。该牛被誉为"国之瑰宝"。

【体型外貌】秦川牛体格高大，结构匀称，骨骼粗壮，肌肉丰满，体质强健。头部方正，肩长而斜。胸部宽深，肋长而开张。背腰平直宽长，长短适中，结合良好。荐骨部稍隆起，后躯发育稍差。四肢粗壮结实，两前肢相距较宽，蹄叉紧。公牛头较大，颈厚薄适中，鬐甲低而窄。鼻镜和眼圈多为粉肉色，少数有黑斑点或黑、灰色尾帚，大多混有白色或灰白色毛。角短而钝，呈肉色，多向外下方或后稍弯。毛色为紫红色、红色、黄色三种，以紫红色和红色居多，蹄壳多为粉红色，少数为黑色或黑红相间。

【生产性能】48月龄体高公牛141厘米以上，母牛127厘米以上。48月龄体重公牛630千克以上，母牛410千克以上。在维持饲养标准的170％条件下，12～24月龄日增重公牛1.0千克，母牛0.8千克；24月龄屠宰率公牛62％，母牛58％；净肉率公牛52％，母牛50％；眼肌面积公牛85厘米^2，母牛70厘米^2。肉质细嫩、多汁，大理石纹明显，剪切值 3.6 千克。

在一般饲养条件下，1～2 胎泌乳量 700 千克以上；3 胎以上泌乳量 1000 千克以上。乳脂率 4.7%，乳蛋白质含量 4.0%，

【繁殖性能】秦川母牛常年发情。在中等饲养水平下，初情期为 9.3 月龄。成年母牛发情周期 20.9 天，发情持续期平均 39.4 小时。妊娠期 285 天，产后第 1 次发情约 53 天。秦川公牛一般 12 月龄性成熟。2 岁左右开始配种。

（2）南阳牛 南阳牛（图 2-14）是地方良种，产于河南省南阳市白河和唐河流域的平原地区，在中国黄牛中体格最高大。

【体型外貌】南阳牛属较大型役肉兼用品种。体高大、肌肉较

图 2-14 南阳牛

发达、结构紧凑，体质结实，皮薄毛细，鼻镜宽，口大方正。角形以萝卜角为主，公牛角基粗壮，母牛角细。鬐甲隆起，肩部宽厚。背腰平直，肋骨明显，荐尾略高，尾细长。四肢端正而较高，筋腱明显，蹄大坚实。公牛头部雄壮，额微凹，脸细长，颈部皱褶多，前躯发达。母牛后躯发育良好。毛色有黄、红、草白三种，面部、腹下和四肢下部毛色浅。鼻镜多为肉红色，部分有黑点。蹄壳以黄蜡色、琥珀色带血筋者较多。

【生产性能】经强度肥育的阉牛体重达 510 千克时宰杀，屠宰率达 64.5%，净肉率 56.8%，眼肌面积 95.3 厘米^2。肉质细嫩，颜色鲜红，大理石纹明显。

【繁殖性能】南阳牛较早熟，有的牛不到 1 岁即能受胎。母牛常年发情，在中等饲养水平下，初情期在 8～12 月龄。初配年龄一般在 2 岁。发情周期 17～25 天，平均 21 天。发情持续期 1～3 天。妊娠期平均 289.8 天，范围为 250～308 天。怀公犊比怀母犊的妊娠期长 4.4 天。产后初次发情约需 77 天。

图 2-15 鲁西牛

（3）鲁西牛 鲁西牛（图 2-15）

是我国中原四大牛种之一，主要产于山东省西南部的菏泽和济宁两地，以优质育肥性能著称。

【体型外貌】 鲁西牛体躯结构匀称，细致紧凑，为役肉兼用型。公牛多为平角或龙门角，母牛以龙门角为主。垂皮发达。公牛肩峰高而宽厚，胸深而宽，后躯发育差，体躯明显呈前高后低的前胜体型。母牛鬐甲低平，后躯发育较好，背腰短而平直。关节干燥，筋腱明显。前肢呈正肢势，后肢弯曲度小，飞节间距离小。蹄质致密但硬度较差。尾细而长，尾毛常扭成纺锤状。被毛从浅黄色到棕红色，以黄色为最多，一般前躯毛色较后躯深，公牛毛色较母牛深。多数牛在眼圈、口轮、腹下和四肢内侧毛色浅淡，俗称"三粉特征"。鼻镜多为淡肉色，部分牛鼻镜有黑斑或黑点。角蜡黄色或琥珀色。

【生产性能】 18月龄的阉牛平均屠宰率57.2%，净肉率49.0%，骨肉比1∶6.0，脂肉比1∶4.23，眼肌面积89.1厘米²。成年牛平均屠宰率58.1%，净肉率为50.7%，骨肉比1∶6.9，脂肉比1∶37，眼肌面积94.2厘米²。肌纤维细，肉质良好，脂肪分布均匀，大理石花纹明显。

【繁殖性能】 母牛性成熟早，有的8月龄即能受胎。一般10～12月龄开始发情，发情周期平均22天，范围16～35天；发情持续期2～3天。妊娠期平均285天，范围270～310天。产后第1次发情平均为35天，范围22～79天。

（4）晋南牛　晋南牛（图2-16）是我国四大地方良种之一，原产于山西省西南部汾河下游的晋南盆地。

【体型外貌】 晋南牛体型高大，体质结实。公牛头中等长，额宽，顺风角，颈短而粗，背腰平直，臀端较窄，蹄大而圆，质地致密；母牛头清秀，乳房发育不足，乳头细小。被毛以红色和枣红色为主，鼻镜和蹄壳为粉红色。

【生产性能】 晋南牛在中、低水平下肥育，日增重为455克。成年牛肥育后屠宰率平均为52.3%，净肉率为43.4%。泌乳期平均产奶量745千克，乳脂率5.5%～6.1%。

【繁殖性能】 母牛一般在9～10月龄开始发情，但一般在2

图2-16　晋南牛

岁配种。产犊间隔 14～18 个月。怀公犊妊娠期 291.9 天，怀母犊 287.6 天。

（5）延边牛　延边牛（图 2-17）是东北地区优良地方牛种之一，原产于东北三省东部的狭长地带，延边牛是朝鲜牛与本地牛长期杂交的结果，也混有蒙古牛的血统。延边牛体质结实，抗寒性能良好，耐寒，耐粗饲，耐劳，抗病力强，适应水田作业。

图 2-17　延边牛

【体型外貌】延边牛属役肉兼用品种。胸部深宽，骨骼坚实，被毛长而密，皮厚而有弹力。公牛额宽，头方正，角基粗大，多向后方伸展，呈一字形或倒八字形角，颈厚而隆起，肌肉发达。母牛头大小适中，角细而长，多为龙门角。毛色多呈浓淡不同的黄色。鼻镜一般呈淡褐色，带有黑点。

【生产性能】延边牛自 18 月龄肥育 6 个月，日增重为 813 克，胴体重 265.8 千克，屠宰率 57.7%，净肉率 47.23%，眼肌面积 75.8 厘米^2。耐寒，在 $-26{}^\circ\!C$ 时才出现明显不安，但能保持正常食欲和反刍。

【繁殖性能】母牛初情期为 8～9 月龄，性成熟期平均为 13 月龄；公牛平均为 14 月龄。母牛发情周期平均为 20.5 天，发情持续期为 12～36 小时，平均 20 小时。母牛终年发情，7～8 月为旺季。常规初配时间为 20～24 月龄。

（6）蒙古牛　蒙古牛（图 2-18）是我国三北地区分布最广的地方品种，原产于蒙古高原，在东部以乌珠穆沁牛最著名，西部以安西牛比较重要。

图 2-18　蒙古牛

【体型外貌】蒙古牛体质结实、粗糙。公牛头短宽而粗重，额顶低凹、角长，向前上方弯曲，呈蜡黄色或青紫色，角间距短。公牛角长 40 厘米，母牛角长 20 厘米。垂皮不发达，鬐甲低平。胸扁而深，背腰平直，后躯短窄，后肋开张良好。母牛乳房容积不大，结缔组织少，乳头小。四肢短，多刀状后肢势。蹄中等大，蹄质结实。皮肤较厚，皮下结缔组织发达，冬季多绒毛。毛色大多为黑色或黄（红）色，次为狸色或烟熏色（晕色），也常见有花毛等各种毛色。

【生产性能】中等营养水平的阉牛平均宰前重可达 376.9 千克，屠宰率为 53%，净肉率为 44.6%，骨肉比 1:5.2，眼肌面积56.0厘米^2。放牧催肥的牛一般都不超过这个肥育水平。母牛在放牧条件下，年产奶 500～700 千克，乳脂率 5.2%，是当地土制奶酪的原料，但不能形成现代商品化生产。成年蒙古牛一般屠宰率为 41.7%，净肉率为 35.6%。

【繁殖性能】母牛 8～12 月龄开始发情，2 岁时开始配种，发情周期为 19～26 天，产后第 1 次发情为 65 天以上，母牛发情集中在 4～11 月。平均妊娠期为 284.8 天。怀公犊与怀母犊的妊娠期基本上没有区别。

二、品种选择适应性是关键

适应性是指生物体与环境表现相适应的现象。适应性是通过长期自然选择，经过很长时间形成的。虽然生物对环境的适应是多种多样的，但究其根本，都是由遗传物质决定的。而遗传物质具有稳定性，它是不能随着环境条件的变化而迅速改变的。所以一个生物体有它最适合的生长环境要求，而且这个最佳生长环境要变化最小，在它的承受范围之内，该生物体就能正常生长发育、生存繁衍。否则，如果由于生存环境变化过大，超出该生物体的承受范围，该生物体就会表现出各种不适应，严重的不适应甚至可以致死。

肉牛的适应性是指肉牛适应饲养地的水土和气候、饲养管理方式、牛舍环境、饲草料等条件。养殖者要对自己所在地区的自然条件、饲草资源、气候以及适合于自己的饲养管理方式等因素有较深入的了解。否则，因为适应性问题容易造成养殖失败。

我国目前养殖的肉牛品种主要有我国地方黄牛良种牛品种、我国培育的肉牛品种和引进的国外肉牛品种等。这些品种总体适应性都很好，绝大多数都能适应我国大部分地区的饲养环境条件。如我国地方黄牛良种牛南阳黄牛、蒙古牛、新疆褐牛和夏南牛，这几个品种适应性能普遍好。南阳黄牛体躯大、耐粗饲，在我国的很多省区被大量用于改良当地黄牛。南阳地区多年来向全国提供大量种牛。在纯种选育和本身的改良上有向早熟肉用方向和兼用方向发展的趋势。如与利木赞牛、夏洛莱牛、皮尔蒙特牛、契安尼娜牛、西门塔尔牛、鲁西黄牛等牛杂交，可提高产肉、产奶性能和经济效益。蒙古牛役用能力较强且持久力强，吃苦耐劳，能适应寒冷的气候和草原放牧等生态条件。它耐粗宜牧，抓膘易肥，适应性强，抗病力强，肉的品质好，生产潜力大。蒙古牛广泛分布于我国北方各地，终年放牧，既无棚圈，又无草料补饲，夏季在蒙古包周围，冬季在防风避雪的地方卧盘，有的地方积雪期长达 150 多天，最低温度 -50℃ 以下，最高温度 35℃ 以上。在这样粗放而原始的饲养管理条件下，它仍能繁殖后代，特别是每年三四月，牲畜体质非常瘦弱，可是春末青草萌发，一旦吃饱青草，约有 2 个月的时间，蒙古牛就能膘满肉肥，很快脱掉冬毛。新疆褐牛适应性强，为其他品种杂种牛所不及。它能在海拔 2500 米高山、坡度 25° 的山地草场放牧，可在冬季 -40℃、雪深 20 厘米的草场用嘴拱雪觅草采食，也能在低于海面 154 米、最高气温达 47.5℃ 的吐鲁番盆地——"火洲"环境下生存。该牛宜牧，耐粗，采食增膘、保膘方面与本地黄牛相同。但在冬季缺草少圈饥寒时，由于新疆褐牛个体大，需要营养多，入不敷出，比本地黄牛掉膘快，损失大。在抗病力方面，与本地黄牛同样强。与其他品种比较，它更适宜于在山区、牧区、半牧区和饲养条件较差的地区。夏南牛适应性强，耐粗饲、性情温顺、易管理，抗逆性较强，既适合农村散养，又适宜集约化饲养；既适应粗放、低水平饲养，又适应高营养水平的饲养条件，特别在高营养水平条件下，更能发挥其生产潜能。

国外引进的肉牛品种西门塔尔牛、夏洛莱牛、安格斯牛和皮埃蒙特牛等，适应性非常好。西门塔尔牛引进后在我国分布广泛，北到我国东北的森林草原和科尔沁草原，南至中南的南岭山脉及其山区，西到新疆的广大草原和青藏高原等地。各地的自然环境变化极大，夏季平均最高气温中南地区 30℃ 到东北 0℃，冬季最低平均气温从南方 15℃ 到北方 -20℃，绝对最高、最低气温则变化更大。各地的年平均降水量，自 200 毫米到 1500 毫米不等，海拔最高的达 3800 米，最低的仅数百米。因此，土壤、作物、草原草山的植被类型差异悬殊，西门塔尔牛均能很好地适应，除西藏彭波农场地处 3800 米以上宜从犊牛阶段引种以外，各地均可自群繁殖种畜。夏洛莱牛有良好的适应能力，耐寒抗热，冬季严寒不夹尾、不弓腰，盛夏不热喘流涎，采食正常。夏季全天放牧时，采食快，觅食能力强，在不额外补饲条件下，也能增重上膘。安格斯牛耐寒、耐热、耐干旱、抗病，在恶劣环境下，也能保持良好的肉用性能。但安格斯母牛稍具神经质。皮埃蒙特牛能适应各种环境，既可以在海拔 1500～2000 米的山地牧场放牧，又可在夏季较炎热的地区舍饲喂养。

也有很多其他品种在适应性上各有优缺点，表现为某一方面适应性好，而在另一方面却很差。或者只在某一方面适应性特别好，而其他方面适应性一般。如有对低温适应性好，对高温适应能力差的。或者相反，耐高温不耐低温。有适应山地放牧的、有抗病力强的、有抗蚊虫叮吸的、有耐潮湿的、有不耐潮湿的等。鲁西牛对高温适应能力较强，对低温适应能力则较差，山地使役差，从未流行过焦虫病，有较强的抗焦虫病能力。秦川牛对热带和亚热带地区以及山区条件不能很好地适应，在平原和丘陵地区的自然环境和气候条件下均能正常发育。晋南牛适应性能良好，抗病力强、耐苦、耐劳、耐热、耐粗饲。延边牛耐寒，耐粗饲，抗病力强；使役持久力强，不易疲劳；胜任水、旱田耕作，善走山路与在倾斜地区工作；在 −26℃ 时才有不安表现，但保持正常食欲和反刍。闽南牛具有适应性强、耐热、挽力大等优良特性，但是公牛多有"草腹"现象。湘西黄牛使役力较强，突击力和持久性能好，善于登山爬坡，步态稳健，行动灵敏，适合山地放牧。皖南牛有耐粗、耐热、耐湿、抗病力强等特点，不仅能负担旱田耕作，而且能耕作水田，行动敏捷，性情温顺，善于爬山觅食。三河牛耐粗饲，耐寒，抗病力强，适合放牧；能够适应寒冷地区粗放的饲养管理条件，它既能在冬季饮用冰水，又能在夏季烈日直射之下长时间放牧，且抗蚊虻叮吸的能力比荷斯坦奶牛强。但三河牛对高温、潮湿的亚热带气候不能适应。草原红牛的适应性强，耐粗饲，夏季可完全依靠放牧饲养；冬季不补饲，仅靠采食枯草仍可维持生存；对严寒、酷热干燥气候的耐受力较强，对多蚊虫也能适应，发病率较低。利木赞牛适应性强，耐粗饲，由于被毛浓厚粗硬，适应严酷的放牧环境。海福特牛适应性能好，耐粗饲，不挑食，放牧时连续采食，耐热性较差，抗寒性强，在干旱高原牧场冬季严寒（−50～−48℃）的条件下，可以放牧饲养和正常生活繁殖，表现出良好的适应性和生产性能；与我国黄牛杂交产出的犊牛生长快，抗病耐寒，适应性好。德国黄牛的繁殖性能好于其他主要欧洲品种，性情温顺，易于管理，耐粗饲，适用范围广，具有一定的耐热性和抗蜱性等。

从以上品种的适应性分析，我们不难看出，各品种牛的适应性特点各有侧重，尤其是我国地方黄牛品种，由于品种形成地区的长期饲养，已经习惯了形成地区的饲养条件，适应性最好的饲养地区还是该品种的形成地区，而国外引进品种相对好一些，可以利用国外引进肉牛品种作父本进行品种改良，达到适应性和肉用性都突出的目的。

我们在确定养殖品种的时候要重点考察品种适应性方面，如果养牛场要选择其中某一个品种来饲养，首先就要看当地以及本场的饲养条件能否满足该品种的生长需要，也就是说要看养牛场能否适应肉牛的生长，而不是让肉牛被动地去适应养牛场的饲养管理条件。

三、高产母牛的选择

母牛是牛业生产中的基础和关键，母牛的品种是否优良和生产力水平高低直接关系到养牛业发展的水平。当今肉牛生产中，由于良种牛冻精的广泛应用，公牛的品种与精液来源已经满足了生产需要。然而，母牛的资源、品种构成、生产力水平却转为影响牛业发展的主要矛盾。改善基础母牛群的品种构成，增加高生产性能母牛个体在群体中的比例，是促进养牛业经济效益和正常发展的重要措施。高产母牛的选择可通过品种选择、个体外貌选择和亲缘选择三种方法来实现。

1. 品种选择

选择适用于肉牛生产的母系品种，尽可能选用兼用型品种，利用品种优势提高生产效益。母牛个体应有高产母牛的特征表现，如产后发情早、世代间隔短、泌乳力高、母性行为强、育犊成绩好、适应性强等都是对高产母牛选择时的基本要求。

首选西门塔尔牛，西门塔尔牛是世界分布最广，数量最多的大型兼用品种牛。肉牛生产中既可作父本应用，又是较好的母系品种。已引入我国多年，经多年的级进杂交在部分地区已经有四世代的群体形成。西门塔尔牛的最大特点是繁殖力高、世代间隔短、泌乳力高。年产奶量 4500 千克以上，充沛的泌乳量是养育犊牛的根本保证。另外还具有适应性强，耐粗饲，易管理的特点，是深受我国各地农牧民欢迎的品种。还有夏洛莱牛、利木赞牛、安格斯牛、皮埃蒙特牛、海福特牛和短角牛等国外良种肉牛可以选择。

我国培育的肉牛品种夏南牛、辽育白牛、延黄牛和云岭牛等也是高产母牛的最佳选择。

我国拥有五大地方良种：延边牛、鲁西牛、秦川牛、晋南牛和南阳牛。这些牛分布广泛，都具有性成熟早，繁殖力高，繁殖年限长，适应性强的普遍优点。可充分利用这些地方品种的优良特性，有计划地引用外来品种，发展二元化母牛，促进当地牛业的优化生产。

2. 个体外貌选择

在确认品种的前提下，更要注意母牛单个个体外貌特征的选择。因为高产母牛具有一定外貌特点，这就需要我们在选择和选留母牛的过程中，认真观察区别。同时高产母牛具有一定遗传能力，质量性状在其有亲缘关系的群体中都有相关的显现。所以，我们在母牛个体选择上可以利用体型外貌、体尺体重、产肉性能、繁殖性能、生长发育、早熟性与长寿性等种母牛本身的性能具体进行选择。

（1）体型外貌　体型外貌是生产性能的重要表征。肉用种母牛的体型外貌必须符合肉牛的外貌特点的基本要求。有经验的相牛者，在挑选母牛时，一看体躯，二看头型，三看腰荐结合，四看乳房外阴。高产成年母牛品种特征明显，体躯长，整体发育良好；侧视近似三角形或矩形，俯视呈楔形；头清秀而长，角细而光滑，颈部细长；后躯宽而平直或略有倾斜；乳房发育良好，乳头圆而长，排列匀称，乳静脉明显；阴户大而明显，形态正常。

（2）体尺体重　肉牛的体尺体重与其肉用性能有密切关系。选择肉牛时，要求生长发育快，各期（初生、断奶、周岁、18 月龄）体重大、增重快、增重效率高。据资料显示，初生重较大的牛，以后生长发育较快，故成年牛体重较大。犊牛断奶重决定于母牛产奶量的多少。周岁重和 18 月龄重对选肉用后备母牛及公牛很重要，它能充分看出其增重的遗传潜力。

（3）产肉性能　对肉牛产肉性能的选择，除外貌、产奶性能、繁殖力之外，重点是生长发育和产肉性能两项指标。

① 生长发育性能　生长发育性能包括初生重、断奶重、周岁重及18 月龄重、日增重。由于肉牛生长发育性状的遗传力属中等遗传力，根据个体本身表型值选择能收到较好的效果，如果再结合家系选择则效果更可靠。

② 产肉性能　主要包括宰前重、胴体重、净肉重、屠宰率、净肉率、肉脂比、眼肌面积、皮下脂肪厚度等。肉牛产肉性能的遗传力都

比较高。对于高遗传力产肉性状的选择，主要根据种牛半同胞资料进行。

（4）繁殖性能　主要包括受胎率、产犊间隔、发情规律性、产犊能力以及多胎性。繁殖性状的遗传力均较低（0.15～0.37）。

① 受胎率　受胎率的遗传力很低。在正常情况下，每次怀犊的配种次数愈少愈好。

② 产犊间隔　即连续 2 次产犊间的天数。

③ 60～90 天不返情率　据统计人工授精的不返情率平均为 65%～70%。

④ 产犊能力　选择种公牛的母亲时，应选年产一犊、顺产和难产率低的母牛。

⑤ 多胎性　母牛的孪生，即多产性，在一定程度上也能遗传给后代。据统计，双生率随母牛年龄上升而增多，8～9 岁时最高，并因品种不同而异，其中夏洛莱牛的双胎率为 6.55%，西门塔尔牛为 5.18%。

⑥ 早熟性　早熟性指牛的性成熟、体成熟较早，它可较快地完成身体的发育过程，可以提前利用，节省饲料。早熟性受环境影响较大。如秦川牛属晚熟品种，但在较好的饲养管理条件下，可以较大幅度地提高其早熟性，育成母牛平均在（9.3±0.9）月龄（最早 7 月龄）即开始发情，育成公牛 12 月龄即可射出成熟精子。

3. 亲缘选择

亲缘选择是通过对母牛有亲缘关系的母系群体进行生产性能上的观察、调查和了解进行选择的一种手段。这种方法往往被大多数人所忽视。实践证明，高产母牛的母亲、同胞姐妹、外祖母等在生产性能上都有相近之处。这在肉牛的选种、选择上应用最为广泛，地方优良品种，乳肉兼用品种的表现也比较突出。优良母牛可以将繁殖力、泌乳力、母性行为等性状遗传给后代，所以我们可以在群体中发现、选留和选择母牛。但这需要一个长期的过程。

对母牛的选择是一个长期细致性的工作，要了解母牛更多的相关资料进行综合性地选择。养殖户可以通过市场选购，相互调换，自繁自选的多种形式进行。总目的是提高基础母牛的群体、个体生产性能水平，在此基础上有计划地选择父本品种进行级进杂交和经济杂交，进而提高养牛业生产的效益。

四、外购架子牛的注意事项

外购架子牛是肉牛养殖过程中经常要面对的问题，而架子牛的选购关系到肉牛养殖成功与否的关键因素，需要注意以下几个事项：

1. 选择牛源

牛源的选择要从牛的质量、适应性、价格、数量等方面综合考虑。

要对牛源地区架子牛的品种、货源数量、免疫及疫病情况进行详细了解，仔细调查好牛源地区的情况再购牛。肉牛资源量大，选择架子牛的强度就大，选购到理想架子牛的概率就大。品种不好、未免疫、疫区的和有病的牛坚决不能购买。

注意考察购牛地区的气温、饲草饲料的品种以及饲养管理方法等问题，以便肥育时参考，避免出现应激反应和不应有的经济损失。从饲草资源量还可以大致分析架子牛的营养状况，架子牛有无补偿生长基础。

选择购牛地点要算好两地的运输费用、路途风险和损耗。还要对供牛地交易手续和交易费用进行了解。比如 1000 千米以上，如果架子牛的差价在 0.7～0.8 元/斤时，就没必要到外地购牛源。

如果饲养规模在 50 头以下，可在本地 1～5 头择优选购，这样购得的架子牛适应快，不容易生病，育肥效果好。如果存栏规模在 100 头以上，就要考虑到外地购买架子牛，这样可一次性选择较多数量的架子牛。

没有经验的投资者购架子牛最好采取过磅称重的方式购买，但要注意观察牛有无灌水灌料。灌水牛不便于运输，坚决不能购买。

要注意弄清楚架子牛的真正产地。由于当今市场开放，全国牛源互相流动。在某一个地方上市的牛不一定是当地牛，河南、山东、安徽上市的牛有可能是东北牛，东北某地上市的牛也有可能是草原牛，所以购牛时一定要对牛的产地有所了解。草原牛往往寄生虫较多，购买后应注意适时驱虫。另外，不同产地的牛对气候环境的适应性也有差异。

2. 选好品种

首先要选购用夏洛莱牛、西门塔尔牛、利木赞牛、海福特牛等国外良种肉牛与本地牛杂交的后代架子牛，如我国的优良黄牛品种秦川牛、鲁西牛、南阳牛、晋南牛、延边牛等；其次选购荷斯坦公牛与本地牛的杂交后代。这样的牛肉质好、生长快、饲料报酬高。

属于中型架子牛的品种有华北山区牛，华东、华中、华西牛种；属于小型架子牛的品种有长江以南山地牛和亚热带小型牛。小架子牛的优点是，在亚热带，抗焦虫病、抗蜱能力强，由于体躯小，散热面积相对大，因此耐热又耐粗饲。小架子牛可以通过提高肌肉厚度和丰满度来改进胴体品质。

用于生产高档优质牛肉的牛一般要求是阉牛。因为阉牛的胴体等级高于公牛，而阉牛又比母牛的生长速度快。

国外引进的优良品种牛与我国优良黄牛品种杂交生产的架子牛可以从外貌特征来辨别，具体如下。

西门塔尔杂一代：体格高大，肌肉丰满，骨粗，红白花或黄白花，头面部为红白花或黄色花，有角。体躯深宽高大，结构匀称，体质结实，肌肉发达；乳房发育良好，体型向乳肉兼用型方面发展。

夏洛莱杂一代：毛色为草白色或灰白色，有的呈黄色（或奶油白色），有角。体格高大，肌肉丰满，背腰宽平，臀、股、胸肌发达，四肢粗壮，体质结实，呈肉用型。

海福特杂一代：体格较高大，肉肥满，红白花色，红色为主，面部为全白，体下部、尾梢有时为白色，角大。

安格斯杂一代：体格不太高大，肉肥满，毛黑色者居多，无角者居多。

利木赞杂一代：毛色多为红色，有时腹下、四肢内侧带点白色，有角。体格较高大，肌肉肥满，体躯较长，背腰平直，后躯发育良好，肌肉发达，四肢稍短，呈肉用型。

短角牛杂一代：体躯宽阔多肉，较高，乳房发育好，毛色以红色或红白色最多，黑色及杂色较少，角短。

丹麦红杂一代：体格大，毛色为全红色，乳房较大。

荷斯坦杂一代：体格高大，肌肉欠丰满，乳房大，毛色为黑色，有时腹下、四蹄上部、尾梢为白色，角尖多为浅色或黑色，纯种为黑色。

瑞士褐杂一代：体躯较高而粗，乳房好，毛色多为褐色，角上下一般粗，舌有时为暗色。

3. 选择体貌好的牛

体型外貌是体躯结构的外部表现，在一定程度上反映牛的生产性能。选择的架子牛要符合肉用育肥牛的一般体型外貌特征。外貌的一般要求如下。

从整体上看，体躯深长，体型大，脊背宽，背部宽平，胸部、臀部成一条线；顺肋、生长发育好、健康无病。不论侧望、上望、前望和后望，体躯应呈长方形，体躯低垂，皮薄骨细，紧凑而匀称，皮肤松软、有弹性，被毛密而有光亮。

从局部来看，头部重而方形；嘴巴宽大，前额部宽大；颈短，鼻镜宽，眼明亮。前躯要求头较宽而颈粗短。十字部的高度要超过肩顶，胸宽而丰满，突出于两前肢之间，肋骨弯曲度大而肋间隙较窄；鬐甲宜宽厚，与背腰在同一直线上。背腰平直、宽广，臀部丰满且深，肌肉发达，较平坦；四肢端正，粗壮，两腿宽而深厚，坐骨端距离宽。牛蹄子大而结实，管围较粗；尾巴根粗壮。皮肤宽松而有弹性；身体各部位发育良好，匀称，符合品种要求；身体各部位齐全，无伤疤。

应避免选择有如下缺点的肉用牛：头粗而平，颈细长，胸窄，前胸松弛，背线凹，斜尻，后腿不丰满，中腹下垂，后腹上收，四肢弯曲无力，"O"形腿和"X"形腿，站立不正。

4. 健康状况要求

选择时要向原饲养者了解牛的来源、饲养役用历史及生长发育情况等，并通过牵牛走路，观察眼睛神采、鼻镜是否潮湿以及粪是否正常等特征，以便对牛的健康状况进行初步判断，必要时应请兽医师诊断，重病牛不宜选择，小病牛也要待治好后再育肥。

5. 膘情要求

一般来说，架子牛由于营养状况不同，膘情也不同。可通过肉眼观察和实际触摸来判断，主要应该注意肋骨、脊骨、十字部、腰角和臀端肌肉丰满情况，如果骨骼明显外露，则膘情为中下等；若骨骼外露不明显，但手感较明显，为中等；若手感较不明显，表明肌肉较丰满，则为中上等，购买时，可据此确定牛的价格高低和肥育时间长短。

6. 选择合适的年龄

选择架子牛的年龄最好在 1.2～2 岁，易肥育、肉质好、长得快、省饲料。根据肉牛生长规律，目前牛的肥育大多选择在牛 2 岁以内，最迟也不超过 36 月龄，即能适合不同的饲养管理，易于生产出高档和优质牛肉，在市场出售时较老年牛有利。

还要结合生产条件、投资能力和产品销售渠道考虑选择合适的架子牛年龄。目前，在我国广大农牧区较粗放的饲养管理条件下，1.5～2 岁肉用杂种牛的体重多在 250～300 千克，2～3 岁牛多在 300～400 千克，3～5 岁牛多在 350～400 千克。如果 3 个月短期快速肥育最好选购体重 350～400 千克架子牛，而采用 6 个月肥育期，则以选购年龄 1.5～2.5 岁、体重 300 千克左右架子牛为佳。

需要注意的是，能满足高档牛肉生产条件的是 12～24 月龄架子牛，一般牛年龄超过 3 岁，就生产不出高档牛肉了，优质牛肉块的比例也会降低。在秋天收购架子牛育肥，第 2 年出栏，应选购 1 岁左右牛，而不宜选购大牛，因为大牛冬季用于维持饲料多，不经济。

7. 选择适当的体重

一般要体重在 300～400 千克的牛，这样的牛经过 3 个多月肥育，体重可达到 500 千克以上，符合市场需求和外贸出口标准。

第 **三** 章

建设科学合理的肉牛场

为了给牛创造适宜的生活环境，保障牛的健康和生产的正常运行。规划建设时要符合生产工艺要求，牛场场址的选择要经过周密考虑，统筹安排和长远规划。牛舍建筑要根据当地的气温变化特点和牛场生产、用途等因素确定。保证生产的顺利进行和畜牧兽医技术措施的实施，要做到经济合理、技术可行。此外，牛舍修建还应尽量降低工程造价和设备投资，以降低生产成本，加快资金周转。

一、肉牛场选址应该考虑的问题

肉牛场场址的选择要经过周密考虑，更要符合防疫规范要求，统筹安排，要有发展的余地和长远的规划；适应现代化养牛业的需要，因此，必须与当地农牧业发展规划、农田基本建设规划以及今后修建住宅等规划结合起来，节约用地，不占或少占耕地。肉牛场场址的选择要求如下。

1. 地势高燥，地形开阔

肉牛场应建在地势高燥、背风向阳、空气流通、土质坚实、地下水位较低（3米以下）、具有缓坡的北高南低、适宜坡度为1％～3％（最大不超过25％）、总体平坦的地方。地形开阔为整齐，理想的正方形、长方形，避免狭长和多边角。切不可建在低凹处、风口处，肉牛场地势过低，地下水位太高，极易造成排水困难，引起环境潮湿，影响牛的健康，同时蚊蝇也多，汛期积水以及冬季防寒困难。地势过高，又容易招致寒风的侵袭，同样有害于牛的健康，且增加交通运输困难。

2. 土质良好

土质以沙壤土最理想，沙土较适宜，黏土最不适。沙壤土土质松软，抗压性和透水性强，吸湿性、导热性小，毛细管作用弱。雨水、尿液不易积聚，雨后没有硬结，有利于牛舍及运动场的清洁与卫生干燥，有利于防止蹄病及其他疾病的发生。

3. 水源充足，水质良好

肉牛场要有充足的、符合卫生标准的、不含毒物的、确保人畜安全和健康的水源，以满足生活、生产场区绿化用水。在有自来水供应的地方，设计规划好自来水管线网和水管口径。按每10头肉牛每天至少1吨水来计算。自建供水源时，可选用无污染的地面水源，建设牛场专用水塔或蓄水池，位置设在场部管理区附近，做好安全和防污染措施。打深井取水是最好的封闭性水源。经勘测，要求地下水源充足，还要对水源进行物理、化学及生物学分析，特别要注意水中微量元素的成分与含量是否符合饮用水要求。在几种水源，如河、湖、塘、井等都具备的情况下，可采用从不同水源分别取水，从卫生、经济、节约资源和能源等各方面考虑，可分别建设饮用水和生产用水网络，做到既卫生又经济，并能充分利用自然资源。

4. 草料资源丰富，运输距离短

肉牛饲养所需的饲料，特别是粗饲料的需要量大，不宜远距离运输。肉牛场应距秸秆、青贮和干草饲料资源较近，以保证草料供应，同时可减少运费，降低成本。尽量避开周围同等规模的饲养场，以避免原料竞争。

5. 交通便捷

由于饲料运进和粪肥的销售，运输量很大，来往频繁，有些运输要求风雨无阻，因此，在满足防疫要求的情况下，牛场应兼顾距离饲料生产基地、放牧地、公路或铁路较近，并符合防疫安全的地方。但又不能太靠近交通要道与工厂、住宅区，以利于防疫和环境卫生。

6. 符合防疫要求

符合兽医卫生和环境卫生的要求，周围无传染源。远离主要交通要道、村镇工厂1000米以外，一般交通道路500米以外。还要避开对牛场污染的屠宰、化工和工矿企业1500米以外，特别是化工类企业。

对于较大型肉牛场，为防止畜群粪尿对环境的污染，粪尿处理要离开人的活动区，选择较开阔的地带建场，以有利于对人类环境的保护和畜群防疫。

禁止在饮用水水源保护区、风景名胜区、自然保护区的核心区和缓冲区、城镇居民区、文化教育科学研究区等人口集中区域以及法律、法规规定的其他禁止养殖区域建设畜禽养殖场、养殖小区。

7. 电力供应充足

现代化牛场的饲料加工、通风、饲喂以及清粪等都需要电。因此，牛场要设在供电方便的地方。

8. 有利于防止自然灾害

要综合考虑当地的气象因素，如最高温度、最低温度，湿度、年降雨量、主风向、风力等，以选择有利地势。肉牛场区的小气候要相对稳定，但要通风。消除由于地势、地形原因造成的场区空气呆滞、污浊、潮湿、闷热等。所以，不宜在谷地或山坳里建肉牛场。

二、牛舍建设应注意的问题

牛舍是养肉牛的基本条件之一，修建牛舍的目的是为了给牛创造适宜的生活环境，保证牛的健康和生产的正常运行。花较少的饲料原料、资金、能源和劳力，获得更多的畜产品和较高的经济效益。为此设计肉牛舍应注意以下问题。

1. 环境要适宜

一个适宜的环境可以充分发挥牛的生产潜力，提高饲料利用率。一般来说，家畜的生产力20％取决于品种，40％～50％取决于饲料原料，20％～30％取决于环境，不适宜的环境可以使家畜生产力下降10％～30％，此外即使喂给牛全价饲料，如果没有适宜的环境，饲料也不能最大限度地转化为畜产品，从而降低了饲料的利用率。由此可见，修建畜舍时，必须符合家畜对各种环境条件的要求，包括温度、湿度、通风、光照、空气中的二氧化碳、氨气、硫化氢，为家畜创造适宜的环境。牛舍四周和道路两旁应绿化，以调节小气候。

2. 结构要合理

规模化牛场为了长久的发展需要，尽量建设经久耐用的砖瓦结构牛舍。牛舍的屋顶要求选用隔热保温性好的材料，并有一定厚度；牛舍墙壁的厚度至少24厘米，最好做一层外墙保温。采用彩钢板的钢结构牛舍，要砌筑至少1米高的围墙，然后在围墙上安装彩板房，主要是彩板房直接接触地面容易腐烂，不宜直接接触地面。

3. 符合生产工艺要求

生产工艺包括牛群的组成和周转方式、运送草料、饲喂、饮水、清粪等，也包括测量、称重、采精输精、防治和生产护理等措施，修建牛舍必须与本场的生产工艺相结合，保证生产的顺利进行。否则将会给生产造成不便，甚至使生产无法进行。

4. 有利于防疫和减少疾病的发生

要根据防疫要求合理进行场地规划和建筑物布局，确定畜舍的朝向和间距，设置消毒设施，合理安置污物处理设施等。

生产区要和生活区分开，生活区不在下风口而应与饲养区错开，生活区还应在水流或排污沟的上游方向。在牛场的边缘地带应建设隔离观察的牛舍，供新购入牛喂养观察、防疫和本场病牛的隔离观察治疗。

做到场区内的污道和净道分开。牛群周转、场内工作人员行走、场内运送饲料的专用道路与粪便等废弃物运送出场的道路必须彻底分开。

牛场废弃物的处理要符合《畜禽规模养殖污染防治条例》的要求，主要包括牛粪、尿、尸体及相关组织、垫料、过期兽药、残余疫苗、一次性使用的畜牧兽医器械及包装物和污水等的综合利用和无害化处理。

5. 要做到经济合理，技术可行

畜舍修建还应尽量降低工程造价和设施投资，降低生产成本，加快资金周转。因此栏舍修建应尽量利用自然界的有利条件（如自然通风，自然光照等），尽量就地取材，采用当地施工建筑习惯，适当减少附属用房面积。畜舍设计方案必须是通过施工能够实现的，否则方案再好而施工技术不可行，也只能是空想的设计。

三、污染控制是新建肉牛场或维持老肉牛场的首要要求

当前，畜禽养殖业的发展对环境造成的污染问题日益突出，畜禽养殖业环境污染已成为一个不可忽视的环境污染源。畜禽养殖业造成的环境污染，不仅对人类生存环境构成严重危害，而且引起畜禽生产力下降，导致养殖场周围环境恶化。毫不夸张地说，畜禽养殖业环境污染已成为世界性公害。因此，必须采取有效措施，认真做好畜禽养殖业环境污染的控制工作。

2015年1月1日，新修订的《中华人民共和国环境保护法》正式实施，加大了对企业违法的处罚力度，也大大提升了执行力。加上之前的《畜禽规模养殖污染防治条例》及"水十条"（《水污染防治行动计划》），2015年畜牧养殖业不仅迎来了历史性转折关键期，而且伴随有国家颁发的一系列堪称史上最严的法律。养牛业乃至整个养殖业都迎来了环保"大考"，很多污染严重和治污不达标的牛场都消失在了这部零容忍的法律之中。无论是新建牛场还是经营多年的老牛场，都面临环保问题。因为环保问题，全国很多市县都划定了禁养区和限养区，养牛业迎来了史无前例的禁养、限养和牛场拆迁的大潮，许多在禁养区或限养区的养牛场只有退出、搬迁或被关停。但这也是环保要求对养牛业持续健康发展的一种促进和提升。畜禽养殖业污染物为粪便、尿、污水、饲料残渣、垫料、畜禽尸体等，需要经过科学的处理，再排放。

养牛场的污染包括养牛场自身的（即场内的）污染和养牛场所处外界环境的污染两部分，理想的污染控制是养牛场内不产生污染，同时养牛场外不面对污染的威胁。

养牛场内的污染控制要做到畜禽养殖场规划科学、牛舍布局合理，建设结构合理的牛舍和科学高效的排污系统，废弃物的无害化处理，科学配制日粮，应用环保型饲料添加剂，加强卫生管理，加强用药管理，减少有害气体浓度等。同时还要保证这些设施的良好运转，真正达到污染控制的目的。在建设牛场时，要通过环境影响评价，对

建设项目实施后可能造成的环境影响进行分析、预测和评估，提出预防或者减轻不良环境影响的对策和措施，环境影响评价未通过的，坚决不能建设。并按照"三同时"（"三同时"是指建设项目需要配套建设的环境保护设施，必须与主体工程同时设计、同时施工、同时投产使用）制度的规定，要求建设单位建设防治污染的设施。

养牛场外环境的污染控制则主要是从养牛场的选址上予以克服。要在养牛场规划建设的初期，即从养牛场的规划选址时就要进行充分地考察和论证，避免选址不当。

污染控制既是环保法的要求，又是养殖企业自身发展的需要，如果养牛场没有完善的污染控制系统，将会造成养牛场生产麻烦不断。一个肮脏的养殖环境，必将造成养牛场疫病流行，疾病会绵延不绝，牛场将难以维持正常经营，更谈不上发展了。积极实行污染控制还可以推动养牛场的节水减排、种养结合，以及废弃物无害化处理、资源化利用设施设备及技术的应用。

提倡实行生态养殖、种养结合、沼气工程和集中处理等模式，把养牛场的污染控制问题做到最佳状态。

四、适合本场的需要就是最好的肉牛舍

为了给肉牛创造一个最佳的生活环境，牛舍的结构样式要合理，就要求有适应不同地区条件的牛舍。由于地区气候、自然资源、经济条件等差异较大，牛舍的结构样式、通风方式、饲喂方式、粪污处理等各不相同。没有一个能够适用于所有地区的牛舍模式，如果千篇一律，都是一种模式的话，达不到高投入、高产出的目标。

肉牛场的规划设计要根据当地的气候条件、地理条件、养殖方式、投资情况综合考虑确定，采取"量身定做"的方式，根据牛场生产实际和不同牛群特点，因地制宜，分类别建设牛舍。

根据当地自然气候条件，南方重点考虑防暑问题，北方重点考虑防寒问题。经济条件好的牛场，可以采用轻钢结构或砖混结构，采用半开放式或有窗式封闭牛舍。舍内必须有相应的采食、饮水、通风、降温和取暖等设施设备，有条件的牛场要增加圈顶喷淋降温设施。

封闭牛舍分单列封闭舍和双列封闭舍。单列封闭牛舍只有一排牛床，舍宽6米，长度以饲养牛的数量确定，但不宜过长，以60~80米为宜。这种牛舍跨度小，易建造，通风好，但散热面积相对较大。单列封闭牛舍适用于小型肉牛场。

双列封闭牛舍舍内设有两排牛床，有两排采食位，根据牛采食时的相对位置，可分为对头式和对尾式饲喂牛舍，牛舍跨度一般大于 10 米，如舍宽 12 米。对头式饲喂牛舍是牛舍较常用的布置方式，牛舍中间设一条纵向饲喂通道，通道的宽度应以送料车和清洁车能够通过为原则。对尾式饲养的双列式牛舍，中间通道宽度为 1.3～1.5 米，两边饲料通道各宽 0.8～0.9 米；对头式饲养的双列式牛舍，中间通道（兼作饲料通道）宽 1～1.5 米，两侧牛群对头采食，每侧设置相应的清粪走道。这种牛舍布局，便于实现机械化饲喂，易于观察肉牛的采食状况。采用拴系饲养牛宽 1.0～1.2 米，小群饲养每头牛占地面积不小于 3.5 米²、以 6～8 米² 为宜。

半开放牛舍三面有墙，向阳一面敞开，通常直接连接运动场，有部分顶棚，在敞开一侧设有围栏，水槽、料槽设在栏内，肉牛散放其中。每舍（群）15～20 头，每头牛占有面积 4～5 米²。这类牛舍造价低，节省劳动力，但冷冬防寒效果不佳。

塑料暖棚牛舍属于半开放牛舍的一种，是近年北方寒冷地区推出的一种较保温的半开放牛舍。与一般半开放牛舍比，保温效果较好。塑料暖棚牛舍三面全墙，向阳一面有半截墙，有 1/2～2/3 顶棚。向阳的一面在温暖季节露天开放，寒季在露天一面用竹片、钢筋等材料作支架，上覆单层或双层塑料，两层膜间留有间隙，使牛舍呈封闭状态，借助太阳能和牛体自身散发热量，使牛舍温度升高，防止热量散失。塑膜暖棚牛舍要注意选择合适的朝向，塑膜暖棚牛舍需坐北朝南，南偏东或西角度最多不要超过 15°，舍南至少 10 米应无高大建筑物及树木遮蔽。棚舍的入射角应大于或等于当地冬至时太阳高度角。塑膜与地面的夹角应在 55°～65°。塑料薄膜应选择对太阳光透过率高、而对地面长波辐射透过率低的聚氯乙烯等无滴塑料，其厚度以 80～100 微米为宜。合理设置通风换气口，棚舍的进气口应设在南墙，其距地面高度以略高于牛体为宜，排气口应设在棚舍顶部的背风面，上设防风帽，排气口的面积为 20 厘米×20 厘米为宜，进气口的面积是排气口面积的一半，每隔 3 米远设置一个排气口。

通常牛舍地基南方深度在 0.5～1 米，北方寒区地基深要超过牛场所在地的冻层深度，一般在 1.5 米左右。封闭式牛舍和半开放式牛舍的墙体砖墙厚 0.24 米，北方可在外墙用苯板做 10 厘米厚保温层。牛舍内墙设水泥墙围，防止水体渗入墙体，提高墙的坚固性，也便于冲刷消毒。房盖采用彩板瓦，要求保温隔热、防暑、防雨且通风良好。双坡式牛舍房脊高 3.2～3.5 米，前后墙高 2.4 米；单坡式牛舍前墙高 2.4 米，后墙高 2 米；平顶式牛舍墙高 2.4～2.5 米。屋檐和屋脊太高，不利于保温，过低则影响舍内光线和通风。窗户面积与舍内面积之比为 1∶12，窗台距地面 1.1 米，南窗宜多，采光面积要大，通常为 1 米×1.5 米，每隔 2.8 米置 1 扇，北侧窗户宜少宜小，通常为 0.8 米×1 米。南北窗户数量的比例为 2∶1。牛舍内地面可采用砖地面或水泥地面，要求坚固耐用且便于清扫和消毒。要铺设供牛休息的牛床，牛床的长度一般育肥牛为 1.6～1.8 米，成年母牛为 1.8～1.9 米。宽为 1.1～1.2 米。牛床的坡度为 1.5%，前高后低，用粗糙水泥地面或用竖砖铺设，水泥抹缝。隔栏高 90 厘米，用钢管制成，前端与拴牛架连在一起，后端固定在牛床的前 2/3 处。饲料通道宽 1.3～1.5 米。牛舍食槽一般分地面食槽和有槽帮食槽两种形式。实行机械饲喂的牛舍一般采用地面食槽；人工饲喂而无其他饮水设备的采用有槽帮食槽兼作水槽；放牧饲养一般设补饲食槽。地面食槽设计时，食槽底部一般比牛站立地面高 15～30 厘米，挡料板或墙比食槽底部高 20～30 厘米，防止牛采食时将蹄子伸到食槽内，食槽宽 60～80 厘米。有槽帮食槽一般为混凝土或砖混结构，上宽 65～80 厘米，底宽 35 厘米，底呈弧形，槽内缘高 35 厘米（靠牛床一侧），外缘高 60～80 厘米，有槽帮食槽外抹水泥砂浆，须坚固，防止牛长期舔舐对食槽表面造成损害，槽底做成圆弧形，也可用水磨石或瓷砖作为食槽表面。水槽也可采用金属自动饮水器或料槽隔一段做水槽。地面应向清粪方向倾斜 2%～3%，粪尿沟宽 0.3～0.5 米，深 0.1 米左右，粪尿沟应不渗漏，表面光滑。沟底向流出方向倾斜，坡度 0.6%。粪尿沟通至舍外污水池，应距牛舍 6～8 米，其容积根据牛的数量而定。牛舍门宽 2.2 米×高 2.4 米，双开门，向外。每幢牛舍内安装 3 排白炽灯，间隔 3 米，排与排之间错开。

　　运动场的大小依牛的数量而定，每头牛占用面积，成年牛为 7～10 米^2，育肥牛为 5～8 米^2，犊牛为 5～10 米^2。运动场围栏要结实，围栏高度 150 厘米左右。运动场内要设水槽和凉棚。

五、采用犊牛舍（岛）技术单独养犊牛

　　犊牛岛（图 3-1）技术即户外犊牛单独围栏饲养技术。为满足犊牛的生长发育需要，给犊牛创造适合其生长发育特点的环境，提高犊牛的成活率，规模化的牛场均应建设单独的犊牛舍（岛）。犊牛采用单栏饲养，便于工人对犊牛及其生活环境的清洁与消毒，特别是避免犊牛间互相吸吮，改善犊牛的生活环境，降低下痢和胃肠炎的发病概率。充足光照能够促进犊牛体内维生素 D_3 的合成，从而有利于钙的合成，可促进骨骼发育。

图 3-1　犊牛岛

图 3-2　犊牛舍

　　一般在气候适宜的情况下，犊牛出生后在室内设置的犊牛笼中饲养 7～10 天后即可转入室外犊牛舍（图 3-2）或犊牛岛中饲养。该法可以保证牛群快速增长，适用 0～3 个月龄的犊牛，可将犊牛成活率提高到 90％以上。

图 3-3　犊牛笼

　　犊牛出生后即在靠近产房的单笼中饲养，每犊一笼，隔离管理，一般 1 月龄后才过渡到通栏。犊牛笼（图 3-3）长 130 厘米、宽 80～110 厘米、高 110～120 厘米。笼侧面和背面可用木条或钢丝网制成，笼侧面以向前方探出 24 厘米为宜，这样可防止犊牛互相吮舐，笼底用木制漏缝地板，利于排尿。笼正面为向外开的笼门，并采用镀锌管制作，设有颈枷，并在下方安有两个活动的铁圈和草架，铁圈可供放桶或盆，以便犊牛喝奶后，能自由饮水、采食精料和草。

　　犊牛岛由箱式牛舍（犊牛舍）和围栏（犊牛小运动场）组成，围栏正面设有活动的门，门上配有可放饮水桶和料桶的环，两个桶之间相距 10～15 厘米。犊牛栏前面要有两个开口并保持一定距离，主要是为了防止犊牛饮水后立即吃料，或吃料后立即饮水，而造成犊牛料被水浸，或饮水被料弄脏。有固定式和可整体自由移动式。

箱式牛舍的规格为长 2.2 米、宽 1.2 米、高 1.4 米，顶部及后部设可开启的通风孔，以保证通风透气效果。材料为整体铸塑或其他保温材料，卫生清理方便，隔热性能好。

犊牛舍的规格为长 1.8～2 米、宽 1.2 米、前檐高 1.3～1.5 米、后檐高 1.1～1.3 米，前后檐高度可根据当地气候、温度确定，北方以保温为主，檐高可以低一些，南方以遮阴通风为主，檐高可高一些。注意前檐不可比后檐高太多，过高会影响遮阴和保温效果。屋面前后檐要延长和探出 10 厘米，屋面为单坡，南高北低，采用双层屋面板或复合彩钢板，防止晒透，影响笼内温度升高。

笼内设有木制踏板，上面铺垫草，供犊牛休息，踏板要高于地面 10 厘米，踏板选用的木板宽度不超过 10 厘米，板与板之间要留有 1 厘米缝隙，也可选用竹片作板条，钉做踏板。

犊牛笼还可以用砖砌，砖砌成本相对较低，长久耐用，但由于传导性强，夏天热、冬天凉。但犊牛运动场部分不可用砖砌墙体代替钢网，否则会影响通风效果。也可以用木制，成本略高于砖砌，有维护费用。木制传导性差，所以隔温效果好。有可移动功能，将其移开可进行彻底消毒和日晒，而且夏天可将其底部垫高，增加通风效果。

运动场所长 2 米、宽 1.2 米（箱式牛舍或犊牛笼相当），两个运动场所之间用钢网焊接隔离，钢网孔应小于 2 厘米，钢网高度不低于 100 厘米。

犊牛岛根据犊牛饲养数量设计为数排，每排之间距离 2～3 米。犊牛岛位置应靠近产牛舍，放置在舍外朝阳、通风效果好、阳光充足、干燥的空场上。通常应为坐北朝南摆放，北半部放置犊牛笼、南半部为犊牛小运动场（运动场地面部分可砌砖或填充沙土）。整体地势要高于周边，要有配套的排水系统。

室外犊牛舍（岛）坐北朝南，也可随季节或地区不同而调换方向。室外犊牛栏应设在地势平坦、排水良好的地方。要求清洁干燥、通风良好、光线充足及防风防潮等。在寒冷地区，由于温度过低需要对犊牛舍（岛）采取保温措施。

六、塑料暖棚搭建及注意事项

采用塑料暖棚养育肉牛，可以有效地解决在寒冷冬季和早春因环境温度低而影响肉牛生长的问题。据有关资料介绍，塑料暖棚利用阳光热能和牛自身体温散发的热量提高舍内温度，舍内温度比普通牛舍高10℃左右。在饲喂相同饲料的情况下，通过3个月（90天）的饲养对比，在暖棚内饲养的肉牛平均日增重1175克，而在一般牛舍饲养的肉牛因气温过低，不但没有增重，反而平均日减重125克。

1. 塑料暖棚牛舍结构与设计

（1）牛舍结构　以砖石结构为主，根据情况，也可采用泥土墙建舍。

（2）牛舍设计　以背风向阳、坐北朝南的正房为主，不宜建厢房。角度为南偏东或西，角度最多不要超过15°，舍南至少10米应无高大建筑物及树木遮蔽。通常宽度5米，长度视养牛数量多少而定。但最长不宜超过50米，在一侧开门，以保证冬季光照充足。

牛舍前檐高2.5米，后檐高1.7米。牛槽以砖砌，并用水泥将槽子里外抹光。牛舍正面（坐北朝南的为南面）为敞棚，用粗钢管或水泥桩作支柱，上面架钢管或松木杆作横梁，梁上架檩子，檩子上面挂椽子，铺木板，木板上铺一层苯板、秫秸或苇子，亦可直接铺秫秸或苇子，最后再铺水泥瓦或石棉瓦、彩板瓦等作房盖，以达到冬季保温和夏季凉爽的目的。

夏季正面全部敞开，天气炎热时，可在正面搭设遮阳棚。冬季用带有一定弧度（40°~60°）的钢管或3.5米长的竹竿顺房檐摆开，间距90厘米，下面埋在地下，上面和房檐焊接或固定好，然后在钢管或竹竿上面用塑料大棚膜（应选择对太阳光透过率高而对地面长波辐射透过率低的聚氯乙烯等塑膜，其厚度以80~100微米为宜）扣上。最后用8号铁丝或包塑的细钢丝绳压在大棚膜上面并固定，以防止风将大棚膜掀开。

大棚的正面和顶棚不留通风孔，通风孔留在后面墙上，每栋牛舍留5~6个后窗。后窗宽度为80厘米，高度为50厘米，窗户低沿距离地面60厘米，作为通风和清粪两用。冬季夜间用草袋堵严，白天和清粪时打开，进行通风换气，及时排除水蒸气、二氧化碳、氨、及硫化氢等废气。冬季塑料大棚上面覆盖草帘或纸被，夜间放下，白天卷起采光，以利牛舍保温。

舍内铺水泥地面，地面也可以铺红砖或三合土夯实，在牛休息的地方铺木板或红砖牛床。养育肥肉牛时排尿沟留在中间，养母牛时排尿沟留在后面。沟深25～35厘米，沟宽30厘米。上边用木板或水泥板盖上，板与板中间留3～4厘米宽的缝，以便牛尿流入沟内，并由一头排出舍外。

育肥的肉牛在棚内饲养密度以每头牛占用4～5米^{2}为宜。在暖棚内最好实行1牛1桩、1牛1槽、短绳拴系的办法，牛吃完草料后即可靠桩槽卧下休息、反刍、晒太阳。

2. 塑料暖棚

牛舍修建时的注意事项如下。

① 塑料暖棚扣塑料大棚膜的时间，应根据无霜期的长短灵活掌握，在南方地区可晚些，北方地区可早些。一般扣棚时间是11月至翌年的3月。扣棚时，塑料薄膜应绷紧拉平，四边封严，不透风；夜间和阴雨风雪天气，要用草帘、棉帘等将暖棚盖严，以保温，并及时清除棚面上的积霜和积雪，以保证光照效果良好。

② 科学管理，使肉牛养成定点排粪尿的习惯，防止肉牛尿窝。水泥地面应有一定的坡度，能使粪尿顺利流向尿坑，并及时清除。

③ 实行高密度饲养，每间圈舍多养几头肉牛，充分利用肉牛自身产生的热量。

④ 用过的塑料薄膜，要注意检查有无漏洞，对缺损部分要粘补好，平时注意保护塑料薄膜。及时用吸水性强的布擦抹塑料薄膜上的水滴，以减少棚内湿度。

⑤ 肉牛牛舍地面的垫草要保持干爽，勤换垫草有利于消除潮气，也可在肉牛牛舍内垫炉灰、干土吸收水分。

⑥ 加强食具管理，喂肉牛的食槽、拌料槽、水槽要定期用开水烫，刷洗干净。做到每顿不剩料，防止剩料酸败发霉而产生有害气体。同时食具和工具严格分开使用，还要做好食具、工具和环境的定期和不定期消毒工作，以消除代谢物的腐臭气味，保证通风和空气新鲜，提高肉牛体抗病力，保证生肉牛的安全生产。

七、规模化养肉牛设备

牛场设备主要包括拴系、饲喂、饮水、除粪尿及污水处理、饲料加工、青贮、消防、消毒、给排水及诊疗设备等。

1. 拴系设备

用以限制肉牛在牛床内的活动范围，使牛的前脚不能踩入饲槽，后脚不能踩入粪沟，牛身不能横躺在牛床上，但也不妨碍肉牛的正常站立、躺卧、饮水和采食饲料。

图 3-4 关节颈架拴系设备

拴系设备有链式和关节颈架式等类型，常用的是软横行链式颈架。两根长链（760 毫米）穿在牛床两边支柱的铁棍上，能上下自由活动；两根短链（500 毫米）组成颈圈，套在牛的颈部。结构简单，但需用较多的手工操作来完成拴系和释放肉牛的工作。

关节颈架（图 3-4）拴系设备在欧美使用较多，有拴系或释放一头牛的，也有同时拴系或释放一批牛的。它由两根管子组成长形颈架，套在牛的颈部。颈架两端都有球形关节，使牛有一定活动范围。

2. 饲喂设备

（1）固定喂饲设备　固定喂饲设备的工作程序是青饲料（从料塔）→输送设备→牛舍或运动场饲料。

优点是饲料通道（牛舍内）小，牛舍建筑费用低，省饲料转运工作量。

（2）输送带式喂饲设备　输送带式喂饲设备的运送饲料装置为输送带，带上撒满饲料，通往饲槽上方，再用一刮板在饲槽上方往复运动将饲料刮入饲槽。

（3）穿梭式喂饲车　穿梭式喂饲车的饲槽上方有一轨道，轨道上有一喂饲车，饲料进入饲料车，通过链板及饲料车的移动将饲料卸入饲槽。

（4）螺旋搅龙式喂饲设备　螺旋搅龙式喂饲设备是给在运动场上的肉牛喂饲的设备。

（5）机动喂饲车　大型牛场，青贮量很大，各牛舍（运动场）离饲料库太远，采用固定喂饲设备投资太大，可采用机动喂饲车。将青贮库卸出的饲料，用喂饲车运送到各牛舍饲槽中，喂饲方便，设备利用率高。但冬季喂饲车频繁进入牛舍，不利于保暖，要设双排门、双门帘等保暖措施。

3. 饮水设备

饮水设备多采用阀门式自动饮水器，它由饮水杯、阀门、顶杆和压板等组成。牛饮水时，触动饮水杯内的压板，推动顶杆将阀门开启，水即通过出水孔流入饮水杯内。饮水完毕，牛抬起头后，阀门靠弹力回位，停止流水。

拴养，每2头牛合用1个饮水器；散放，6～8头牛合用1个饮水器。图3-5～图3-7是几种常用的饮水设备。

图3-5　饮水碗　　　　图3-6　饮水器　　　　图3-7　饮水槽

4. 除粪设备

除粪设备有机械除粪设备和水冲除粪设备两种。机械除粪设备（图3-8）有连杆刮板式、环形刮板式、双翼形推粪板式和运动场上除粪设备等。

连杆刮板式除粪设备用于单列牛床，链条带动带有刮板的连杆，在粪沟内往复运动，刮板单向刮粪，逐渐把粪刮向一端粪坑内。适用于在单列牛舍的粪沟内除粪。

环形刮板式除粪设备用于双列牛床，将两排牛床粪沟连成环形状（类似操场跑道），有环形刮板在沟内做水平环形运动，在牛舍一端环形粪沟下方设

图3-8　机械除粪设备

一粪池（坑）及倾斜链板升运器，粪入粪池后，再提运到舍外装车，运出舍外。适用于在双列牛舍的粪沟内除粪。

双翼形推粪板式除粪设备用于隔栏散放，电机、减速器、钢丝绳、翼形推粪板往复运动，把粪刮入粪沟内，往复运动由行程开关控制。翼形刮板（推粪板）有双翼板，两板可绕销轴转动，推粪时呈"V"形，返回时两翼合笼，"V"形板不推粪。适用于宽粪沟的隔栏散养牛舍的除粪作业。

运动场上除粪设备，同养猪除粪车（铲车）相似，车前方有一刮蒸铲，向一方推成堆状，发酵处理或装车运出场外。

5. 饲料收割与加工机械

（1）青饲料联合收获机　青饲料联合收获机按动力来源有牵引式、悬挂式和自走式三种。牵引式靠地轮或拖拉机动力输出轴驱动，悬挂式一般都由拖拉机动力输出轴驱动，自走式的动力靠发动机提供。按机械构造不同，青饲料收获机可分为滚筒式青饲料收获机、刀盘式青饲料收获机、甩刀式青饲料收获机和风机式青饲料收获机等。

（2）玉米收获机　玉米收获机专门用于收获玉米，一次可完成摘穗、剥皮、果穗收集、茎叶切碎、装车进行青贮等工作。玉米收获机的类型按与拖拉机的挂接方式可分为悬挂式青饲玉米收获机、带有玉米割台的牵引式收获机以及带有玉米割台的自走式收获机。按收割方法又分为对行和不对行，按切割器形式分为复式割刀和立筒式旋转割刀。在选择自走式或牵引式的问题上，首先要根据购买者的使用性质来确定。既要满足青贮玉米和青饲料在最佳收割期时收割，又要考虑充分利用现有的拖拉机动力，更要考虑投资效益和回报率的问题。

（3）青饲料铡草机械　铡草机也称切碎机（图3-9），主要用于切碎粗饲料，如谷草、稻草、麦秸、玉米秸等。按机型大小可分为小型、中型和大型。小型铡草机适用于广大农户和小规模饲养户，用于铡碎干草、秸秆或青饲料。中型铡草机也可以切碎干秸秆和青饲料，故又称秸秆青贮饲料切碎机。大型铡草机常用于规模较大的饲养场，主要用于切碎青贮原料，故又称青贮饲料切碎机。铡草机是农牧场、农户饲养草食家畜必备

图3-9　饲草切碎机　的机具。秸秆、青贮料或青饲料的加工利用，切

碎是第一道工序，也是提高粗饲料利用率的基本方法。铡草机按切割部分形式可分为滚筒式和圆盘式两种。大中型铡草机为了便于抛送青贮饲料，一般多为圆盘式，而小型铡草机以滚筒式居多。大中型铡草机为了便于移动和作业，常装有行走轮，而小型铡草机多为固定式的。

（4）揉搓机　揉搓机（图 3-10）是介于铡切与粉碎之间的一种新设备。各类秸秆揉搓机的揉搓方式基本相同，基本上是以高速旋转的锤片，结合机体内（工作室）表面的齿板形成的表面阻力对秸秆实施捶打，即所谓揉搓。其结构实质上就是粉碎机结构。经过揉搓后的成品秸秆多呈块状

图 3-10　揉搓机

或碎散状，牲畜食用后在胃中堆积，易形成实体。牲畜有挑食现象，秸秆利用率较低。

（5）秸秆揉丝机　秸秆揉丝机与秸秆揉搓机在结构上相比，前者较后者复杂，主要体现在秸秆揉丝机首先要具有使秸秆基本形成丝状的丝化装置，接着再进行揉搓处理，以进一步使其细化。

揉搓方式目前有锤片式、磨盘式和栅栏式。其中锤片式及磨盘式出料碎散，但磨盘式的揉搓效果好。栅栏式的揉搓效果佳，既保证了细丝状草的形体，又保证了柔性。

秸秆揉丝机使物料经加工后，成品秸秆呈细丝条形草状，符合牲口采食习性，易于消化及吸收营养（胃液可充分渗透到饲料间隙中）、易于打包储存、氨化处理效果好、秸秆利用率高。适宜加工粗大株型秸秆和牧草。

（6）粉碎机　粉碎机的类型有锤片式、爪式和对辊式三种。锤片式粉碎机（图 3-11）是一种利用高速旋转的锤片击碎饲料的机器，生产率高，适应性广，既能粉碎谷物类精饲料，又能粉碎含纤维、水分较多的青草类和秸秆类饲料，粉碎粒度好。对辊式粉碎机（图 3-12）是由一对回转方向相反、转速不等的带有刀盘的齿辊进行粉碎，主要用于粉碎油料作物的饼粕、豆饼、花生饼等。爪式粉碎机（图 3-13）是利用固定在转子上的齿爪将饲料击碎，这种粉碎机结构紧凑、体积小、重量轻，适合于粉碎含纤维较少

的精饲料。

图 3-11　锤片式粉碎机　　图 3-12　对辊式粉碎机　　图 3-13　爪式粉碎机

（7）小型饲料加工机组　小型饲料加工机组主要由粉碎机、混合机和输送装置等组成。其特点，一是生产工艺流程简单，多采用主料先配后粉碎再与副料混合的工艺流程；二是多数用人工分批称量，只有少数机组采用容积式计量和电子秤重量计量配料，添加剂由人工分批直接加入混合机；三是绝大多数机组只能粉碎谷物类原料，只有少数机组可以加工秸秆料和饼类料；四是机组占地面积小，对厂房要求不高，设备一般安置在平房建筑物内。

（8）全混合日粮（TMR）搅拌喂料车　全自动全混合日粮（TMR）搅拌喂料车主要由自动抓取、自动称量、粉碎、搅拌、卸料和输送装置等组成。有多种规格，适用于不同规模的肉牛场、肉牛小区及 TMR 饲料加工厂固定式（图 3-14）与移动式（图 3-15）的选择主要应从牛舍建筑结构、人工成本、耗能成本等方面考虑。一般尾对

图 3-14　固定式搅拌喂料车　　　　图 3-15　移动式搅拌喂料车

尾老式牛舍，过道较窄，搅拌车不能直接进入，最好选择固定式；而一些大型牛场，牛舍结构合理，从自动化发展需求和人员管理难度考虑，最好选择移动式。中小型牛舍固定式与移动式的选择应从运作成本考虑，主要涉及耗油、耗电、人工、管理几个方面。

饲料搅拌喂料车可以自动抓取青贮、草捆和精料啤酒糟等，可以大量减少人工，简化饲料配制及饲喂过程，提高肉牛饲料的转化率和产奶性能。

（9）牧草收获机　牧草收获机（图3-16）是将生长的牧草或作为饲草的其他作物切割、收集、制成各种形式干草的作业设备。机械化收获牧草具有效率高，成本低，能适时收、多收等优点。世界上畜牧业发达国家都非常重视牧草收获方法，主要使用的收获方法是散草收获法和压缩收获法两种。

图3-16　牧草收获机

散草收获法的主要机具配置有割草机、搂草机、切割压扁机、集草器、运草车、垛草机等。不同机具系统由不同单机组成。工艺流程是割草机割草——搂草机搂草——方捆机压方捆（或圆捆机压圆捆）——捡运或（装运）——储存。要正确地对各单机进行选型，使各道工序之间的配合和衔接经济合理，保证整个收获工艺经济效果最佳。

压缩收获工艺比散草收获工艺的生产效率高（省略了集草堆垛工序），提高生产率7～8倍，草捆密度高、质量好，便于保存和提高运输效率。各单机技术水平和性能较先进，适合于我国牧区地势较平坦、产草量较高的草场。但一次性投资大，使用技术高，目前只在经济条件较好的牧场及储草站使用。

6. 牛舍通风及防暑降温的机械和设备

标准化肉牛养殖小区的牛舍通风设备有电动风机和电风扇。轴流式风机（图3-17）是牛舍常见的通风换气设备，这种风机既可排风，又可送风，而且风量大。电风扇也常用于牛舍通风，一般为吊扇。

喷淋降温系统是目前最实用而有效的降温方法。它是将细水滴喷

图 3-17　轴流式风机

到牛背上湿润它的皮肤，利用风扇及牛体的热量使水分蒸发以达到降温的目的。这主要是用来降低牛身体的温度，而不是牛舍的温度。当仅靠开启风扇不能有效消除肉牛热应激的影响时，可以将机械通风和喷淋结合。喷淋降温系统一般安装在牛舍的采食区、休息区、待挤区以及挤奶厅，它主要包括水路管网、水泵、电磁阀、喷嘴、风扇以及含继电器在内的控制设备。喷水与风扇结合使用，会形成强制气流，提高蒸发散热效率，迅速带走牛体多余的热量。喷淋通风结合降温系统时，通风和喷淋要交替进行。

7. 消毒设备

（1）喷雾消毒推车（图3-18）　用于牛舍内消毒，便于移动，使用维护简便，适合牛舍内使用。

（2）消毒液发生器（图3-19）　用于生产次氯酸钠消毒液，具有成本低廉，便于操作的特点，可以现制现用，解决了消毒液运输、储存的困难，仅用普通食盐和水即可随时生产消毒液，特别适合大型肉牛规模饲养场使用。

图 3-18　喷雾消毒推车

图 3-19　消毒液发生器

8. 其他设备

其他设备包括牛场管理设备（刷拭牛体器具、体重测试器具，另外还需要配备耳标、无血去势器、体尺测量器械、鼻环等）、防疫诊疗设备、场内外运输设备及公用工程设备等。

（1）牛体刷　全自动牛体刷（图3-20）包括吊挂固定基础部件、通过固定连接件悬挂在吊挂固定基础部件上的电动机和刷体。当牛将刷体顶起倾斜时，电动机自动起动，带动刷体旋转；当肉牛离开时，电动机带动刷体继续旋转一段时间后停止。可实现刷体自动旋转、停止及手动控制。

图 3-20 全自动牛体刷

牛体刷能够使肉牛容易达到自我清洁的目的，减少肉牛身体上的污垢和寄生虫。同时，牛体刷还可以促进肉牛血液循环，保持肉牛皮毛干净，提高采食量。使肉牛的头部、背部和尾部得到清理，不再到处摩擦搔痒，从而节约费用，预防事故发生。牛蹄刷也是生产高档牛肉必备的设备之一。

（2）鼻环 为便于抓牛、牵牛和拴牛，尤其是对未去势的公牛，常给牛带上鼻环。鼻环有两种类型：一种为不锈钢材料制成，质量好又耐用；另一种为铁或铜材料制成，质地较粗糙，材料直径4毫米左右。

注意不宜使用不结实、易生锈的材料，其往往将牛鼻拉破，引起感染。

（3）诊疗设备 兽医室需要配备消毒器械、无血去势钳（图3-21）、弹力去势器（图3-22）、诊断器械、灌药器（图3-23）和注射器械以及修蹄工具（图3-24、图3-25）助产器（图3-26）等。

图 3-21 无血去势钳

图 3-22 弹力去势器

图 3-23 连续灌药器

图 3-24 修蹄工具（一）

修蹄剪

图 3-25 修蹄工具（二）

图 3-26 助产器

无血去势钳是一种兽医手术器械，用于雄性家畜的去势（又称阉割）手术。该器械通过隔着家畜的阴囊用力夹断动物精索的方法达到手术的目的，不需要在家畜的阴囊上切口，故称"无血去势"。无血去势钳特别适用于公牛、公羊的去势，也可用于公马等家畜的去势。通常在家畜至少 1 个月大之后再进行这种手术。无血去势钳是一种较为先进的兽医学器械。

弹力去势器是一种兽医手术器械。该器械通过将弹性极强的塑胶环放置在家畜的阴囊根部，压缩血管、阻碍睾丸血流的方式，来达到睾丸逐渐坏死萎缩的作用，实现手术目的。这种器械无需切开家畜阴囊，不会流血，从而降低了副作用，是一种较为先进的兽医手术器械。弹力去势器系统包括两大部分：弹力去势器本身和与之配套的塑胶环。弹力去势力器本身像是一把钳子，由金属制成，包括把手、杠杆机构和钳口几部分。与传统的外科手术式阉割的方法相比，具有同无血去势钳一样的优点，使用注意事项也同无血去势钳一样。

助产器是牛场常用的诊疗设备之一，操作杆采用双杆设计，双杆可拼接、拆卸；存放十分方便，特殊的螺纹操作杆在使用中移动精确，而且不会打滑。助产器安装操作简单，使用灵活方便。

（4）保定架　保定架是牛场不可缺少的设备，给牛打针、灌药、编耳号及治疗时均使用。通常用原木或钢管制成，架的主体高 160 厘米，支柱高 200 厘米，立柱部分埋入地下约 40 厘米，架长 150 厘米，宽 65~70 厘米。

（5）吸铁器　因为牛的采食行为是大口吞咽的，如果杂草中混杂着细铁丝等杂物，容易误食，一旦吞进去以后，就不能排出，会积累在瘤胃里面对牛的健康造成伤害，所以可以使用吸铁器（图 3-27）将里面的杂物吸出。

图 3-27　吸铁器

第四章

掌握规模化养肉牛的关键技术

技术是降低养殖风险，取得效益，保证养殖成功的关键。规模化养肉牛有很多实用技术，这些技术是经过畜牧科研工作者和广大养牛生产者长期实践总结出来的，并在生产中不断发展和完善，对养牛生产具有非常重要的指导作用。

一、肉牛杂交改良方式（模式）

杂交是指不同品种或不同种间的牛进行的交配。杂交所产生的后代称为杂种。杂交可以充分利用种群间的互补效应，具有明显的杂种优势，所产生的杂交一代，生活力、生长势和生产性能等性状表现往往优于双亲的平均数。据研究，以品种杂交来生产牛肉，其产肉量可比原品种提高10％～20％。生产实践也证明，利用国外优秀肉牛品种改良我国黄牛品种，比在黄牛品种内选择的收效要快得多。杂交不仅用于产生杂种优势，而且用于培育新品种。杂交育种是近代较为普遍的育种方法，许多著名家畜家禽品种都是用这种方法育成的。所以，当代肉牛业把广泛利用杂交优势获得最大产出率作为主要发展手段之一。无论过去、现在还是未来，杂交都是畜牧生产中的一种重要方式。

杂交方式按杂交的目的，可分为育种性杂交和经济性杂交两大类型。前者主要包括级进、导入和育种杂交三种；后者包括简单经济杂交、复杂经济杂交、轮回杂交和双杂交等。肉牛生产中常见的杂交改良方式有以下四种。

1. 简单杂交(两品种杂交)

（1）肉用品种与本地黄牛杂交　两个品种牛（两个类型或专门化品系间）之间的杂交，其后代不留作种用，全部用于商品牛出售。生产中常见的两品种杂交类型，如夏洛莱牛、安格斯牛作为杂交父本与本地黄牛杂交，所生杂种一代生长快，成熟早，体格大，适应性强，饲料利用能力和育肥性能好，对饲养管理条件要求较低。目前，我国商品牛生产主要采取这种形式。

（2）兼用品种与本地黄牛杂交　选用肉乳或乳肉兼用品种，如德系西门塔尔牛、夏洛莱牛、利木赞牛、安格斯牛、日本和牛等作父本，与本地黄牛杂交，利用其杂交优势，提高牛的生长速度、饲料报酬和牛肉品质。同时，杂交后代公牛用作育肥，母牛用作乳用后备牛，做到了乳肉并重。

2. 三品种杂交

三品种杂交指利用两个品种进行杂交，然后选用 F1 代杂种母牛与第三个品种公牛进行第 2 次杂交，最后将三元杂种作为商品牛。其优点是可以更大限度地利用多个品种的遗传互补、缩短世代间隔、加快改良进度。三元杂交后代具有很高的杂交优势，并能有机结合三个品种的优点，在肉牛杂交生产中效果十分显著，是肉牛集约化生产的主要核心技术。

3. 引入杂交(导入杂交)

在保留地方品种主要优良特性的同时，针对地方品种的某种缺陷或待提高的生产性能，引入相应的外来优良品种，与当地品种杂交 1 次，杂交后代公母畜分别与本地品种母畜、公畜进行回交。

引入杂交的适用范围：一是在保留本地品种全部优良品种的基础上，改正某些缺点；二是需要加强或改善某个品种的生产力，而不需要改变其生产方向。

引入杂交的注意事项如下。

① 慎重选择引入品种。引入品种应具有针对本地品种缺点的显著优点，且其他生产方向基本与本地品种相似。

② 严格选择引入公畜，引入外血比例≤（1/8～1/4），最好经过后裔测定。

③ 加强原来品种的选育，杂交只是提高措施之一，本品种选育才是主体。

4. 级进杂交

级进杂交也称吸收杂交或改造杂交。这种杂交方法是以引入品种为主、原有品种为辅的一种改良性杂交。当原有品种需要做较大改造或生产方向根本改变时使用，是以性能优越的品种改造性能较差的品种的常用方法。具体方法是以优良品种的公牛与低产品种的母牛交配，所产杂种一代母牛再与该优良品种公牛交配，产下的杂种二代母牛继续与该优良品种公牛交配。杂种后代公畜不参加育种，母畜反复与引入品种杂交，使引入品种基因成分不断增加，原有品种基因成分逐渐减少。按此法继续下去可以得到杂种三代以上的后代。当某代杂交牛表现最为理想时，便从该代起终止杂交，此后进行横交固定，最终育成新品种。级进杂交是提高本地牛品种生产力的一种最普遍、最有效的方法。当某一品种牛的生产性能不符合人们的生产、生活要求，需要彻底改变其生产性能时，需采用级进杂交。不少地方用级进杂交，已获得成功，如把役用牛改造成为乳用牛或肉用牛等。

级进杂交的注意事项如下。

① 改良品种要求生产性能高、适应性强、遗传性稳定，毛色等质量性状尽量和被改良品种一致，以减少以后选种的麻烦。

② 引入品种的选择，除了考虑生产性能高、能满足畜牧业发展需要外，还要特别注意其对当地气候、饲管条件的适应性。因为随着级进代数的提高，外来品种的基因成分不断增加，适应性问题会越来越突出。

③ 级进到几代好，没有固定模式。总的来说，要改正代数越高越好的想法，事实上，只要体型外貌、生产性能基本接近用于改造的品种就可以固定了。原有品种的基因成分应占有一定比例，这可有效保留原有品种适应性、抗病力、耐粗饲等优点。一般杂交到 3～4 代，即含外血 75%～87.5% 为好。

④ 级进杂交中，随着杂交代数增加，生产性能不断提高，要求饲养管理水平也要相应提高。

5. 杂交注意的问题

根据我国多年来，黄牛改良的实际情况及存在的问题，为进一步达到预期的改良效果，还须注意以下问题。

① 为小型母牛选择种公牛进行配对时，种公牛的体重不宜太大，防止发生难产现象。一般要求两品种成年牛的平均体重差异，种公牛不超过母牛体重的30％～40％。

② 大型品种公牛与中、小型品种母牛杂交时，母牛不选初配者，而需选经产牛，以降低难产率。

③ 要防止一头改良品种公牛的冷冻精液在一个地方使用过久（3～4年以上），防止近交。

④ 在地方良种黄牛的保种区内，严禁引入外来品种进行杂交。

⑤ 对杂种牛的优劣评价要有科学态度，特别应注意杂种小牛的营养水平对其的影响。良种牛需要较高的日粮营养水平以及科学的饲养管理方法，才能取得良好的改良效果。

⑥ 对于总存栏数很少的本地黄牛品种（如舟山牛等），若引入外血，或与外来品种杂交，应慎重，最多不要用超过成年母牛总数的1％～3％的牛只杂交，而且必须严格管理，防止乱交。

二、母牛发情鉴定技术

发情鉴定是进行母牛繁育的基础工作，及时、准确的发情鉴定对掌握配种时间，防止误配漏配，提高受胎率具有重要意义。常用的母牛发情鉴定方法有外部观察法、试情法、阴道检查法、直肠检查法和生殖道黏液pH值测定法等。

1. 外部观察法

外部观察法简单易行，是最常用的鉴定方法。主要根据母牛的外部表现和精神状态来判断母牛的发情情况。母牛性成熟后，其发情具有周期性。成年母牛的发情周期平均为21天，范围为18～24天，根据母牛在发情周期的外部表现症状和生殖器官的变化两个方面判断。

（1）发情初期（不接受爬跨期）　母牛兴奋不安，哞叫，游走，采食渐少，奶牛产奶量减少，追逐、爬跨它牛，而它牛爬跨不予接受，一爬即跑。母牛阴户肿胀、松弛、充血、发亮，子宫颈口微张，有稀薄透明黏液流出，阴道壁潮红。卵巢变软，光滑，有时略有增大。

（2）发情盛期（接受爬跨期）　母牛游走减少，它牛爬跨时站立不动、后肢张开，频频举尾，接受爬跨。母牛子宫颈口红润开张，阴道壁充血，黏液显著增加，流出大量透明而黏稠的分泌物。一侧卵巢增大，卵泡直径 0.5～1.0 厘米。

（3）发情末期（拒绝爬跨期）　母牛转入平静，它牛爬跨时，臀部避开，但很少奔跑。母牛黏液量减少，混浊黏稠。子宫颈口紧闭，有少量浓稠黏液，阴唇消肿起皱，尾根紧贴阴门。卵泡增大，波动明显，泡壁由厚变薄。

发情母牛最好从开始时，特别是早晚定期观察，以便了解其变化过程。一般牛场将母牛放入运动场中，早、晚各观察 1 次，如发现上述情况表示已发情。

2. 直肠检查法

直肠检查法通过直肠，用手指检查子宫的形状、粗细、大小、反应以及卵巢上卵泡的发情情况来判断母牛的发情。发情母牛表现为子宫颈稍大、较软，子宫角体积略增大，子宫收缩反应比较明显，子宫角坚实。卵巢中的卵泡突出，圆而光滑，触摸时略有波动。适用于因营养不良、生殖机能衰退、卵泡发育缓慢导致排卵时间延迟的母牛，或者排卵时间提前，没有规律的母牛。直肠检查直接可靠，生产上应用广泛。

术者先将手部指甲剪短磨光，以免划伤肠壁，手臂进行消毒后涂上润滑剂（石蜡油或肥皂）。直肠检查前先排出母牛的直肠宿粪。检查时，将被检母牛保定，把尾巴拉向一侧。术者五指并拢呈锥状，慢慢插入母牛的肛门，手伸入直肠约一掌左右，掌心向下隔着肠壁寻找子宫颈，然后顺着子宫颈向前可摸到子宫体及角间沟，再稍向前在子宫大弯处的后方即可触摸到卵巢。根据术者手触摸到的卵泡发育情况判断母牛的发情状况。

（1）发情前期（卵泡出现期）　通过直肠检查发现，发情母牛一侧卵巢体积稍为增大，卵泡直径 0.5～0.75 厘米，触摸时感觉卵巢上有一个软化点，波动不明显，此期维持 6～10 小时。

（2）发情中期（卵泡发育期）　直肠检查时，可发现用手指在直肠内触摸卵巢的变化情况，发情时卵巢上有发育成熟的卵泡，母牛卵泡体积明显增大，1～1.5 厘米，呈小球状，波动明显，卵泡壁变薄，有弹性，子宫角呈现水肿，有波动感，此期维持 10～12 小时。

（3）发情后期（卵泡成熟期）　直肠检查发现母牛卵泡体积不再增大，卵泡开始变软、变薄，卵泡像成熟的葡萄一样，波动感较明显，触摸时有一触即破的感觉，在 6～18 小时排卵。这是输精的最好时间，进行第 1 次输精，间隔 8～10 小时再重复输精 1 次，受胎率较为理想。

（4）间情期（排卵期）　母牛发情排卵后，卵泡已破裂，由于卵泡液流失，卵泡壁变得松软，成为一个小凹陷，排卵 6～8 小时，开始形成黄体，并突出卵巢表面，原来的卵泡开始被填平，可触摸到质地柔软的新黄体。排卵多发生在性欲消失之后 10～15 小时。夜间排卵比白昼多，右边卵巢排卵比左边多。

需要注意的是，由于卵泡发育的过程是连续的，上下两期并无明显界限。需要操作者熟练掌握要领，才能做出确切判断。

3. 阴道检查法

阴道检查法是用阴道开张器来观察阴道的黏膜、分泌物和子宫颈口的变化来判断母牛发情与否。在不能准确判断母牛的排卵时间，作为辅助检查手段。

发情母牛阴道黏膜充血潮红，表面光滑湿润；子宫颈外口充血、松弛、柔软开张，排出大量透明的牵缕性黏液，如玻棒状（俗称吊线），不易折断。黏液最初稀薄，随着发情时间的推移，逐渐变稠，量也由少变多。到发情后期，量逐渐减少且黏性差，颜色不透明，有时含淡黄色细胞碎屑或微量血液。不发情的母牛阴道苍白、干燥，子宫颈口紧闭，所以无黏液流出。

4. 试情法

试情法是利用母牛在性欲及性行为上对公牛的反应来判断母牛是否发情的一种检查方法。

利用试情法进行母牛发情检查有两种情况，一种是将结扎输精管的公牛放入母牛群中，日间放在群牛中试情，夜间公母分开，根据公牛追逐爬跨情况以及母牛接受爬跨的程度来判断母牛的发情情况；另一种是将试情公牛接近母牛，如母牛喜靠公牛，并做弯腰弓背姿势，表示可能发情。

5. 生殖道黏液 pH 值测定法

生殖道黏液 pH 值测定法是利用发情期母牛生殖道黏液 pH 值的变化来判断母牛是否适合输精的一种辅助判断方法。

发情盛期的母牛生殖道黏液的 pH 值为中性或偏碱性，黄体期生殖道黏液的 pH 值偏酸性。受胎率最高的 pH 值范围，牛子宫颈液为 6.0～7.8，经产牛为 6.7～6.8，处女牛为 6.7。

三、促进母牛发情和排卵技术

母牛发育到一定年龄，便开始发情。发情是未孕母牛所表现的一种周期性变化。发情时，卵巢上有卵泡迅速发育，它所产生的雌激素作用于生殖道，使之产生一系列变化，为受精提供条件；雌激素还能使母畜产生性欲和性兴奋，以及允许雄性爬跨、交配等外部行为的变化。将这种生理状态称为发情。青年母牛第 1 次完整发情称为初情，一般发生在 5～10 月龄之间，由于品种和饲养环境不同，母牛的初情期不同，而对于同一品种肉牛，初情期则受到营养水平和体重的影响。

母牛到了初情期后，生殖器官及整个有机体便发生一系列周期性变化，这种变化周而复始（非发情季节及怀孕母牛除外），一直到性机能停止活动的年龄为止。这种周期性的性活动，称为发情周期。发情周期通常是指从一次发情开始到下一次发情开始的间隔时间。肉牛平均为 21 天左右，但也存在个体差异。壮龄、营养较好的母牛发情周期较为一致，而老龄和营养不佳的母牛发情周期较长。一般来讲，青年母牛较成年母牛约短 1 天。

营养水平是影响肉牛初情期和发情表现的重要因素之一。自然因素对母牛发情的影响在一定程度上也受营养水平的影响。日粮中的营养水平过高，会导致母牛过肥，而过度肥胖的母牛会在卵巢周围沉积大量脂肪，从而影响卵巢的正常机能，使激素的分泌出现紊乱，从而使发情特征不明显。而营养较差、体质较弱的母牛，发情间隔时间也较长。一般地，肉牛在产前饲喂低能饲料，产后饲喂高能饲料可以缩短第 1 次发情的间隔时间；如果产前饲喂高能饲料，产后饲喂低能饲料则会使第 1 次发情间隔时间延长。另外，在母牛采食的饲料中有一些物质会影响母牛的初情期以及经产母牛产后的再次发情，如豆科牧草中含有植物雌激素，会抑制母牛卵泡的发育和成熟，影响母牛的发情特征。

不同品种的肉牛或者相同品种不同个体的肉牛，初情期的早晚以及发情表现不同，通常大型品种肉牛的初情期要比小型品种肉牛的初情期晚。肉牛品种初情期的年龄要比乳用牛的年龄大，并且发情表现也没有乳用牛明显。

肉牛属于全年多次周期发情。在温暖季节里，发情周期正常，发情表现显著。但是在寒冷地区，特别是粗放饲养情况下，发情周期也会停止。而在高温季节，母牛的发情期持续时间要比其他季节短。因此，牛的发情周期虽然不像马、羊及其他野生动物那样有明显的季节性，但还是受季节影响。非当年产犊的干奶母牛发情最多集中于 7～8 月，初配母牛发情多在 8～9 月，当年产犊哺乳母牛多集中在 9～11 月发情。发情的季节性在很大程度上受气候、牧草及母牛营养状况的影响，都是在当地自然气候及草场条件最好的时期。此外，海拔在 4500 米以上的地区，7 月初才有个别母牛发情。

母牛的体重变化与初情期有着直接关系，如果在饲养条件良好的情况下，牛可健康生长发育，体重正常，对牛的性成熟有利。如秦川牛在较好的饲养条件下，平均 280 天即可达到性成熟，而在饲养条件较差的情况下，体重较轻，性成熟较晚，初情期有可能要晚 3～6 个月。

可见，影响母牛发情的因素有很多种，肉牛的品种、年龄、体重、营养水平、环境等都是影响肉牛正常发情的重要因素。为了使肉牛能正常发情，要根据品种、年龄、营养、环境等做好相应的饲养管理工作，保证母牛正常发情，促进母牛发情和排卵。对于母牛生理性或病理性乏情的，要进行诱发发情处理。同时，对于规模化养牛场，需要采用人工授精及胚胎移植的，还需要掌握同期发情和超数排卵技术，以提高母牛的生产效率，增加肉牛养殖收益。

1. 做好母牛的饲养管理

做到科学饲养，冬季做好牛舍保暖，夏季做好牛舍降温；做好营养调控，改善日粮结构，增加优质粗纤维供应，不饲喂霉烂变质饲草和精料，保持合理膘情；预防代谢疾病发生，及时修蹄，子宫疾患及时治疗；加强运动，确保牛只健康。

2. 诱导发情

诱导发情即为人工引起发情，指在母牛乏情期（如泌乳期生理性乏情，由于卵巢静止或持久黄体造成的病理性乏情）内，借助外源激素或其他方法引起母牛正常发情并进行配种，从而缩短繁殖周期，提高繁殖率。

诱导发情和同期发情在概念上有所区别，前者通常是针对乏情的个体母牛而言，后者则是针对周期性发情或处于乏情状态的群体母牛而言。

由于引起母牛乏情的原因不同，因而诱发发情的方法也不同。

① 欲使母牛产后提前配种，可采用提前断奶方法或用孕激素处理1～2周（参考同期发情），并在处理结束时注射孕马血激素1000国际单位，也可两种方法结合使用。

② 产后长期不发情及一般的乏情母牛除可采用上述方法处理外，还可采用以下方法。

a. 肌注100～200国际单位促卵泡素，每日或隔日1次。每次注射后须做检查，如无效，可连续应用2～3次，直至出现发情表现为止。

b. 肌注雌激素制剂，如乙烯雌酚（乙酚）20～25毫克或苯甲酸雌二醇4～10毫克。这类药不能直接引起卵泡发育及排卵，但能使生殖器官出现血管增生，血液供给旺盛，机能增强，从而摆脱生物学上的相对静止状态，使正常的发情周期得以恢复。因此，用药后头一次发情时不排卵，可不配种，而以后的发情周期中却可以正常发情排卵。

c. 因黄体囊肿或持久黄体造成的长期不发情，可用前列腺素或其类似物使黄体溶解，随后引起发情。

3. 同期发情

同期发情又称同步发情或发情控制技术。它是利用某些激素人为控制并调整若干（供、受体）母牛在一定时间内集中发情，它可以对受控制的母牛不经过发情检查即在预定时间内同时受精。

（1）同期发情的原理　母牛的发情周期，从卵巢的机能和形态变化方面可分为卵泡期和黄体期两个阶段。卵泡期是在周期性黄体退化继而血液中孕酮水平显著下降后，卵巢中的卵泡迅速生长发育，最后成熟并导致排卵的时期，这一时期一般是从周期第18～21天。卵泡期之后，卵泡破裂并发育成黄体，随即进入黄体期，这一时期一般从周期第1～17天。黄体期内，在黄体分泌的孕激素的作用下，卵泡发育成熟，受到抑制，母畜不表现发情，在未受精的情况下，黄体维持15～17天，即行退化，随后进入另一个卵泡期。由此看来，黄体期的结束是卵泡期到来的前提条件，相对高的孕激素水平可以抑制发情，一旦孕激素水平降到低限，卵泡即开始迅速生长发育，并表现发情。因此，同期发情的关键就是控制黄体期的时间，并同时终止黄体期。如能使一群母畜的黄体期同时结束，就能引起它们同期发情。任何一群母畜，每个个体都随机地处于发情周期的不同阶段，如卵泡期或黄体期的早、中、晚各期。同期发情技术就是以卵巢和垂体分泌的某些激素在母畜发情周期中的作用作为理论依据，应用合成的激素制剂和类似物，有意识地干预某些母畜的发情过程，暂时打乱它们的自然发情周期规律，继而将发情周期的进程调整到统一的步调之内，人为地造成发情同期化。这种人为的干预，就是使被处理的家畜的卵巢按照预定的要求变化，使它们的机能处于共同的基础上。

（2）同期发情的处理方法　　现行的同期发情技术主要通过两种途径：一种是向待处理母牛群同时施用孕激素，抑制卵泡的发育和发情，经过一定时期同时停药，随之引起同期发情；另一种是利用前列腺素或其类似物，使黄体溶解，中断黄体期，降低孕激素水平，从而提前进入卵泡期，使发情提前到来。这两种方法所用的激素性质不同，但都是使孕激素水平迅速下降，达到发情同期化的目的。

① 孕激素法　　分为埋植法和阴道栓塞法两种。使用的孕激素包括孕酮及其合成类似物，如甲孕酮、炔诺酮、氯地孕酮、18-甲基炔诺酮等。埋植法是将一定量孕激素制剂装入管壁有小孔的塑料细管中，利用套管针或者专门埋植器将药管埋入耳背皮下；阴道栓塞法是将含有一定量孕激素的专用栓塞放入牛阴道内。经一定天数（一般是 10 天左右）后将栓塞取出（或提前 1 天），并注射前列腺素，在第 2、第 3、第 4 天内大多数母牛卵泡发育并排卵。

② 前列腺素法　　前列腺素的投药方法有子宫注入（用输精管）和肌内注射两种，前者用药量少，效果明显，但注入时较为困难；后者虽操作容易，但用药量需适当增加。目前同期发情的方法主要是使用前列腺烯醇（PG）间隔 11 天 2 次肌内注射的方法，效果较好。因为前列腺素处理法只有当母牛在周期第 5～18 天（有功能黄体时期）才能产生发情反应。对于周期第 5 天以前的黄体，前列腺素并无溶解作用。因此，用前列腺素处理后，总有少数牛无反应，为使一群母牛有最大程度的同期发情率，第 1 次处理后，经 10～12 天，再对全群牛进行第 2 次处理，这时所有的母牛均处于周期第 5～18 天之内。因此，连续 2 次处理母牛同期发情率显著提高。

（3）实行同期发情母牛的选择和要求

① 年龄　黄牛 2～8 岁；杂交肉牛 1.5～8 岁；水牛 3～10 岁。

② 体重（指处女母牛）　黄牛 150 千克以上；杂交肉牛 200 千克以上；水牛 180 千克以上。

③ 膘情（膘情分为上、中、下三种情况）　中等膘情以上。

④ 健康状况　要求健康无病，包括繁殖疾病和其他疾病。母牛不发情、发情屡配不孕、僵牛及刚进行了疫苗注射或驱虫的牛不能选用。

⑤ 发情周期　要求母牛处于黄体期，即发情后 5～17 天，最好是在 8～12 天，刚发完情或要发情的母牛不能注射药物。可通过触摸卵巢和询问畜主确定其周期。

⑥ 带犊母牛　要求所带犊牛 2 个月以上，并且子宫恢复正常，膘情较好。

4. 超数排卵

超数排卵就是在动物发情周期的一定阶段，通过外源激素处理，提高血液中促性腺激素的浓度，降低发育卵泡的闭锁，增加早期卵泡发育到高级阶段（成熟）卵泡的数量（即增加每次排卵数目），使动物产多胎，并准确地按照预定时间进行排卵，达到提高繁殖率的目的。母牛的超数排卵是指在母牛发情周期的适宜时间，用促性腺激素处理母牛，使卵巢比在自然情况下有较多的卵泡发育并排出多个有受精能力的卵子。超数排卵技术的应用，可充分发挥优良种母（供体）牛的作用，加速牛群改良，增加产双胎的概率，同时也是胚胎移植的重要环节。

（1）常用的超数排卵处理方法

① 孕马血清促性腺激素（PMSG）＋前列腺素 F2α（PGF2α）法　在母牛性周期第 8～12 天内 1 次肌注 PMSG 2000～3000 国际单位（老年牛剂量可大一些），48 小时后肌注 PGF2α15～25 毫克或子宫灌注 2～3 毫克，以后的 2～4 天内，多数母牛发情，但 PMSG 不宜与 PGF2α 同时注射，否则会导致排卵率降低。

② 促卵泡素（FSH）＋前列腺素 F2α（PGF2α）法　在母牛性周期第 8～12 天内 1 次肌注 FSH，每日 2 次，连注 3～4 天，总剂量 30～40 毫克（第 1 次用量稍多，以后逐日减少），在第 5 次注射的同时，注射 PGF2α15～25 毫克。在必要的情况下，可在牛发情后肌注促性腺激素释放激素（GnRH）200～300 微克。

③ 促排卵类药物 经超数排卵处理的供体，卵巢上发育的卵泡数要多于自然发情的卵子数，仅依靠内源性促排卵激素不能达到超数排卵的目的。因此，在供体母畜出现发情时，需要静脉注射外源性绒毛膜促性腺激素（HCG）或 GnRH、促黄体生成素（LH）等，以增强排卵效果，减少卵巢上残余的卵泡数。

④ 孕激素 如用孕激素做超数排卵预处理，可以提高母牛对促性腺激素的敏感性。超数排卵处理的时期应选择在发情周期的后期，即黄体消退时期，此时卵巢正处于由黄体期向卵泡期过渡。

（2）提高超数排卵效果的措施 超数排卵应用的 PMSG、HCG、FSH 及 LH 均为大分子蛋白质制剂，对母牛反复多次注射后体内会产生相应的抗体，使卵巢的反应逐渐减退，超数排卵效果也随之降低。

① 增加药物的剂量 在第 2 次超数排卵处理时，可将促性腺激素的剂量加大，以到达正常的超数排卵处理。

② 间隔一定时间处理母牛 每进行一次超数排卵处理，使卵巢经历一次沉重的生理负担，需经一定时间才能恢复正常的生理机能。所以，在给供体母牛做第 2 次处理的间隔时期应为 60～80 天，第 3 次处理时间则需长到 100 天，在每一次冲取胚胎结束后，应向子宫内灌注 PGF2α 以加速卵巢恢复。

③ 更换激素制剂 当连续 2 次使用同一种药物进行处理时，为了保持卵巢对激素的敏感性，可以更换另一种激素进行超数排卵处理，以获得较好的效果。

四、人工授精配种技术

人工授精就是利用相应器械，将采集或加工处理的精液注入母畜生殖器官内，使其妊娠。肉牛人工授精具有很多优点，不但能高度发挥优良公牛的利用率，节约大量购买种公牛的资金，减少饲养管理费用，提高养牛效益，而且能克服个别母牛生殖器官异常而无法受孕的缺点，防止母牛生殖器官疾病和接触性传染病的传播，有利于选种选配，更有利于优良品种的推广，迅速改变养牛业低产的状况。在母牛配种上，我国现在基本全面实现了母牛人工授精。

生产中，人工授精常用直肠把握子宫颈输精法。该法输精部位准确，输精量少，受胎率高，输精前还可结合直肠检查掌握卵泡的发育情况，做到适时输精，防止误配假发情牛，对子宫颈过长、弯曲、阴道狭窄的牛都可输精，所需器械也少，生产中多采用。

1. 输精时间

在合理日粮的基础上，母牛多在产后 40～50 天第 1 次发情，这个情期常会发生发情不排卵或排卵无发情征兆；第 2 个情期在产后 60～70 天，但产后营养缺乏以及环境恶化会明显抑制发情，原始种群最为明显，在放牧饲养的母牛群中也很明显。产后配种的时机还受恶露（分娩后子宫黏膜复原过程中，表层变性、脱落，与部分残血、残留的胎水和子宫腺分泌物等形成的混合液）排除的影响，正常的产后 10～12 天排净，双胎、难产、野蛮接产以及母牛过于瘦弱的，则常延到 40 天左右，子宫复原几乎与恶露排净同步。所以，牛配种的最佳时机是产后 60～90 天，能在此期配种则可达到一年一胎的繁殖水平。产后母牛给予合理营养是保证达到一年一胎的基础，若完全"靠天养牛"则产后发情可能推迟数十天。随着产后情期的延长，受胎率降低。为此，生产中要及时把握发情并输精。

母牛的适宜输精时间在发情旺期的 5～18 小时。首次输精在发情旺期的 5～8 小时，即当母牛出现爬跨、阴户肿胀、分泌透明黏液且哞叫时可以输精，当阴户湿润、潮红、轻度肿胀且黏液开始较稀不透明时为最佳输精时间。发情母牛一个情期输精 2 次的，2 次输精间隔 8～12 小时，因为一般母牛发情持续 18 小时，母牛在发情结束后平均 10～15 小时排卵，卵子存活时间为 18～20 小时，精子进入受精部位需要 2～13 小时，精子在生殖道内能保持受精能力 24～50 小时，精子获能需要 3～4 小时。

由于母牛多在夜间排卵，生产中应尽量在夜间或清晨输精，以提高受精率，要避免气温高时输精。对老弱母牛，发情持续期短，应适当提前配种。

2. 授精前的准备工作

（1）输精器的准备　将金属输精器用 75％酒精或放入高温干燥箱内消毒，输精器宜每头母牛准备一支或用一次性外套。

（2）母牛的准备　将接受输精的母牛固定在六柱栏内，尾巴固定于一侧，用清水清洗母牛的外阴部。

（3）输精人员的准备　输精人员要身着工作服，指甲需剪短磨光，戴一次性直肠检查手套。

3. 精液准备

（1）冻精来源要求 冻精应来自于取得农业部颁发的《种畜禽生产经营许可证》的冻精生产站。应该选用细管精液，剂量主要以 0.25 毫升为主。要求细管精液每个剂量的标准应清晰，包装完整、准确、细管封口严密、无裂痕。发情母牛的每次输精量为细管冻精一支，每剂有效精子数不低于 1000 万个，其他与颗粒冻精相同。

（2）冷冻精液的解冻 细管精液的解冻方法是从液氮中取出细管冻精后，将 0.25 毫升的细管冻精封口端朝上、棉塞端朝下，置于 35℃ 的水中浸泡，静置 30 秒即可。

（3）精液品质检查 检查精子活力用的显微镜载物台应保持 35～38℃。在显微镜视野下，用呈直线前进运动的精子数占全部精子数的百分数来评定精子活率。100% 精子呈直线运动者评为 1.0，90% 精子呈直线运动者评为 0.9，以此类推。要求用于输精的冻精解冻后，精子活力不低于 0.3，即输入的直线前进运动精子数，细管型冷冻精液为 1000 万以上。

（4）将塑料细管精液解冻后装入金属输精器 将输精器推杆向后退 10 厘米左右，插入解冻的塑料细管，有棉塞的一端插入输精器推杆上，深约 0.5 厘米，将另一端聚乙烯醇封口剪去，套上塑料外套管备用。

4. 输精

直肠把握子宫颈输精的操作方法如下。

第一步：将被输精的母牛牵入配种架内进行保定，操作熟练时可不保定，将牛拴系于牛舍内或树桩上，地势要求平坦。

第二步：输精操作者侧身站立于牛体后面，左手戴长臂胶手套，然后将戴有塑料手套的手握成锥形，并倒石蜡油于手心。于牛肛门处将石蜡油倒下并迅速将并拢的四指塞入肛门，边塞边转动，以使手背和肛门周围充分润滑。注意手臂此时并不伸入直肠，而使成锥形的手指停留在肛门，不断撑开手指使空气被肠内的负压吸入，促使直肠因受吸入冷空气的异常刺激努责，便于排出直肠宿粪。

第三步：待排粪完毕，手臂伸入直肠较深处，并在努责停止时由里往外退，摸到子宫角检查卵巢及子宫状况，并顺势握住子宫颈。手握子宫颈轻轻滑动，刺激母牛性兴奋。此时发情盛期的健康母牛会有蛋清样的黏液自阴道流出，根据黏液的性状可判定有无子宫疾患，发情状况。此时将手臂拿出，等待片刻，以使受刺激的子宫充分收缩，便于直把输精。

第四步：用2%来苏水或0.1%高锰酸钾溶液清洗母牛后躯，重点为肛门、会阴、尾根，擦干后用消毒生理盐水棉球擦净外阴部及阴门裂内部，不得有粪便污染。

第五步：输精人员一手五指并握，呈圆锥形从肛门伸进直肠，动作要轻柔，在直肠内触摸并把握住子宫颈，使子宫颈把握在手掌之中；另一手将输精器从阴道下口斜上方约45°角向里轻轻插入，双手配合，输精器头对准子宫颈口，轻轻旋转插进，过子宫颈口螺旋状皱襞1～2厘米，到达输精部位。用金属输精器，注入精液前略后退约0.5厘米，将输精器推杆缓缓向前推进，通过细管中的棉塞向前注入精液。

第六步：将输精器内精液推出后，握颈手稍微放松，快速抽出输精枪，防止因母牛骚动伤及宫内黏膜等。后肠内手臂缓缓退出，防止再次负压吸气造成母牛努责，及造成操作者手臂被扭伤。

5. 母牛的妊娠检查

母牛的妊娠检查有外部观察法、直肠检查法和超声波诊断法。

（1）外部观察法　妊娠母牛的外部表现为发情周期停止，食欲增进，毛色润泽，性情变温和，行动变安稳。怀孕中后期腹围增大，腹壁一侧突出，甚至可观察到胎动，乳房胀大。

（2）直肠检查法　输精后两个情期未发情（40天左右），通过直肠触摸检查子宫，可查出两侧子宫角不对称，孕侧子宫角较另一侧略大，且柔软。60天后直肠触摸可查出妊娠子宫增大、胎儿和胎膜。直肠触摸同侧卵巢较另一侧略大，并有妊娠黄体、黄体质柔软、丰满，顶端能触感突起物。

（3）超声波诊断法　用B超检查母牛的子宫及胎儿、胎动、胎心搏动等。

6. 注意事项

①　输精人员必须做到无菌操作，要注意输精器械卫生，每次输精后器械要进行严格消毒。已消毒好的器械，不得与未消毒的手套、抹布等接触，以免污染。输精时，每头待输精母牛应准备1支输精管，禁止用未消毒的输精管连续给几头母牛输精。

② 输精管应加热到和精液同样的温度，吸取精液后要防尘、保温、防日光照射，可用消毒纱布包裹或消毒塑料管套住，插入工作衣内或衣服夹层内保护。

③ 输精母牛暴跳不安反抗时，可通过刷拭，拍打尾部、背腰等安抚，不能鞭打、粗暴对待或强行输精。

④ 输精动作要柔和、快捷，做到"轻插、适深、缓注、慢出"。输精员的操作应和母牛体躯摆动相配合，以免输精管断裂，损伤阴道和子宫内膜。寻找输精部位时，严防将子宫颈后拉，或用输精管乱捅，以免引起子宫颈出血，少数胎次较高的母牛有子宫下沉现象时，允许将子宫颈上提至与输精管水平，输精后再放下去。

⑤ 采用直肠把握输精，输精枪（管）只许插到子宫角间沟分叉部的子宫体部，不能插到子宫角的角部位。因为适宜输精的时机（卵巢排卵之际）已是发情末期，子宫的抗病力已下降，插入子宫体、子宫角时输精管会把子宫黏膜划伤（子宫黏膜很脆弱），即便输精管消毒彻底，但进入阴道的过程中难免被污染（若阴道已有污染时，会使输精器污染更严重），造成"人工输精病"。国内外的试验早已证明，精液输到子宫颈外口后 12～15 分钟即可到达输卵管，因而，无须将输精管插到子宫角内，这样还可避免输精引发的子宫炎。

⑥ 输精剂量必须准确。输精后，应及时检查输精管内残留的及未滴的精子活力，如剂量不足，活力明显下降，应检查原因，并做补输。防止夹吸母牛努责（努责时可将母牛稽甲部捏抓几下）残留精液过多或严重努责时应补输一剂。另外，由于青年母牛的子宫颈较细，不易寻找，输精管也不宜插入子宫颈太深，需要增加输精量。

⑦ 输精母牛须做好记录及报表。各项记录必须按时，准确，并定期进行统计分析。一是认真填写《母牛繁殖记录表》，每头母牛登记一张，配种时认真逐项填写，并长期保存，并将冷配产犊公、母性别登记准确，按时统计上报；二是评定细管冻精配种效果，主要以第一情期受胎率的高低为标准，一般以平均情期受胎率为标准。

五、早期妊娠诊断技术

母牛妊娠诊断是牧场繁殖管理中的重要一环，空怀牛发现得越早，就能越早进行第 2 次发情管理和配种，缩短配种间隔，从而提高妊娠率。因此，应尽早在配种后对母牛进行孕检，但并不是越早越好，因为会增加早期胚胎死亡率，高死亡率的出现基本与进行孕检的时间一致（配种后 30～50 天），孕检越早的牛胚胎死亡率也越高。

理想的早期孕检方法必须具备以下条件：一是敏感性（准确鉴定出妊娠牛）；二是特异性（准确鉴定出空怀牛）；三是价格便宜；四是现场操作简单和容易；五是能够准确确定出妊娠的时间。

1. 外部观察法

母牛配种后，到下一个发情期不再发情，且食欲和饮水量增加，上膘快，被毛逐渐光亮、润泽，性情变得安静、温顺，行动迟缓，常躲避追逐和角斗，放牧或驱赶运动时，常落在牛群后面。怀孕 5～6 个月时，腹围增大，一侧腹壁突出；8 个月时，右侧腹壁可触摸到或看到胎动，乳房胀大。外部观察法在妊娠中后期观察比较准确，但不能在早期做出确切诊断。

2. 直肠检查法

直肠检查法是用手隔着直肠壁通过触摸检查卵巢、子宫以及胎儿和胎膜的变化来判断母牛是否妊娠以及妊娠期的长短。配种 18 天后，通过触摸卵巢黄体，经验丰富的配种员可对妊娠母牛进行初步筛查，但配种后 30 天开始检测较为准确可靠。

母牛妊娠 1 个月，两侧的子宫角不对称，角间沟清清楚。孕角较空角稍大变粗、柔软，有液体波动感，弯曲度变小。孕侧卵巢较大，有黄体突出于表面。子宫中动脉如麦秆粗。

母牛妊娠 2 个月，孕角比空角粗约 2 倍。角间沟平坦。孕角薄软，波动明显。孕侧卵巢较大，有黄体，黄体质柔软、丰满，顶端能触感突起物。孕侧子宫中动脉增粗 1 倍。

母牛妊娠 3 个月，孕角大如婴儿头，波动感明显，空角比平时增粗 1 倍，子宫开始沉入腹腔，角间沟已摸不清楚。孕侧子宫中动脉增粗 2～3 倍，有时可摸到特异搏动。

母牛妊娠 4 个月，子宫和胎儿已全部进入腹腔，子宫颈变得较长且粗，抚摸子宫壁时能清楚地摸到许多硬实的、滑动的、通常呈椭圆形的子叶，孕角侧子宫动脉有较明显波动。

直肠检查法是早期妊娠诊断最常用、最可靠的方法，根据母牛怀孕后生殖器的变化，即可判断母牛是否妊娠，以及妊娠期的长短。用此法检查时，应把怀孕子宫与子宫疾病及充满尿液的膀胱区分开。但由于此法检查者检查动作对早期胚胎具有非常高的侵害性，与胚胎死亡之间有一定相关性。需要检查动作轻缓，熟练操作。

3. 超声波诊断

超声波诊断主要是用B超检查母牛的子宫及胎儿、胎动、胎心搏动等。同时，B超还有识别双胞胎并确定胎儿生存能力、年龄和性别的功能。

B超是把回声信号以光点明暗的形式显示出来，回声强，光点亮，回声弱，光点暗，光点构成图像的明暗规律，反映了子宫内胎儿组织各界面的反射强弱及声能衰减规律。当超声仪发射的超声波在母体内传播并穿透子宫、胚泡或胚囊、胎儿时，仪器屏幕会显示各层次的切面图像，以此判断奶牛是否妊娠。使用B超检查需要直肠检查法的操作基础。

与传统的直肠检查法相比，B超早期妊娠诊断法快捷、简便、准确率高，对早期妊娠诊断以实时图像显示，具有直观性，对子宫及其胎儿的应激小且无损伤，是目前使用较为广泛的妊娠检测仪器。但配种后21天左右，由于胎儿发育还不足以使B超捕捉到可信度高的信号强度，所以应在配种后25天后使用B超检测。此时利用B超辅助诊断对经验不足的孕检者来说非常有益。

4. 7%碘酒法

受精后30天，取10毫升母牛新鲜尿液，滴入2毫升7%碘酒，充分混合5~6分钟，在亮处观察试管中溶液的颜色，若呈现暗紫色则为妊娠，若不变色或稍带碘酒色则为未妊娠。

此方法的缺点是牛尿液取样不方便，试验现象需要靠肉眼观察，妊娠诊断率较低。

六、初生犊牛护理技术

良好的护理对初生犊牛的生长发育非常重要。犊牛出生后，其生命尚处于娇嫩状态，抗病力很差，但又需要犊牛迅速适应生理上和环境上的巨大变化。如有忽视，很容易造成死亡。因此，为了犊牛出生后尽快适应这种变化，需要对其细心呵护。

1. 清洁身体

让母牛舔干犊牛身上的羊水，以利于牛犊呼吸器官机能的提高和肠蠕动，胎液中的某些激素还能加速母牛胎衣排出。也可有饲养员对犊牛进行身体清洁，主要是清除黏液和羊水。牛犊产出后，立即用干毛巾或干草将口、鼻部黏液擦净，以利呼吸，使犊牛尽快叫出第一声，可促进其肺内羊水的吸收，用干毛巾或干草擦干犊牛身上的羊水。

2. 脐带处理

脐带自断的，在断端用5％碘酊充分消毒，脐带未断时可距腹部6～8厘米剪断（剪刀要消毒），然后充分消毒，不需结扎，以利干燥。为防止污染，可用纱布把脐带兜起来。冬天应先擦干犊牛身上的黏液再处理脐带（天气温暖时，可在断脐后让母牛舔干）。

3. 尽早吃上初乳

犊牛出生后4～6小时对初乳中的免疫球蛋白吸收力最强，故在出生后让犊牛吃上初乳，使其尽早获得母源抗体，以增强犊牛对疾病的抵抗力。体弱的犊牛欲站立时，应帮助站立并引导吮哺初乳，直到自己会吃乳为止。对个别不习惯犊牛吮乳动作（母牛表现出躲闪或踢）的初产牛，进行保定调教。对于病、弱犊牛进行人工哺乳，并积极治疗。

4. 其他处置事项

犊牛出生后要剥去软蹄，进行称重和编号。

5. 做好保暖

犊牛的适宜温度为18～22℃。当温度低于13℃时，犊牛会出现冷应激反应。冬季出生的犊牛，除了采取护理措施外，还要搞好防寒保温，但不要点柴草生火取暖，以防烟熏犊牛患肺炎疾病。

6. 去副乳头

去副乳头就是切除多余的乳头。乳房上若有副乳头，应在4～6周龄时剪除，这有利于成年后清洗乳房和预防乳腺炎。如果多余乳头连附在正常乳头上或靠得很近。要求由有经验的兽医进行手术。多余乳头一般长在4个正常乳头的后边，切除时先固定小牛，识别出多余乳头，对乳房进行清洗、消毒，然后抓住多余乳头，慢慢拉离乳房，用阉割钳夹住根部，再用消毒后的手术剪刀剪掉，伤口用消毒药和抗菌剂处理。

7. 补硒

出生时补硒既能促进犊牛健康生长，又可防止犊牛发生白肌病。犊牛出生的当天采用肌内注射 0.1% 亚硒酸钠 8～10 毫升或亚硒酸钠、维生素复合制剂 5～8 毫升，出生后 15 天再注射 1 次。注射部位最好在臀部。

8. 假死犊牛的处置

在母牛出现难产时，犊牛在母体中因黏液和羊水的长时间堵塞而出现窒息症状。窒息程度轻时，呼吸微弱而急促，时间稍长，可发现黏膜发绀，舌垂口外，口、鼻内充满羊水和黏液，心跳和脉搏快而弱，仅角膜存在反射；严重窒息时，犊牛呼吸停止，黏膜苍白，全身松软，反射消失，摸不到脉搏，只能听到心跳，呈假死状。

犊牛发生窒息时，可以进行人工呼吸，将犊牛头部放低，后躯抬高，由 1 人握住两前肢，前后来回拉动，交替扩展和压迫胸腔，另 1 人用纱布或毛巾擦净鼻孔及口腔中的黏液和羊水。在做人工呼吸时，必须有耐心，直至出现正常呼吸才能停止。进行人工呼吸的同时，还可配合使用刺激呼吸中枢的药物。

9. 精心管理

犊牛出生后 7～10 天内增加巡视次数（每天不少于 2 次），重点注意产后母牛是否健康和犊牛是否正常吃乳等。犊牛在出生 2 周后，即使母乳充足的情况下也有采食和饮水的行为，做好牛舍和运动场的清洁和消毒工作，保证充足、新鲜、清洁卫生的饮水，冬季饮温水，供给优质易消化的精粗饲料让其采食。发现疾病时应及时诊治。

七、隔栏补饲早期断奶技术

通常肉牛散养户在犊牛出生后，一般采用随母哺乳、自然断奶的传统饲养模式。由于犊牛出生后随着年龄增加，生长发育加快，营养需要也增加，而肉用母牛产后 2～3 月产乳量逐渐减少，单靠母乳不能满足犊牛的营养需要。同时，母牛泌乳和犊牛直接吮吸乳头哺乳所产生的刺激，对母牛的生殖机能恢复产生抑制作用，严重影响母牛发情，造成带犊哺乳的母牛在产后 90 天甚至更长时间都不发情。因此需要隔栏补饲。隔栏补饲早期断奶就是对哺乳期犊牛进行科学管理和疾病预防，并及早采取科学诱食措施，刺激犊牛消化系统发育，使犊牛及早出现反刍，从而实现犊牛 2～3 月龄时提前断乳的目标。使犊牛的生长性能得到充分发挥，明显缩短后备牛的饲养时间，节约饲养成本。

1. 做好新生犊牛的护理

对于助产的新生犊牛，第一时间清理干净其口、鼻内的羊水等黏液，保证其正常呼吸后，让母牛舐干犊牛全身的黏液。对于正常分娩的犊牛，如果呼吸等正常，无须进行人工护理。及时让犊牛吃到初乳。通常，犊牛在出生后 30 分钟内能自行站立，并能自行觅吮母乳。对于少量不能吃到初乳的犊牛，进行必要的人工辅助，帮助犊牛及时吃到初乳。

对体质较弱的犊牛可人工辅助，挤几滴母乳于洁净手指上，让犊牛吸吮手指，而后引导到母牛乳头，助其吮奶。如果产后母牛初乳不足，或因病及其他原因不能利用时，可喂其他母牛的初乳，或按每千克常奶中加 5～10 毫克青霉素、3 个鸡蛋、4 毫克鱼肝油配成人工初乳代替，并喂一次蓖麻油（100 毫升），代替初乳的轻泻作用，水浴加温至 38℃后，再饲喂犊牛。

2. 做好犊牛的疾病防治

犊牛在出生后，各种器官、调节系统尚未发育完全，对外界的适应能力差、抵抗力弱，容易发生疾病，要尽量保持牛舍内通风、清洁、舒适。每天要对犊牛细心观察，注意粪尿、被毛、吃乳、运动、精神等方面是否正常，有异常情况要及时诊断治疗。对母乳不足的犊牛，在加强母牛营养的同时，找其他泌乳性能好的母牛进行代哺部分牛乳。需要强调的是犊牛腹泻的病因复杂，极易造成犊牛生长发育迟缓，甚至死亡，所以，要通过对犊牛加强饲养管理、环境设施的消毒等措施，做好犊牛腹泻的预防。

3. 设置犊牛栏

犊牛出生 7 日龄后，在母牛舍内一侧或牛舍外，用圆木或钢管围成一个小牛栏，围栏面积以每头 2 米^2 以上为宜。与地面平行制作犊牛栏时，最下面的栏杆高度应在小牛膝盖以上、脖子下缘以下（距地面 30～40 厘米），第二根栏杆高度与犊牛背平齐（距地面60～70 厘米左右），第三根栏杆距地面 90～100 厘米左右。在犊牛栏一侧设置精料槽和粗料槽，在另一侧设置水槽。犊牛栏应保持清洁、干燥、采光良好、空气新鲜且无贼风，冬暖夏凉。犊牛出生 10 日龄后，每天定时哺乳后关入犊牛栏，与母牛分开一段时间，逐渐增加精饲料及优质干草饲喂量，让其自由采食。逐渐加长母牛和犊牛分离时间。

4. 哺乳期犊牛的诱食

犊牛在出生 7～10 天后，即出现饮水、采食行为。所以，在犊牛出生 10 天后，每天在犊牛栏的小牛料槽内放置少量易消化的青草或苜蓿、禾本科牧草等优质青干草和精料，供犊牛自由采食，刺激犊牛消化系统的发育，使犊牛出现反刍，为提前断乳奠定基础，同时供犊牛以清洁的饮水。精料的投放应遵守少量多次、循序渐进的原则，根据犊牛的粪便情况逐渐增加投喂量，以犊牛的粪便正常为前提，切忌一次投放一天的精料和贸然增加投喂量，否则容易引起犊牛消化不良和胃肠臌胀，导致犊牛腹泻和死亡。

出生 2 个月以内的犊牛，饲喂铡短到 2 厘米以内的干草；出生 2 个月以后的犊牛，可直接饲喂不铡短的干草。建议饲喂混合干草，其中苜蓿草占 20% 以上。2 月龄犊牛每日可采食苜蓿干草 0.2 千克。

犊牛开食精饲料应适口性良好，粗纤维含量低且粗蛋白质含量较高。可购买犊牛用代乳料、犊牛颗粒料，或自己加工犊牛颗粒料。1 月龄日喂颗粒料 0.1～0.2 千克，2 月龄日喂颗粒料 0.3～0.6 千克。

肉用犊牛颗粒饲料的推荐配方：玉米 48%、麸皮 20%、豆粕 15%、油饼 12%、食盐 1%、碳酸氢钙 2%、石粉 1%、预混料 1%。

5. 犊牛饮水

犊牛在初乳期，可在 2 次喂奶的间隔时间内供给 36～37℃ 的温开水。生后 10～15 天，改饮常温水，1 月龄后自由饮水，但水温不应低于 15℃。饮水要方便，水质要清洁，水槽要定期刷洗。

6. 提供犊牛充足的光照和足够的运动空间

光照和运动对促进犊牛的骨骼生长、消化系统发育、提高采食量、增强体质有积极作用，在哺乳期应保证犊牛有充足的光照和自由运动的空间。

7. 做好犊牛活动场所的清洁、卫生

采取必要措施，限制犊牛在牛舍或活动场内活动，避免犊牛在牛场内到处乱窜，防止犊牛在外误舔异物、污物，误饮脏水。定时对犊牛的活动场所进行清扫、消毒，防止犊牛误食异物、细菌而发病。

8. 断乳犊牛适应期的饲养管理

断乳后犊牛与母畜分开，饲料完全由饲草、青贮、精料取代，犊牛需要经过一定时间才能适应新的环境和饲料，这段时间通常称为适应期或过渡期。为使犊牛尽快适应，在饲养管理上可采取如下措施来缩短适应期：

（1）分群饲养、忌大小混群饲养　不采用拴系饲养时，容易发生以大欺小的现象，时有大牛抢食小牛饲料的情况，常造成小牛精料采食减少，更有甚者，在投喂精料时体型小的犊牛不敢采食，严重影响体型小的犊牛的生长发育，所以尽量避免大小混养。同时，在饲养过程中，还应根据犊牛的生长和采食快慢情况，不定期对牛群进行调整，才能保证每头犊牛的正常生长。

（2）在饮水方面应随时保证有清洁的饮水　有条件的可采用自动饮水器，如果采用饮水槽供水，槽内容易落入异物、饲料等杂质，导致槽内起青苔，易引起细菌滋生，影响饮用水的质量，容易使犊牛生病，需要视饮水槽的清洁情况，不定期清理槽内异物、对饮水槽进行清洗和消毒。

（3）适应期的饲料饲草供应　刚断乳时粗饲料以易消化的优质牧草、青干草为主，以苜蓿草最佳，辅以少量青贮料。投料以少量多次进行添加为原则，这样既能保证犊牛的采食量，又不造成饲草的浪费。在保证犊牛采食量的条件下，逐渐减少优质青干草或青草的投喂，3月龄犊牛每日可采食苜蓿干草0.5千克，适当增加青贮料的投喂，直到完全由青贮料取代。犊牛颗粒料3月龄日喂0.6～0.8千克，4月龄日喂0.8～1千克。在饲喂颗粒料的同时，开始添加粉料状精饲料，可采用与犊牛颗粒料相同的配方。粉状精饲料的添加量：3月龄日喂0.5千克，4月龄日喂1.2～1.5千克。精饲料的投喂也得遵守少量多次、循序渐进的原则，以犊牛的粪便正常为前提，逐渐增加投喂量和减少投喂次数，直至犊牛每次采食精料后，不出现腹泻或消化不

良后，采用每天 2 次投喂精料的饲喂方法。在哺乳期采取诱食的犊牛，经 1 周左右即能适应。

（4）断乳犊牛的疾病防治　认真做好对断乳犊牛粪尿、运动、精神等方面的观察，做到有病能及时发现，有病能及时得到治疗。大部分抗体内寄生虫药或多或少会对消化系统有不良反应，所以对断乳犊牛的驱虫宜尽量避免在适应期内给药，防止犊牛腹泻的发生。定期做好犊牛舍、生产用具的消毒，可有效防止由螨虫、真菌等引起的接触性皮肤病的传播和发生。对于断乳犊牛的预防接种，在非特殊情况下，建议在断乳 2 个月后进行，以防止母源抗体的干扰。为保证免疫效果的落实，断乳犊牛进行首次免疫 10 天后，应进行 1 次加强免疫，以后按正常的免疫程序接种疫苗就能很好地起到对传染病的预防作用。

八、肉牛长途运输技术

规模化养牛场经常会从场外购进母牛或架子牛，通常在购买后均需要经过长距离运输。特别是外购架子牛集中育肥的养牛场，运输的数量和次数更多。但是，如果运输准备不充分、运输期间管理不当，肉牛经过长途运输后易发生"肉牛运输应激综合征（TSSBC）"或意外伤亡，应激反应大的肉牛进场后会罹患许多疾病，严重影响肉牛育肥，甚至死亡，给养牛场造成巨大损失。可见，肉牛长途运输是关系到肉牛养殖成功与否的关键因素。因此，养牛场要做好购牛前的准备、启运前保健、装车、运输、卸车和入圈后的护理、驱虫、免疫等一系列工作。

肉牛的调运以气温适宜的春秋季最佳，冬季调运要做好防寒工作，夏季气温高不宜调运。

1. 准备工作

（1）牛场准备　购牛前，应做好牛场环境、圈舍、养牛设施、饲料、水与防疫等相关方面的准备工作。冬季牛舍应做好防寒或保温工作。开放或半开放的牛舍在冬季调牛前需准备好遮风装置，可搭塑料棚或卷帘。夏季需安装通风降温设施，可在舍顶架遮阳棚或水喷淋。

进牛前牛舍需彻底打扫干净，清扫棚舍，并做好空栏消毒工作，彻底清除上批牛留下的病原微生物。消毒可用火碱或生石灰喷洒道路、地面及墙壁，2 天后再用季铵盐类或氯制剂消毒液喷洒。

提前准备好新进牛前几天饲喂的优质干草、青贮饲料。准备好具有抗应激的药物和肉牛全价配合饲料。

（2）人员准备　选牛和运输牛均需要具有丰富经验的人员或兽医前往。

（3）运输工具准备　选择车况良好的运输车，选择专业运牛车最佳。运牛车辆尽量选用单层车而避免双层车。加装侧棚或顶棚，备好苫布，捆绑用绳。以避免吹风、淋雨、暴晒。车辆护栏高度不低于1.4米。车厢内铺一层15～20厘米沙土，或均匀铺垫熏蒸消毒过的干草20～30厘米，或用草垫防滑。同时，要求司机驾驶经验丰富，熟悉路况，最好有长途运输活畜的经验。

装车前要对车辆进行彻底消毒，先用高压水枪冲洗干净，再使用1%烧碱消毒，空置干燥12小时以上。

（4）途中饲料和药物准备　根据肉牛的品种、体重、数量、运输时间和当地饲草情况，准备充足的饲料和优质干草。准备预防抗应激药物，如补液盐、电解多维、氟苯尼考、盐酸氯丙嗪、安钠咖、头孢噻呋钠和长效土霉素等。

（5）路途线路规划　根据调运地点及道路状况，确定合理的运输路线。确定线路可以用手机地图或车载地图导航，很便利地规划出行车路线，需注意由于当前新建公路和公路维护等原因路况变化较快，手机和车载地图要及时更新到最新版本。规划线路时以走高速为主，其次是国道、最后是省道。还需要注意线路所经过的沿线是否有疫情暴发的地方，如有需要绕行。

（6）开具防疫证明　所有运输牛要做好兽医卫生防疫检查，查验免疫记录，确保已购牛只无布氏杆菌病、结核感染，处于口蹄疫等疫苗的免疫保护期内。并应有当地兽医部门检疫并出具的防疫证明。

（7）待运牛观察　牛选好后，不要急于启运，通过观察发现、淘汰有问题的牛。应在经纪人或当地的周转牛舍内观察3～5天。健康牛精神活泼，耳目灵敏，被毛整齐而富有光泽，步态稳健，灵活自如，可视黏膜淡红无破损，舌苔红润、伸缩有力，体温正常（犊牛38.5～39.5℃，成年牛37.5～39.0℃），呼吸均匀，频率正常（10～30次/分钟），心率正常（40～70次/分钟）。

仔细检查口腔、鼻镜、肢蹄等是否有溃疡、斑块、伤口、外寄生虫等。每天测量体温，观察采食、反刍、粪便、精神状态等。如发现体温超过39.5℃、拉稀、咳嗽、流鼻涕或眼泪、饮食和反刍减少、精神沉郁、口舌溃烂等情况，必须退回。

（8）装车前准备 运前2天可饮口服补液盐溶液或电解多维溶液，饮水中可适当添加包被氟苯尼考（100毫克/千克饮水）。运前6～8小时停喂具有泻性的青贮饲料、麸皮、鲜草和易发酵饲料。少喂精料，半饱，不过量饮水。起运前可肌肉注射盐酸氯丙嗪0.5～0.8毫克/千克体重，以减缓应激反应，为防止细菌感染可注射长效抗生素（如头孢噻呋钠2～4毫克/千克体重或得米先20毫克/千克体重肌肉或皮下注射），1次/天，注射1～2次。

（9）装车 装车时，要用专业装车台或用自制钢架的装卸台。装车时要慢慢赶牛，忌对牛粗暴和鞭打。装车密度以适当限制牛的活动范围为宜，以半数牛能自由躺卧即可，以减轻车辆对牛群的颠簸和震荡，减少牛的摇晃和互撞。200～300千克体重牛占面积0.6～0.8米^2/头、300～400千克体重牛占面积1～1.2米^2/头、400千克体重以上牛占面积1.2米^2/头。运牛车要尽量装满，装车后可不拴系而自由活动，也可对牛进行适当固定，有长角的牛只必须固定，以避免开车前和刹车时站立不稳而造成伤害。

2. 运输

（1）安全驾驶 车速不超过70千米/小时，注意匀速运行。转弯和停车均要先减速，避免急刹车，以防止个别牛卧倒被踩伤。

（2）途中管理 运输中每隔2～3小时应检查1次牛群状况，将趴卧的牛只及时扶起（采用拉拽、折尾、针刺尾根甚至用方便袋闷捂口鼻等办法使其站立起来），以防止被踩伤，瘦弱好卧的牛只用绳拴住两角，吊系在车后面的角落里，防止被踩压致死而造成不必要的损失。在远途运输过程中，应保证饮水3～4次/（天·头），采食5千克/（天·头）左右优质干草。

（3）途中疾病护理 在途中如有病牛滑倒扭伤、前胃迟缓、流产等。宜采取简单易操作的肌内注射方式，以消炎、解热、镇痛的治疗方法，对特别严重的牛可注射10%安那加10～20毫升，到达目的地后及时进行治疗。

3. 进场

（1）卸牛 卸车运输车辆到达目的地后，用装牛台卸牛。打开车门让牛自行慢慢走下车，也可用饲草诱导牛下车，切忌粗暴赶打。千万不可选在水塘或污水沟附近卸牛，否则由于牛长途运输口渴跳进水塘或饮污水，造成损伤或生病。

打耳标和称重在卸牛后进行，以减少应激。购回的肉牛集中在隔离区进行健康观察和饲草料过渡 15 天以上。

（2）过渡期饲养及疾病预防　牛进圈后休息 2～3 小时，给予适量饮水（2～3 升/头），饮水中加入葡萄糖、口服补液盐和电解多维溶液，必要时可加黄芪多糖。冬季切忌冷饮。

卸牛后至少 6 小时以后，给予少量优质干草。切勿暴饮暴食。

可全群注射 1 次长效抗生素，也可喂清热解毒、抗感冒、健胃类中草药，预防发病。发现有咳嗽、喘气、流鼻涕、拉稀、跛行的病牛，需立即隔离治疗。

过渡期以粗饲料为主，略加精料，青贮和酒渣类副产品少用；15 天以后开始逐渐加料至正常水平。

转入正常饲喂后，北方购进的架子牛在南方夏季饲养要重点做好防暑工作，牛舍一定要保持通风、阴凉、干燥。

确认新购进的牛群完全稳定后进行驱虫与免疫接种，分群饲喂。

九、肉牛持续育肥技术

持续育肥是指肉牛犊断奶后，立即转入育肥阶段进行育肥，一直到 18 月龄左右、体重达到 500 千克以上时出栏。持续育肥技术是肉牛育肥采用最多的方式之一，应用持续育肥技术的育肥牛生长发育快，肉质细嫩鲜美，脂肪含量少，适口性好，牛肉商品率高，同时牛场也增加了资金周转次数，提高牛舍的利用率，经济效益明显。持续育肥主要有放牧持续育肥、放牧加补饲持续育肥和舍饲持续育肥三种方法。

1. 放牧持续育肥法

放牧持续育肥法适合草质优良的地区，通过合理调整豆科牧草和禾本科牧草的比例，不仅能满足牛的生理需要，而且可以提供充足的营养，不用补充精饲料也可以使牛日增重保持 1 千克以上，但需定期补充定量食盐、钙磷和微量元素。放牧持续育肥法的优点是可以节省大量精饲料，降低饲养成本。缺点是育肥时间相对较长。

（1）选择合适的放牧牧场　牧草质量要好，牧草生长高度要适合牛采食，牧草在 12～18 厘米高时采食最快，10 厘米以下牛难以采食。

因此，牧草低于 12 厘米时不宜放牧，否则，牛不容易吃饱，造成"跑青"现象。北方草场以牧草结籽期为最适合育肥季节。

（2）保证放牧时间　牛的放牧时间每天不能少于 12 小时，以保证牛有充足的吃草时间。当天气炎热时，应早出晚归，中午多休息。

（3）合理分群　做到以草定群，草场资源丰富的，牛群一般 30～50 头一群为好，120～150 千克活重的牛，每头牛应占有 1.33～2 公顷草场；300～400 千克活重的牛，每头牛应占有 2.67～4 公顷草场。

（4）补充精料　育肥肉牛必须根据牛的采食情况，补充精料。应在放牧期夜间补饲混合精料。在收牧后补料，出牧前不宜补料，以免影响放牧时牛的采食。

（5）补充食盐　在牛的饮水中添加食盐或者给牛准备食盐舔砖，任其舔食。

（6）添加促生长剂　放牧的肉牛饲喂瘤胃素可以起到提高日增重的效果。据资料介绍，每日每头饲喂 150～200 毫克瘤胃素，可以提高日增重 23%～45%。以粗饲料为主的肉牛，每日每头饲喂 150～200 毫克瘤胃素，也可以提高日增重 13.5%～15%。

（7）驱虫和防疫　放牧育肥牛要定期注射倍硫磷，以防牛皮蝇的侵入，损坏牛皮。定期药浴或使用驱虫药物驱除牛体内外寄生虫，定期进行口蹄疫、牛布氏杆菌病等防疫。

2. 放牧加补饲持续育肥法

放牧加补饲持续育肥法适合牧草条件较好的地区，犊牛断奶后，以放牧为主，根据草场情况，适当补充精料或干草。放牧加舍饲的方法又分为白天放牧、夜间补饲和盛草季节放牧、枯草季节舍饲两种方式。放牧时要根据草场情况合理分群，每群 50 头左右，分群轮放。我国 1 头体重 120～150 千克的牛需 1.5～2 公顷草场。放牧时要注意牛的休息和补盐，夏季防暑，抓好秋膘。放牧加补饲持续育肥法的优点是可以节省一部分精饲料，降低饲养成本。缺点是育肥时间相对较长。

具体做法：放牧部分参照放牧持续育肥法，舍饲部分参照舍饲持续育肥法。

3. 舍饲持续育肥法

舍饲持续育肥法适用于专业化育肥场。犊牛断奶后即进行持续育肥，犊牛的饲养取决于育肥强度和屠宰时月龄，强度育肥到 14 月龄左右屠宰时，需要提供较高的营养水平，以使育肥牛平均日增重达到 1 千克以上。在制订育肥生产计划时，要综合考虑市场需求、饲养成本、牛场条件、品种、育肥强度及屠宰上市的月龄等，以期获得最大的经济效益。

育肥牛日粮主要由粗料和精料组成，平均每头牛每天采食日粮干物质约为牛活重的 2%。舍饲持续育肥一般分为适应期、增肉期和催肥期三个阶段。

(1) 适应期　断奶犊牛一般有 1 个月左右适应期。刚进舍的断奶犊牛，对新环境不适应，要让其自由活动，充分饮水，少量饲喂优质青草或干草，精料由少到多逐渐增加喂量，当进食 1～2 千克时，就应逐步更换正常的育肥饲料。在适应期每天可喂酒糟 5～10 千克，切短的干草 15～20 千克（如喂青草，用量可增 3 倍），麸皮 1～1.5 千克，食盐 30～35 克。如发现牛消化不良，可每头每天饲喂干酵母 20～30 片。如粪便干燥，可每头每天饲喂多种维生素 2～2.5 克。

(2) 增肉期　一般 7～8 个月，此期可大致分成前、后两期。前期以粗料为主，精料每日每头 2 千克左右，后期粗料减半，精料增至每日每头 4 千克左右，自由采食青干草。前期每日可喂酒糟 10～20 千克，切短的干草 5～10 千克，麸皮、玉米粗粉、饼类各 0.5～1 千克，尿素 50～70 克，食盐 40～50 克。喂尿素时要将其溶解在少量水中，拌在酒糟或精料中喂给，切忌放在水中让牛直接饮用，以免引起中毒。后期每日可喂酒糟 20～25 千克，切短的干草 2.5～5 千克，麸皮 0.5～1 千克，玉米粗粉 2～3 千克，饼渣类 1～1.25 千克，尿素 100～125 克，食盐 50～60 克。

(3) 催肥期　一般 2 个月，主要是促进牛体膘肉丰满，沉积脂肪。日喂混合精料 4～5 千克，粗饲料自由采食。每日可饲喂酒糟 25～30 千克，切短的干草 1.5～2 千克，麸皮 1～1.5 千克，玉米粗粉 3～3.5 千克，饼渣类 1.25～1.5 千克，尿素 150～170 克，食盐 70～80 克。催肥期每头牛每日可饲喂瘤胃素 200 毫克，混于精料中喂给效果更好，体重可增加 10%～15%。

在饲喂过程中要掌握先喂草料，再喂精料，最后饮水的原则，定时定量进行饲喂，一般每日喂 2～3 次，饮水 2～3 次。每次喂料后 1 小时左右饮水，要保持饮水清洁，水温 15～25℃。每次喂精料时先取干酒糟用水拌湿，或干、湿酒糟各半混匀，再加麸皮、玉米粗粉和食盐等拌匀。牛吃到最后时，拌入少许玉米粉，使牛把料槽内的食物吃干净。

（4）舍饲持续育肥的管理

① 进行消毒和驱虫。用0.3%过氧乙酸或其他高效消毒液逐头进行1次喷体消毒。育肥牛在育肥之前应该进行体内外驱虫工作。体外寄生虫可以使得牛采食量减少，抑制增重和肥育期增长。体内寄生虫会吸收肠道食糜中的营养物质，从而影响育肥牛的生长和育肥效果。

通常可以选用虫克星、左旋咪唑或者阿维菌素等药物，育肥前2次用药，同时将体内外多种寄生虫驱杀掉。

② 提供良好的生活环境。牛舍不一定要求造价很高，但是应该防止雨、雪以及防晒，要有冬暖夏凉的环境条件，并保持通风干燥。在寒冷地区，牛舍温度应保持在0℃以上，以加速牛的生长和提高饲料利用率。工具应每天清洗干净，清粪、喂料工具应严格分开，定期消毒。洗刷牛床，保持牛床清洁卫生、随时清粪和勤更换牛床的垫草，定期大扫除、清理粪尿沟。牛舍及设备常检修。注意牛缰绳松紧，以防绞索和牛只跑出，确保牛群安全。

③ 饲养管理上坚持五定、五看、五净的原则。

a. 五定即定时、定量、定人、定刷拭以及定期称重

定时就是饲喂时间固定。一般是早上5时、上午10时、下午5时，分3次上槽，夜间最好能补喂1次，按规定顺序喂料、喂水，每次上槽前先喂少量干草，然后再拌料，2小时后再饮水，夏季可稍加些盐，以防脱水。

定量就是定喂料数量，不能忽多忽少。先喂料，后饮水。喂料后必须饮足清洁水；晚间增加饮水1次；炎热夏季要保持槽内有充足的饮水；饲料中添加尿素时，喂料前后0.5~1小时杜绝饮水。

定人就是固定专人负责饲养管理。饲养员在饲喂、清扫牛舍等工作过程中对牛进行观察，了解采食、饮水、排粪和精神状态，异常情况及时报告兽医，兽医每班至少巡视1次。发情牛，及时报告配种员。有利于及早采取措施。

定刷拭就是每天固定刷拭牛体2次，上下午各1次，每次15分钟。经常刷拭牛体，能保持牛体卫生，促进血液循环多增膘。预防体内外寄生虫病的发生。

定期称重是为合理分群和及时掌握育肥效果，要进行肥育前称重、肥育期称重及出栏称重。肥育期最好每月称重1次，称重一般要

在早晨饲喂前空腹时进行，每次称重的时间和顺序应基本相同，以检验育肥效果，查找不足。生产中多采用估测法估测体重。

b. 六看即看采食、看排粪、看排尿、看反刍、看鼻镜、看精神状态是否正常

看采食就是看牛的食欲。食欲旺盛是牛健康的最可靠特征。健康的牛有旺盛的食欲，吃草料的速度也较快，吃饱后开始反刍（俗称倒沫），一般情况下，只要生病，首先就会影响到牛的食欲，在草料新鲜、无霉变的情况下，如果发现奶牛对草料只是嗅嗅，不愿吃或吃得少，即为有病的表现。每天早上给料时注意看一下饲槽是否有剩料，对于早期发现牛的疾病是十分重要的。

看排粪就是看牛的排粪状况，包括排粪的姿势、排粪数量、粪便形状及颜色等。正常牛在排粪时，背部微弓起，后肢稍微开张并略往前伸。每天排粪 10～18 次。健康牛的粪便呈圆形，边缘高、中心凹，并散发出新鲜的牛粪味。排粪带痛，在排粪时表现疼痛不安，弓腰努责，常见于腹膜炎、直肠损伤和创伤性网胃炎等。牛不断地做排粪动作，但排不出粪或仅排出很少量，见于直肠炎。病牛不采取排粪姿势，就不自主地排出粪便，见于持续性腹泻和腰荐部脊髓损伤。排粪次数增多，不断排出粥样或水样便，即为腹泻，见于肠炎、肠结核、副结核及犊牛副伤寒等。排粪次数减少、排粪量减少，粪便干硬、色暗，外表有黏液，见于便秘、前胃病和热性病等。如果分辨不出，可以取样送正规单位检测。

看排尿就是观察牛在排尿过程中的行为与姿势是否异常以及尿量、颜色等。正常牛每日排粪 10～15 次，排尿 8～10 次。健康牛的粪便有适当硬度，排泄的牛粪为一节一节的，但肥育牛粪稍软，排泄次数一般也稍多，尿一般透明，略带黄色。牛排尿异常表现有多尿、少尿、频尿、无尿、尿失禁、尿淋漓和排尿疼痛。

看反刍。牛反刍的好坏能很好地反映牛的健康状况。健康牛每日反刍 8 小时左右，特别是晚间反刍较多。一般情况下，病牛只要开始反刍，就说明病情有所好转。健康牛一般在喂后半个小时开始反刍，通常在安静或休息状态下进行。每天反刍 4～10 次，每次持续时间 20～40 分钟，有时达 1 小时，反刍时返回口腔的每个食团大约进行 40～70 次咀嚼，然后再咽下。也要根据牛饲料来分析，不固定，但是一般是这样的情况。

看鼻镜。健康的奶牛不管天气冷热，鼻镜总有汗珠，颜色红润。

如鼻镜干燥、无汗珠，就是有病的表现。

看精神状态。健康的牛动作敏捷，眼睛灵活，尾巴不时摇摆，皮毛光亮。如果发现牛眼睛无神，皮毛粗乱、拱背、呆立，甚至颤抖摇晃，尾巴也不摇动，就是有病的表现。

c. 五净即草料净、饲槽净、饮水净、牛体净和圈舍净

草料净，草料不能含沙石、泥土、铁、塑料等异物，没有有毒有害物质。

饲槽净，牛下槽要及时清扫饲槽，防止发霉发酵变质。

饮水净，供清洁卫生的饮水，避免有毒有物质污染饮水。

牛体净，每天刷拭1～2次，方法是从左到右，从上到下，从前到后顺毛刷梳，特别注意背线、腹侧的刷梳，清理臀部污物。注意牛体有无外伤、肿胀和寄生虫。保持牛体卫生，防止寄生虫发生。

圈舍净，圈舍要勤打扫，勤除粪，牛床要干燥，室内空气清洁，冬暖夏凉。

④ 分群管理　分群应按年龄、品种、体重分群，体重差异不超过30千克，相同品种分成一群，3岁以上的牛可以合并一起饲喂，便于饲养管理。

⑤ 减少活动　作为育肥的牛应相应地减少活动，对于舍饲育肥牛，拴牛绳要短，在每次饲喂完成之后应该一牛拴一桩或者是休息栏内。

⑥ 添加必要的中药和促生长剂　在育肥牛驱虫后要饲喂健胃散，每天饲喂1次，每次每头500克；给育肥牛添加瘤胃素，可以起到提高日增重的效果。具体添加方法是在精料中按每千克精料添加60毫克瘤胃素的标准添加。对大便干燥、小便赤黄的牛，用牛黄清火丸调理肠胃。

⑦ 做好防疫　肉牛必须做好牛口蹄疫疫苗的注射工作，并做好免疫标识的佩戴。有条件的还可以进行牛巴氏杆菌疫苗的注射。

十、奶公牛犊直线育肥技术

国内外养牛业都已经证实，奶公牛具有前期生长速度快，饲料报酬高的特点，适于生产犊牛肉。国外奶公牛犊直线育肥生产犊牛肉和嫩牛肉已经成为一个成型产业。奶牛群已经成为国外养牛业发达国家牛肉的主要来源。我国奶牛业每年新生奶公牛犊约220万头以上，用奶公牛犊生产牛肉，具有丰富的资源优势和广阔的前景。

奶公牛直线育肥技术即是奶公牛持续强度育肥，即犊牛断奶后直接转入育肥阶段，给以高水平营养，不用吊架子。采用舍饲与以谷物为主全价日粮饲喂的方法，经过16～18月龄的饲喂期，体重达到500千克以上出栏。

奶公牛犊直线育肥技术的要点如下。

奶公牛直线育肥饲养可分为犊牛期、育成期和催肥期三个时期。

1. 犊牛饲养管理

犊牛是指出生到6月龄的牛。一般按月龄和断奶情况分群管理，可分为哺乳犊牛（0～3月龄）、断奶后犊牛（3～6月龄）。根据犊牛的来源不同，分为外购奶公犊和自产奶公犊。

（1）外购奶公犊管理

① 犊牛的选购　选择60日龄以内已经断奶、健康、无病、膘情良好的奶公犊，观察腹部已经下垂，说明瘤胃已经开始发育；并且眼大而有神，鼻镜湿润，尾部及肛门附近无粘连的粪便。如果尾部有粘连的粪便，即使肛门附近干净也说明不久前曾发生过腹泻。脐带干净。最好从规模大的标准化奶牛场集中购买，一方面便于采取统一的饲养方案进行饲喂，另一方面防止因为犊牛来自不同奶牛场而导致交叉感染。

② 入场后过渡期　2～3月龄犊牛的运输距离以300千米以内为宜，不建议长途运输。要从原奶牛场购买5天的饲料用于过渡。购买犊牛运输到场后，先稳定0.5小时，1小时后提供清洁饮水。首次提供的饲料为原先饲养场采食的饲料。

过渡饲养时间一般是15天，按照一定比例使用原奶牛场的犊牛饲料和本场饲料。按照1～3天8：2比例，4～6天6：4比例，7～9天4：6比例，10～12天2：8比例，13～15天全部为新日粮的规律逐渐替换。饲喂过程中注意观察犊牛的采食情况和粪便形状。对于出现拉稀或者肺炎症状的犊牛要及早采取相应的治疗措施。

过渡完成后，饲养管理参照本场自产犊牛饲养方法进行。推荐精饲料配方如下。

育肥前期（%）：玉米65、麸皮5、豆粕25、预混料5；玉米60、麸皮8、豆粕5、棉粕15、DDGS 8、石粉1、食盐1、小苏打1、预混料1。

育肥后期（%）：玉米70、麸皮2、豆粕23、预混料5；玉米70、豆粕 5、棉粕 15、DDGS 6、石粉 1、食盐 1、小苏打 1、预混料 1。

精粗饲料按照精粗比（干物质基础）混合饲喂，最好采用 TMR 日粮。粗饲料可以是玉米秸秆青贮＋酒糟（每天每头 3～6kg），也可以单独使用青贮或干草。每天饲喂 2 次，自由采食。

（2）自产奶公犊管理

① 新生犊牛护理　犊牛的生活环境应清洁、干燥、宽敞、阳光充足、冬暖夏凉，最适宜温度为 15℃。

犊牛出生后首先清除口鼻中的黏液，方法是使小牛头部低于身体其他部位或倒提几秒钟使黏液流出，然后用人为方法诱导呼吸。用布擦净身上的黏液，然后从母牛身边移开。

断脐带，挤出脐内污物，用 7％碘液消毒肚脐并在离肚脐 5 厘米处打结脐带或用夹子夹住，出生 7 天后应检查小牛是否有感染。

犊牛出生 1 小时之内要保证首次吃上初乳，饲喂量为犊牛体重的 10％，用胃管灌服或自由哺乳均可，初乳的适宜温度约 38℃，12 小时之后再饲喂一次 10％体重的初乳。

要适当补充一些维生素 A、维生素 D、维生素 E、亚硒酸钠和牲血素。犊牛料中可适当添加生长素 0.26％，腐殖酸钠 1.03％。

犊牛出生 10 日内，打耳号、去角、照相、登记谱系。标准化的耳号书写上面是场号，下面是牛号。牛谱系要求填写清楚、血统清晰。

2 周内去角，采用苛性钠或电烙铁方法。如遇蚊蝇较多的季节，应在伤口处涂上油膏以防蚊蝇。

② 犊牛饲养　哺乳期 60～90 天，全期哺乳量 300～400 千克，精料喂量 185 千克，干草喂量 170 千克。期末体重达 155～170 千克。

犊牛提早饲喂初乳，7 日龄后转喂常乳，并开始饲喂开食料，料、奶、水需分开饲喂。

犊牛 10 日龄开始采食干草，随着日龄增长，开食料也相应增加，3 月龄精料日采食量逐渐增加到 1～1.5 千克，可以断奶。断奶后，按犊牛的月龄、体重进行分群，把年龄、体重相近的犊牛放在同群中。6 月龄以前精料日采食量增至 2～2.5 千克。60 日龄开始加喂青贮饲料，首次日喂量 0.1～0.15 千克，5～6 月龄青贮饲料日喂量 3～4 千克，优质干草 1～2 千克。日粮钙磷比例不超过 2∶1。

早期断奶犊牛饮水量是干物质采食量的 6～7 倍。除了喂奶后需给予饮用水外，还应设水槽供水，早期（1～2 月龄）要供温水，水质应符合无公害食品畜禽饮用水水质要求。

犊牛的饲养用具及环境要保持干净。奶桶喂奶后用40℃高锰酸钾溶液（0.5%）浸泡毛巾，将犊牛嘴鼻周围残留的乳汁及时擦净。哺乳用具每次用完后应清洗、消毒。犊牛的围栏、牛床等应保持干燥、定期消毒。

犊牛出生1周后可在圈内或笼内自由运动，10天后可到舍外的运动场上做短时间运动。一般开始时每次运动0.5小时，一天运动1～2次，随着日龄的增加可延长运动时间。

犊牛断奶后需进行布病和结核病检疫，并进行口蹄疫疫苗和炭疽芽孢苗免疫接种。满6月龄时称体重、测体尺，转入育成牛群饲养。

每日仔细观察犊牛的精神状态、食欲、生长发育、粪便等。定期进行体温、呼吸及血尿常规检查，预防疾病发生。如发现异常，及时进行处置。

2. 育肥期和催肥期饲养管理

（1）饲养　奶公犊育肥常用的饲料原料有玉米、DDGS、豆粕、玉米胚芽粕、玉米纤维、油糠、甜菜粕、棉籽粕等。育肥各阶段日粮参考配方一和育肥各阶段日粮参考配方二为如下两条。

① 育肥各阶段日粮参考配方一见表4-1。

表4-1　育肥各阶段日粮参考配方一

单位：千克/（头×日）

阶段	玉米	豆饼	酒糟	干草	食盐	1%复合添加剂
适应期（6月龄）	2	0.34	1.66	1.66	0.02	0.05
增肉期（7～16月龄）	2.5	0.42	2.08	2.08	0.02	0.07
育肥期（17～18月龄）	3	0.50	2.50	2.50	0.02	0.08

② 育肥阶段日粮参考配方二。

适合2月龄断奶以后直线育肥。豆粕12.5%，DDGS 63%，玉米15%，石粉2.63%，碳酸氢钙4.04%，食盐0.60%，微量矿物质0.25%，莫能霉素20% 0.02%，小苏打1.50%，糖蜜0.40%（黑龙江省农科院畜牧所配方）。

（2）管理　犊牛6月龄后转入育肥舍饲养。牛只转入前，育肥舍地面、墙壁可用2%火碱溶液喷洒，器具用1%新洁尔灭溶液或0.1%高锰酸钾溶液消毒。

6 月龄犊牛使用伊维菌素进行驱虫处理，用量为每千克体重 0.2 克。注射后 2～5 小时要注意观察牛只情况，如有异常，及时进行解毒处理。

日饲喂 3 次，早、中、晚各 1 次。经常观察牛采食、反刍、排便和精神状况。禁止饲喂冰冻的饲料。

保证充足的饮水，一般在饲喂后 1 小时内饮水，冬季饮温水。

奶公牛 16～18 月龄，体重达 500 千克，全身肌肉丰满，即可出栏。

十一、架子牛育肥技术

架子牛一般是指 3～4 岁，生长发育已完全结束，骨架与体型已定型，经 150 天以上的高精料、高能量日粮的强度催肥，体重达到 550～650 千克的牛，具有加工牛肉熟制品的成品率高、饲养期短、周期快和经济效益明显。

1. 架子牛的选择

（1）年龄选择　1.5 岁左右的牛育肥，能生产出高档优质的牛肉。而秦川牛生长发育较慢，加之传统的饲养方式下，到 3～4 岁时其骨架与体型才能达到催肥要求。因此，要获得短期强育肥良好的效果与效益，应选择 3～4 岁的健康秦川阉牛。6 岁以上阉牛、淘汰的基础母牛等老残牛由于育肥效果差、效益低，不宜用于高端牛肉育肥，只能生产普通育肥牛。

（2）体型外貌　头短额宽，嘴大颈粗，体躯宽深而长，前躯开张良好，皮薄松软，体格较大，棱角明显，背尻宽平，具有育肥潜力，体高 137 厘米，体斜长 150 厘米，体重 350 千克以上。而体躯过短，窄背弓腰，尖尻，体况瘦弱者不宜。

（3）育肥时间应选择春秋季节最佳　在 6～8 月高温季节，应采用水帘、屋顶淋雨和风扇等措施，防暑降温，减缓热应激；冬季应采取保温措施，肉牛育肥最适宜的环境温度为 4～20℃。

2. 饲喂技术

采用高能量日粮，净能达到 30 兆焦/日以上，精料比例逐渐增加到 70%，不用青绿多汁和青贮饲料，能量饲料应以大麦为主，提高高档肉牛比例，确保牛肉色泽等品质和风味。

（1）恢复期（10～15 天）　由于运输、环境和管理方式等因素的应激反应，牛疲劳且体重下降 5%～15%，需要一段时间恢复，以便适应新环境、群组和饲养管理方式。日粮以优质青干草、麦草为主，充足饮水，第 1 天不给精料，第 2 天给少量麸皮，3 天后精料维持原农户或场的喂量。并完成检疫、防疫、驱虫和隔离观察。

（2）过渡期（15～20 天）　逐步实现由原粗料型向精料型转变。待架子牛恢复体况并适应后，减少青干草，增加麦草，日喂粗饲料 4～6 千克/头；精料中粗蛋白保持 13%～15%，喂量逐渐增加到 4 千克/日，保证每头净能 37～52 兆焦/日。

（3）催肥期　在此阶段停喂青干草，禁喂青绿多汁饲料，以麦草、稻草为主，日喂量 3～4 千克/头，逐渐增加精料，以每周增加精料 2 千克/头左右，粗蛋白保持 8%～10%，日喂精料稳定在 6～8 千克/头，直至出栏。

3. 管理

（1）充分饮水　应采取自由饮水或每日饮水不少于 3 次，冬季饮温水。

（2）驱虫、健胃　在恢复期用丙硫咪唑一次口服，剂量为 10 毫克/千克体重；体外寄生虫可用 2%～4% 的杀灭菊酯，在天气晴朗时，淋浴杀虫，既可杀死体表蜱等寄生虫，亦有避蚊蝇作用。驱虫 3 天后，用大黄苏打片 50～80 片/次，2 次/天，连用 2 天，然后用中草药健胃散 500 克/头，连用 2 天健胃，促进消化。

（3）分群　按体格大小、强弱的不同分群围栏饲养，育肥期最多每群 15 头，以 6～8 头组小群为最佳，并相对稳定，在育肥期每小群只能出，不再进牛，围栏面积 12～18 米²。

（4）饲喂次数　育肥前期日喂 2～3 次，中间隔 6 小时，后期可自由采食。

（5）卫生　保持牛舍干燥卫生，进牛前牛舍必须清扫干净，用 2%～4% 烧碱彻底喷洒消毒，待干燥后进牛。

（6）观察与称重　在育肥期要观察每头牛的反刍、精神和粪便等情况，病牛应及时隔离，单独饲养治疗；有臌气、粪便稀恶臭且有未消化精料，应减少或停止增加精料。育肥期每 30 天称重 1 次，方法是在早晨空腹时，连续称重两次，取其平均值为一次称重，推算日增重，并根据日增重调整日粮配方，使日增重保持在 0.8～1.2 千克。

十二、肉牛短期育肥技术

肉牛短期育肥主要是指未去势公牛、3岁以上的去势牛和各类淘汰母牛的短期育肥，这类牛无法生产优质高档牛肉，单纯的育肥场或农户育肥，以追求出栏时牛的架子和体重大，出售育肥活牛为主，供应中低市场为目标的肉牛育肥。育肥期120～150天。

1. 架子牛的选择

（1）年龄　年龄选择余地不大，当然愈小愈好。在年龄相当时，母牛、阉割牛比未去势公牛育肥效果好。

（2）健康检查　认真检查口腔、牙齿是否完好；仔细观察咀嚼、粪便、排尿、四肢等，而体躯过短，窄背弓腰，尖尻，体况瘦弱者不宜。

（3）妊娠检查　对淘汰母牛应进行妊娠检查，确定是否怀孕，再决定是否采购。

2. 饲喂技术

采用玉米秸秆青贮、酒糟等农作物秸秆饲草为主。补充精料高能量日粮，能量饲料以玉米为主，以提高日增重和改善体型为主。

（1）使用玉米秸秆青贮育肥　具体分三个阶段育肥。

① 恢复期（10～15天）　日粮以优质青干草、麦草为主，少量青贮草，充足饮水，第1天不给精料，第2天给少量麸皮，3天后精料维持原来场的喂量。并完成防疫、驱虫和隔离观察。

② 过渡期（15～20天）　逐步实现由原粗料型向精料型转变。待架子牛恢复体况并适应后，减少青干草，增加青贮和酒糟，日喂粗饲料15千克左右；精料中的粗蛋白保持10%～12%，添加0.5%碳酸氢钠，精饲料喂量逐渐增加到4千克/(头·日)。

③ 催肥期　在此阶段停喂青干草，节省成本，以青绿多汁青贮、酒糟为主，不限制采食，后期酒糟最大饲喂量可达20千克/(日·头)，青贮保持8～15千克/(日·头)，并以少量麦草、稻草为主，日喂量3千克/头，起到调节胃肠酸碱度和刺激胃肠蠕动的作用；逐渐增加精料，以每周增加精料1～2千克/头左右，精料中的粗蛋白保持8%～10%，添加1.0%碳酸氢钠，日喂精料逐渐稳定在4～6千克/头至出栏。

（2）使用酒糟育肥　具体分三个阶段育肥。

① 第一阶段　30 天（第 1 个月）。前 10～15 天为恢复期，日粮以优质青干草、麦草为主，少量青贮草，充足饮水，第 1 天不给精料，第 2 天给少量麸皮，3 天后精料维持原来场的喂量。并完成防疫、驱虫和隔离观察。后 15 天每天饲喂酒糟 10～15 千克，玉米秸粉 3 千克，配合饲料 1～1.5 千克，食盐 20 克。

② 第二阶段　30 天（第 2 个月）。每天饲喂酒糟 15～20 千克，玉米秸粉或青干草 6.5 千克，配合饲料 1.5～2.0 千克，食盐 30 克。

③ 第三阶段　40～60 天（第 3～4 个月）。每天喂酒糟 20～25 千克，青干草或玉米秸粉 6.5～7 千克，配合饲料 2.5～3 千克，食盐 50 克。

使用鲜酒糟的，为了防止鲜酒糟发霉变质，可建一水泥池，池深 1.2 米左右，大小根据酒糟量确定。把酒糟放入池内，然后加水至漫过酒糟 10 厘米。这样可使酒糟保存 10～15 天。

酒糟以新鲜为好，发霉变质的酒糟不能使用。如需储藏，窖贮效果好于晒干储藏。饲喂酒糟类饲料应拌匀后再喂。

3. 管理

（1）充分饮水　应采取自由饮水或每日饮水不少于 3 次，冬季饮温水，忌饮冰水。拴养时在白天饲喂结束后，清扫饲草，加满饮水。

（2）驱虫、健胃　牛体内大都寄生有线虫、绦虫、蛔虫、血吸虫、囊尾蚴等多种寄生虫，严重影响牛的生长发育，在育肥前必须先驱除体内外的寄生虫。可选用广谱、高效、低毒的丙硫咪唑一次口服，剂量为 10 毫克/千克体重，阿维菌素肌注 0.2 毫克/千克体重；间隔 1 周再驱虫 1 次。或用 1%～3% 敌百虫水溶液涂擦患部驱除体外寄生虫。

健胃用大黄碳酸氢钠片或中草药。中药健脾开胃，可以将茶叶 400 克，金银花 200 克煎汁喂牛；或用姜黄 3～4 千克分 4 次与米酒混合喂牛；或用香附 75 克、陈皮 50 克、莱菔子 75 克、枳壳 75 克、茯苓 75 克、山楂 100 克、六神曲 100 克、麦芽 100 克、槟榔 50 克、青皮 50 克、乌药 50 克、甘草 50 克，水煎一次内服，每头每天 1 剂，连用 2 天。

（3）分群、定槽　按品种、体格大小、强弱的不同分群围栏饲养，育肥期最多每群 15 头，以 6 头组小群为最佳，并相对稳定，在育肥期每小群只能出，不再进牛，围栏面积 12～18 米²。对拴养的牛，固定槽位，缰绳长 35 厘米。

（4）饲喂次数 育肥前期日喂 2～3 次，间隔 6 小时，后期可自由采食。拴养育肥在夜间 9 点添槽，保持夜间牛有饲草采食。

（5）对拴养牛，特别是育肥未去势牛，夜间必须有人值班，防止脱缰，打斗，而造成伤害、应激，以及不必要的牛或人身事故。

（6）勤观察 防止牛缰绳缠住牛腿，或缰绳拉损牛头皮肤，造成感染。

（7）饲喂秸秆、酒糟为主的饲草必须注意添加维生素 A、维生素 D 和矿物质、微量元素。

十三、高档牛肉生产技术

高档牛肉是指通过选用适宜的肉牛品种，采用特定的育肥技术和分割加工工艺，生产出肉质细嫩多汁、肌肉内含有一定量脂肪、营养价值高、风味佳的优质牛肉。虽然高档牛肉占胴体的比例约 12%，但价格比普通牛肉高 10 倍以上。因此，生产高档牛肉是提高养牛业生产水平，增加经济效益的重要途径。

肉牛的产肉性能受遗传基因、饲养环境等因素影响，要想培育出优质高档肉牛，需要选择优良品种，创造舒适的饲养环境，遵循肉牛的生长发育规律，进行分期饲养、强度育肥、适龄出栏，最后经独特的屠宰、加工、分割处理工艺，方可生产出优质高档牛肉。

1. 生产高档牛肉必须具备的条件

（1）有稳定的销售渠道，牛肉售价较高。

（2）有优良的架子牛来源（或牛源基地）。

（3）具备肉牛自由采食、自由饮水或拴系舍饲的科学饲养设备。

（4）有较高水平的技术人员。

（5）有优良丰富的草料资源。

（6）有配套的屠宰、胴体处理、分割包装储藏设施。

2. 技术要点

（1）育肥牛的选择

① 品种选择 我国一些地方良种，如秦川牛、鲁西黄牛、南阳牛、晋南牛、延边牛、复州牛等具有耐粗饲、成熟早、繁殖性能强、

肉质细嫩多汁、脂肪分布均匀、大理石纹明显等特点，具备生产高档牛肉的潜力。以上述品种为母本与引进的国外肉牛品种杂交（通常采用国外优良公牛的冻精与我国地方良种母牛杂交），杂交一代经强度育肥，具有较强的杂种优势，体格大，生长快，增重高，牛肉品质优良，优质肉块比例较高，是目前我国高档肉牛生产普遍采用的品种组合方式。但是，具体选择哪种杂交组合，还应根据消费市场而决定。若生产脂肪含量适中的高档红肉，可选用西门塔尔牛、夏洛莱牛、利木赞牛、短角牛和皮埃蒙特牛等增重速度快、出肉率高的肉牛品种与国内地方品种进行杂交繁育；若生产符合肥牛型市场需求的雪花牛肉，则可选择安格斯牛或日本和牛等作父本，与早熟、肌纤维细腻、胴体脂肪分布均匀、大理石花纹明显的国内优秀地方品种，如秦川牛、鲁西牛、延边牛、渤海黑牛、复州牛等进行杂交繁育。

② 年龄与体重　选购育肥后备牛的年龄不宜太大，用于生产高档红肉的后备牛年龄一般在 7～8 月龄，膘情适中，体重在200～300 千克较适宜。用于生产高档雪花牛肉的后备牛年龄一般在 4～6 月龄，膘情适中，体重在 130～200 千克比较适宜。如果选择年龄偏大、体况较差的牛育肥，按照肉牛体重的补偿生长规律，虽然在饲养期结束时也能够达到体重要求，但最后体组织生长会受到一定影响，屠宰时骨骼成分较高，脂肪成分较低，牛肉品质不理想。

③ 性别要求　公牛体内含有雄性激素是影响生长速度的重要因素，公牛去势前的雄性激素含量明显高于去势后，其增重速度显著高于阉牛。一般认为，公牛的日增重高于阉牛 10％～15％，而阉牛高于母牛 10％。就普通肉牛生产来讲，应首选公牛育肥，其次为阉牛和母牛。但雄性激素又强烈影响牛肉的品质，体内雄性激素越少，肌肉就越细腻，嫩度越好，脂肪就越容易沉积到肌肉中，而且牛性情变得温顺，便于饲养管理。因此，综合考虑增重速度和牛肉品质等因素，用于生产高档红肉的后备牛应选择去势公牛；用于生产高档雪花牛肉的后备牛应首选去势公牛，母牛次之。

(2) 育肥后备牛培育

① 犊牛隔栏补饲　犊牛出生后要尽快让其吃上初乳。出生 7 日龄后，在牛舍内增设小牛活动栏与母牛隔栏饲养，在小犊牛活动栏内设饲料槽和水槽，补饲专用颗粒料、铡短的优质青干草和清洁饮水；每天定时让犊牛吃奶并逐渐增加饲草料量，逐渐减少犊牛吃奶次数。

② 早期断奶　犊牛 4 月龄左右，每天能吃精饲料 2 千克时，可与

母牛彻底分开，实施断奶。

③ 育成期饲养　犊牛断奶后，停止使用颗粒饲料，逐渐增加精料、优质牧草及秸秆的饲喂量。充分饲喂优质粗饲料对促进内脏、骨骼和肌肉的发育十分重要。每天可饲喂优质青干草 2 千克、精饲料 2 千克。6 月龄开始可以每天饲喂青贮饲料 0.5 千克，以后逐渐增加饲喂量。

（3）高档肉牛饲养

① 育肥前准备

a. 从外地选购的犊牛，育肥前应有 7～10 天的恢复适应期。育肥牛进场前应对牛舍及场地清扫消毒，进场后先喂点干草，再及时饮用新鲜井水或温水，日饮 2～3 次，切忌暴饮。按每头牛在水中加 0.1 千克人工盐或掺些麸皮效果较好。恢复适应后，可对后备牛进行驱虫、健胃、防疫。用虫克星或左旋咪唑驱虫 1 次。虫克星每头需口服剂量为每千克体重 0.1 克；左旋咪唑每头牛口服剂量为每千克体重 8 毫克。

b. 去势　用于生产高档红肉的后备牛的去势时间以 10～12 月龄为宜，用于生产高档雪花牛肉的后备牛的去势时间以 4～6 月龄为宜。应选择无风、晴朗的天气，采取切开去势法去势。手术前后碘酊消毒，术后补加一针抗生素。

c. 称重、分群　按性别、品种、月龄、体重等情况进行合理分群，佩戴统一编号耳标，做好个体记录。

② 育肥牛饲料　肉牛饲料分为两大类，即精饲料和粗饲料。精饲料主要由禾本科和豆科等作物的籽实及其加工副产品为主要原料配制而成，常用的有玉米、大麦、大豆饼（粕）、棉籽饼（粕）、菜籽饼（粕）、小麦麸皮、米糠等。精饲料不宜粉碎过细，粒度应不小于"大米粒"大小，牛易消化且爱采食。粗饲料可因地制宜，就近取材。晒制的干草，收割的农作物秸秆如玉米秸、麦秸和稻草，青绿多汁饲料如象草、甘薯藤、青玉米以及青贮料和糟渣类等，都可以饲喂肉牛。

育肥期饲料营养需要如下。

a. 高档红肉生产育肥　饲养分前期和后期两个阶段。

前期（6～14 月龄）。推荐日粮：粗蛋白质为 14%～16%，可消化能 3.2～3.3 兆卡（1 卡＝4.18 焦）/千克，精料干物质饲喂占体重的 1%～1.3%，粗饲料的种类不受限制，以当地饲草资源为主，在保证限定的精饲料采食量的条件下，最大限度供给粗饲料。

后期（15～18 月龄）。推荐日粮：粗蛋白质为 11%～13%，可消化能 3.3～3.6 兆卡/千克，精料干物质饲喂量占体重的 1.3%～1.5%，粗饲料以当地饲草资源为主，自由采食。为保证肉品风味，后期出栏前 2 月内的精饲料中玉米应占 40% 以上，大豆粕或炒制大豆应占 5% 以上，棉籽粕（饼）不超过 3%，不使用菜籽饼（粕）。

b. 大理石花纹牛肉生产育肥 饲养分前期、中期和后期三个阶段。

前期（7～13 月龄）。此期主要保证骨骼和瘤胃发育。推荐日粮：粗蛋白质 12%～14%，可消化能 3～3.2 兆卡/千克，钙 0.5%，磷 0.25%。精料采食量占体重 1%～1.2%，自由采食优质粗饲料（青绿饲料、青贮等），粗饲料长度不低于 5 厘米。此阶段末期牛的理想体型是无多余脂肪、肋骨开张。

中期（14～22 月龄）。此期主要促进肌肉生长和脂肪发育。推荐日粮：粗蛋白质 14%～16%，可消化能 3.3～3.5 兆卡/千克，钙 0.4%，磷 0.25%。精料采食量占体重 1.2%～1.4%，粗饲料宜以黄中略带绿色的干秸秆（麦秸、玉米秸、稻草、采种后的干牧草等）为主，日采食量在 2～3 千克/头，长度 3～5 厘米。不饲喂青贮玉米、苜蓿干草。此阶段牛外貌的显著特点是身体呈长方形，阴囊、胸垂、下腹部脂肪呈浑圆态势发展。

后期（23～28 月龄）。此期主要促脂肪沉积。推荐日粮：粗蛋白质 11%～13%，可消化能 3.3～3.5 兆卡/千克，钙 0.3%，磷 0.27%。精料采食量占体重 1.3%～1.5%，粗饲料以黄色干秸秆（麦秸、玉米秸、稻草、采种后的干牧草等）为主，日采食量在 1.5～2 千克/头，长度 3～5 厘米。为了保证肉品风味、脂肪颜色和肉色，后期精饲料原料中应含 25% 以上麦类、8% 以上大豆粕或炒制大豆，棉籽粕（饼）不超过 3%，不使用菜籽饼（粕）。此阶段牛体呈现出被毛光亮、胸垂、下腹部脂肪浑圆饱满的状态。

③ 育肥期管理

a. 小围栏散养 牛在不拴系、无固定床位的牛舍中自由活动。根据实际情况每栏可设定 70～80 米²，饲养 6～8 头牛，每头牛占有 6～8 米² 的活动空间。牛舍地面用水泥抹成凹槽形状以防滑，深度 1 厘米，间距 3～5 厘米；床面铺垫锯末或稻草等廉价农作物秸秆，厚度 10 厘米，形成软床，躺卧舒适，垫料根据污染程度 1 个月左右更换 1 次。也可根据当地条件采用干沙土地面。

b. 自由饮水 牛舍内安装自动饮水器或设置水槽，让牛自由饮水。饮水设备一般安装在料槽的对面，存栏 6～10 头的栏舍可安装两套，距离地面高度为 0.7 米左右。冬季寒冷地区要防止饮水器结冰，注意增设防寒保温设施，有条件的牛场可安装电加热管，冬天气温低时给水加温，保证流水畅通。

c. 自由采食　育肥牛日饲喂 2～3 次，分早、中、晚 3 次或早、晚 2 次投料，每次喂料量以每头牛都能充分得到采食，而到下次投料时料槽内有少量剩料为宜。因此，要求饲养人员平时仔细观察育肥牛的采食情况，并根据具体采食情况来确定下一次饲料投入量。精饲料与粗饲料可以分别饲喂，一般先喂粗饲料，后喂精饲料；有条件的也可以采用全混合日粮（TMR）饲养技术，使用专门的全混合日粮（TMR）加工机械或人工掺拌方法，将精粗饲料进行充分混合，配制成精、粗比例稳定和营养浓度一致的全价饲料进行喂饲。

d. 通风降温　牛舍建造应根据肉牛喜干怕湿、耐冷怕热的特点，并考虑南方和北方地区的具体情况，因地制宜设计。一般跨度与高度要足够大，以保证空气充分流通同时兼顾保温需要，建议单列舍跨度 7 米以上，双列舍跨度 12 米以上，牛舍屋檐高度达到 3.5 米。牛舍顶棚开设通气孔，直径 0.5 米、间距 10 米左右，通气孔上面设有活门，可以自由关闭；夏季牛舍温度高，可安装大功率电风扇，风机安装的间距一般为 10 倍扇叶直径，高度为 2.4～2.7 米，外框平面与立柱夹角 30°～40°，要求距最远牛体风机风速能达到约 1.5 米/秒。南方炎热地区可结合使用舍内喷雾技术，夏季防暑降温效果更佳。

e. 刷拭、按摩牛体　坚持每天刷拭牛体 1 次。刷拭方法是饲养员先站在左侧用毛刷由颈部开始，从前向后，从上到下依次刷拭，中后躯刷完后刷头部、四肢和尾部，然后再刷右侧。每次 3～5 分钟。刷下的牛毛应及时收集起来，以免牛舔食而影响牛的消化。有条件的可在相邻两圈牛舍隔栏中间位置安装自动按摩装置，高度为 1.4 米，可根据牛只喜好随时自动按摩，省工省时省力。

④ 适时出栏　用于高档红肉生产的肉牛一般育肥 10～12 个月、体重在 500 千克以上时出栏。用于高档雪花牛肉生产的肉牛一般育肥 25 个月以上、体重在 700 千克以上时出栏。高档肉牛出栏时间的判断方法主要有两种。

一是从肉牛采食量来判断。育肥牛的采食量开始下降，达到正常采食量的 10%～20%；增重停滞不前。

二是从肉牛体型外貌来判断。通过观察和触摸肉牛的膘情进行判断，体膘丰满，看不到外露骨头；背部平宽而厚实，尾根两侧可以看到明显的脂肪突起；臀部丰满平坦，圆而突出；前胸丰满，圆而大；阴囊周边脂肪沉积明显；躯体体积大，体态臃肿；走动迟缓，四肢高度张开；触摸牛背部、腰部时感到厚实，柔软有弹性，尾根两侧柔软，充满脂肪。

高档雪花肉牛屠宰后胴体表面覆盖的脂肪颜色洁白，胴体表脂覆盖率 80% 以上，胴体外形无严重缺损，脂肪坚挺，前 6～7 肋间切开，眼肌中的脂肪沉积均匀。

3. 特点

（1）高档肉牛生产要注重育肥牛的选择，应根据生产需要选择适宜的品种、月龄和体重的育肥牛，公牛育肥应适时进行去势处理。

（2）采取高营养直线强度育肥，精饲料占日粮干物质 60% 以上，育肥后期应达到 80% 左右，育肥期 10 个月以上，出栏体重达到 500 千克以上，为了保证肉品的风味以及脂肪颜色，后期精饲料原料中应含 25% 以上麦类。

（3）要加强日常饲养管理，采取小围栏散养、自由采食、自由饮水、通风降温、刷拭按摩等措施，营造舒适的饲养环境，提高动物福利，有利于肉牛生长和脂肪沉积，提高牛肉品质。

4. 成效

（1）经济效益显著　据测算，购买 1 头 6～7 月龄安秦杂犊牛，平均体重 210 千克左右，价格为 5000～6000 元，经过 20 个月左右育肥，出栏体重 700 千克以上，屠宰率 62%、净肉率 56% 以上，售价约为 4 万元，每头肉牛可获利 1 万元以上。

（2）高档肉牛生产集中体现了畜禽良种化、养殖设施化、生产规范化、防疫制度化等标准化生产要求，优化集成了多项技术，大大提高了肉牛养殖科学化、集约化、标准化水平。

（3）针对目前养牛业面临能繁母牛存栏持续减少，育肥牛源日趋短缺的严峻形势，适度发展高档肉牛生产，延长育肥时间，提高出栏体重，可充分挖掘肉牛的生产潜力，有效节约和利用肉牛资源，增加产肉量，满足日益增长的市场消费需要。如出栏 1 头活重为 500 千克的肉牛，可出净肉达 240 千克，而出栏 1 头活重为 750 千克的肉牛，可出净肉达 380 千克，每头育肥牛能增加产肉量 140 千克。

十四、肉牛全混合日粮（TMR）调制饲喂技术

全混合日粮（Total Mixed Ration）的英文缩写为 TMR，TMR 是根据牛在不同生长发育和泌乳阶段的营养需要，按营养专家设计的日粮配方，用特制的搅拌机对日粮各组分进行搅拌、切割、混合和饲喂的一种先进饲养工艺。全混合日粮（TMR）保证了肉牛所采食每一口饲料都具有均衡性营养。全混合日粮（TMR）可增加肉牛采食量，有效降低消化系统疾病，提高饲料的转化率和肉牛日增重。试验结果表明，饲喂 TMR 的育肥期牛，平均日增重提高 11.4％。

技术要点如下。

1. TMR 配方设计及原料选择

根据养殖场饲草资源和肉牛的年龄、体重设计日粮配方，原料种类可以多种多样。

2. 原料要求

饲料原料应保证优质、营养丰富、多样化，准确称量各种饲料原料，按日粮配方加工制作，控制日粮适宜的含水量。

3. TMR 加工过程中原料的添加顺序和搅拌时间

（1）基本原则　遵循先干后湿，先精后粗，先轻后重的原则。

（2）添加顺序　精料、干草、副饲料、全棉籽、青贮、湿糟类等依次添加。

（3）如果是立式饲料搅拌车应将精料和干草添加顺序颠倒。

（4）一般情况下，最后一种饲料加入后搅拌 5～8 分钟即可，一个工作循环总用时约为 25～40 分钟。掌握适宜搅拌时间的原则是确保搅拌后 TMR 中至少有 20％粗饲料长度大于 3.5 厘米。

（5）TMP 人工加工制作。先将配制好的精饲料与定量粗饲料（干草应铡短至 2～3 厘米）经过人工方法多次掺拌，至混合均匀。加工过程中，应视粗饲料的水分多少加入适量水（最佳水分含量范围为 35％～45％）

4. TMR 的水分要求

牛对 TMR 的干湿度非常敏感，只要超出适宜的干物质水平，牛就

会出现挑食、厌食及不食的现象。另外，若 TMR 太干，会造成精粗料混合不均匀，导致挑食及影响采食进度，进而使产奶量受到影响；若 TMR 太湿，会出现日粮抱团现象，导致营养不均衡及干物质采食量（DMI）降低。由于水分较多，还会造成肉牛唾液分泌减少（因为唾液中含有一定量弱碱性的碳酸氢钠，通过吞咽进入瘤胃，起到调节瘤胃酸碱平衡的作用），持续一段时间会使牛瘤胃酸度升高，增加了瘤胃酸中毒发生的概率，从而给牛的自身健康带来风险。

5. 使用 TMR 饲料搅拌车应注意的事项

（1）根据搅拌车的说明，掌握适宜的搅拌量，避免过多装载，影响搅拌效果。通常装载量占总容积的 70%～80% 为宜。

（2）严格按日粮配方，保证各组分精确给量，定期校正计量控制器。

（3）根据青贮及副饲料等的含水量，掌握控制 TMR 日粮水分。

（4）添加过程中，防止铁器、石块、包装绳等杂质混入搅拌车，造成车辆损伤。

6. TMR 搅拌效果的好坏判断

从感官上，搅拌效果好的 TMR 日粮表现在：精粗饲料混合均匀，松散不分离，色泽均匀，新鲜不发热，无异味，不结块，水分的最佳含量范围为 35%～45%。

7. TMR 的质量检测

要对每批次新进的原料予以现场检查，感官评估其质量，然后采取适当样品送往化验室检测营养成分，重点检测干物质、蛋白质、能量、中性洗涤纤维（NDF）与酸性洗涤纤维（ADF）等常规指标，对霉菌指标也要予以检测，以确保原料无霉变。检测常可以通过以下三种方法：直接检查日粮、宾州过滤筛和观察肉牛反刍。运用以上方法，坚持估测日粮中饲料粒度的大小，保证日粮制作的稳定性，对改进饲养管理，提高肉牛健康状况，促进高产十分重要。

（1）直接检查日粮　随机从牛全混日粮（TMR）中取出一些，用手捧起，用眼观察，估测其总质量及不同粒度的比例。一般推荐，可测得 3.5 厘米以上的粗饲料部分超过日粮总质量的 15% 为宜。有经验的牛场管理者通常采用该评定方法，同时结合牛只反刍及粪便观察，从而达到调控日粮适宜粒度的目的。

（2）宾州筛过滤法　美国宾夕法尼亚州立大学的研究者发明了一种简便的、可用在牛场估计日粮组分粒度大小的专用筛。这一专用筛由两个叠加式的筛子和底盘组成。上面筛子的孔径是1.9厘米，下面筛子的孔径是0.79厘米，最下面是底盘。这两层筛子不是用细铁丝，而是用粗糙的塑料制成的，这样，使长颗粒不至于斜着滑过筛孔。具体使用步骤：肉牛未采食前从日粮中随机取样，放在上部筛子上，然后水平摇动两分钟，直到只有长颗粒留在上面筛子上，再也没有颗粒通过筛子。这样，日粮被筛分成粗、中、细三部分，分别对这三部分称重，计算它们在日粮中所占的比例。

另外，这种专用筛可用来检查搅拌设备运转是否正常，搅拌时间、上料次序等操作是否科学等问题，从而制定正确的全混日粮调制程序。

宾州筛过滤法是一种数量化的评价法，但是到底各层应该保持什么比例比较适宜，与日粮组分、精饲料种类、加工方法、饲养管理条件等有直接关系。

（3）观察肉牛反刍　牛每天累计反刍7～9个小时，充足的反刍保证牛瘤胃健康。粗饲料的品质与适宜切割长度对牛瘤胃健康至关重要，劣质粗饲料是牛干物质采食量的第一限制因素。同时，青贮或干草如果过长，会影响肉牛采食，造成饲喂过程中的浪费；切割过短、过细又会影响牛的正常反刍，使瘤胃pH值降低，出现一系列代谢疾病。观察肉牛反刍是间接评价日粮制作粒度的有效方法。记住一点非常重要，那就是随时观察牛群时至少应有50%～60%牛正在反刍。

（4）粪便筛检测　TMR制作的好坏最主要是被牛采食后的原料消化情况及对瘤胃功能的影响，换句话说，是TMR的可利用程度。可以用专用检测粪便工具——粪便分级筛来检测TMR消化情况及肉牛瘤胃功能。

8. TMR投喂方法

TMR投喂方法有移动式和固定式TMR搅拌车两种。可使用牵引式或自走式TMR搅拌车自动投喂。使用固定式TMR搅拌车投喂的，要先用TMR设备将各种原料混合好，再用农用车转运至牛舍饲喂，但应尽量减少转运次数。

饲喂时间：每日投料2次，可按照日饲喂量的50%分早晚投喂，也可按照早 60%、晚 40% 的比例投喂。

9. 饲喂管理

牛舍建设应适合全混合车的设计参数要求，根据牛不同生产目的、年龄、体重进行合理分群饲养。

混合好的饲料应保持新鲜，发热发霉的剩料应及时清出，并给予补饲；牛采食完饲料后，应及时将食槽清理干净，并给予充足、清洁的饮水。

十五、饲料加工技术

1. 全株玉米青贮加工利用技术

全株玉米青贮饲料是将适时收获的专用（兼用）青贮玉米整株切短装入青贮池中，在密封条件下厌氧发酵，制成的一种营养丰富、柔软多汁、气味酸香、适口性好、可长期保存的优质青绿饲料。全株玉米青贮因营养价值、生物产量等较高，得到国内外广泛的重视，畜牧业发达国家已有 100 多年的应用历史。

（1）技术要点

① 青贮窖（池）建设。青贮窖应建在地势较高、地下水位低、排水条件好、靠近畜舍的地方，主要采用地下式、半地下式和地上式三种方式。青贮窖的地面和围墙用混凝土浇筑，墙厚 40 厘米以上，地面厚 10 厘米以上。容积大小应根据饲养数量确定，成年牛每头需 6～8 米^3。形状以长方形为宜，高 2～3 米，窖（池）宽小型 3 米左右、中型 3～8 米、大型 8～15 米，长度一般不小于宽度的 2 倍。

② 适时收割　全株玉米在玉米籽实乳熟后期至蜡熟期（整株下部有 4～5 个叶片变成棕色）刈割最佳。此时收获，干物质含量 30%～35%，可消化养分总量较高，效果最好。青贮玉米收获过早，原料含水量过高，籽粒淀粉含量少，糖分浓度低，青贮时易酸败（发臭发黏）。收获过晚，虽然淀粉含量增加，但纤维化程度高，消化率低，且装窖时不易压实，影响青贮的质量。

③ 切碎　青贮玉米要及时收运、铡短、装窖，不宜晾晒、堆放过久，以免原料水分蒸发和营养损失。一般采用机械切碎至 1～2 厘米，不宜过长。

④ 装填、压实　每装填 30～50 厘米厚压实 1 次，排出空气，为

青贮原料创造厌氧发酵条件。一般用四轮、链轨拖拉机或装载机来回碾压，边缘部分若机械碾压不到，应人工用脚踩实。青贮原料装填越紧实，空气排出越彻底，质量越好。如果不能一次装满，应立即在原料上盖上塑料薄膜，第2天再继续工作。

⑤ **密封**　青贮原料装填完后，要立即密封。一般应将原料装填至高出窖面50厘米左右，窖顶呈馒头形或屋脊形，用塑料薄膜盖严后，用土覆盖30～50厘米（也可采用轮胎压实）。覆土时要从一端开始，逐渐压到另一端，以排出窖内空气。青贮窖封闭后要确保不漏气、不漏水。如果不及时封窖，会降低青贮饲料的品质。

⑥ **管护**　青贮窖封严后，在四周约1米处挖排水沟，以防雨水渗入。多雨地区，可在青贮窖上面搭棚。要经常检查，发现窖顶有破损时，应及时密封压实。青贮窖应严防鼠害，以避免把一些疾病传染给牛。

⑦ **开窖取料**　青贮玉米一般储存40～50天后可开窖取用。取料时用多少取多少，应从一端开启，由上到下垂直切取，不可全面打开或掏洞取料，尽量减小取料横截面，取料后要将窖内的青贮饲料重新踩实，并立即盖好。如果中途停喂，间隔较长，必须按原来的封窖方法将青贮窖封严。

每天上、下午各取1次，每次取用青贮饲料的厚度应不少于10厘米，保证青贮饲料新鲜，适口性好，营养损失降到最低，达到饲喂青贮饲料的最佳效果。取出的青贮饲料不能暴露在日光下，也不要散堆、散放，最好用袋装，放置在牛舍内的阴凉处。注意冰冻的青贮饲料不能饲喂牛，否则易引起孕牛流产。

⑧ **含水量判断**　全株青贮适宜的含水量为65％～70％。用手紧握青贮料不出水，放开手后能够松散开来，结构松软，不形成块，握过青贮料后手上潮湿但不会有水珠。湿度不足可加适量水，或与多水分青贮原料混贮，如甜菜叶、甜菜渣等。湿度过大，可将玉米秸秆适当晾晒或加入一些粉碎的干料，如麸皮、干草粉等。

⑨ **品质鉴定**　上等青贮玉米秸秆呈绿色或黄绿色，有浓郁酒酸香味，质地柔软，疏松稍湿润，pH值为4～4.5。中等青贮玉米秸秆呈黄褐色或暗褐色，稍有酒味，柔软稍干。劣质青贮玉米秸秆呈黑褐色，干松散或结成黏块，有臭味，pH值大于5。

⑩ **饲喂**　全株玉米青贮是优质多汁饲料，饲喂时应与其他饲草料搭配。经过短期适应后，肉牛一般均喜欢采食。成年牛每天可饲喂

5～10 千克，同时饲喂干草 2～3 千克。犊牛 6 月龄以后开始饲喂。饲喂时，初期应少喂一些，以后逐渐增加到足量，让牛有一个适应过程。切不可一次性足量饲喂，造成牛瘤胃内的青贮饲料过多，酸度过高，以致影响奶牛的正常采食。应及时给牛添加小苏打，喂青贮饲料时牛瘤胃内的 pH 值降低，容易引起酸中毒。可在精饲料中添加1.5％小苏打，这样可促进胃的蠕动，中和瘤胃内的酸性物质，增加采食量，提高消化率，促进生长。每次饲喂的青贮饲料应和干草搅拌均匀后，再饲喂给牛，避免牛挑食。有条件的养牛户，可将精饲料、青贮饲料和干草进行充分搅拌，制成全混合日粮饲喂，效果会更好。

青贮饲料或其他粗饲料，每天最好饲喂 3 次或 4 次，增加牛反刍的次数，促进微生物对饲料的消化利用。农村有很多养牛户，每天只饲喂 2 次，这是极不科学的。一是增加了牛瘤胃的负担，影响牛正常反刍的次数和时间，降低了饲料的转化率，长期下去易引起牛前胃的疾病。二是影响牛的消化率，若是奶牛，会造成产奶量的乳脂率下降。

在饲喂过程中如发现牛有拉稀现象，应立即减量或停喂，检查青贮饲料中是否混入霉变物质或因其他疾病造成牛拉稀，待牛恢复正常后再继续饲喂。每天要及时清理饲槽，尤其是死角部位，把已变质的青贮饲料清理干净，再添加新鲜青贮饲料。

（2）特点

① 全株青贮玉米具有生物产量高，营养丰富，饲用价值高等优点，已成为畜牧业发达地区肉牛生产最重要的饲料来源。

② 在密封厌氧环境下，可有效保存玉米籽实和茎叶营养物质，减少营养成分（维生素）的损失。同时，由于微生物的发酵作用，产生大量乳酸和芳香物质，适口性好，采食量和消化利用率高。

③ 保存期长（2～3 年或更长），可解决冬季青饲料不足的问题，实现青绿多汁饲料全年均衡供应。

（3）成效　全株青贮玉米采用密植方式，每亩（1 亩＝666.7 米²）6000～8000 株，生物产量可达 5～8 吨，刈割期比籽实玉米提前 15～20 天，茎叶仍保持青绿多汁，适口性好、消化率高，收益比种植籽实玉米高 400 元以上。制作时秸秆和籽粒同时青贮，营养价值提高。孙金艳等开展的"玉米全株青贮对肉牛增重效果研究"结果表明，育肥肉牛饲喂"混合精料＋青贮玉米＋干秸秆"日粮与饲喂"混合精料＋玉米秸秆"日粮相比，平均日增重提高 0.383 千克，经济效益提高 56.65%。

2. 秸秆黄贮技术

农作物秸秆经过微生物发酵处理后，提高了饲料的转化效率，并将其储存在一定设施内的技术称为秸秆微生物发酵储存技术，简称黄贮或微贮技术。黄贮饲料的发酵过程是利用高活性微生物适合菌剂，在厌氧、一定温湿度及营养水平条件下，进行秸秆难利用成分的降解和物质转化，从而提高农作物秸秆的营养价值。实践表明，3 千克黄贮玉米秸秆与 1 千克玉米的营养价值相当。秸秆经过黄贮，可以改善秸秆的适口性，提高秸秆的营养价值和消化率，是肉牛的优质粗饲料。黄贮饲料主要用来饲喂牛、羊等反刍家畜。

秸秆黄贮主要包括秸秆铡短、入窖、封窖、发酵、出窖饲喂等过程。

（1）黄贮前的准备　黄贮的主要原料是玉米秸秆，还有乳酸发酵剂和尿素。黄贮的设备有黄贮窖或黄贮壕、拖拉机、切碎机、塑料薄膜、水管等。使用过的贮窖、贮壕要提前进行彻底清理，将杂物、污水和剩余黄贮料彻底清除，晒干后再进行贮料。没有建设黄贮窖的可以人工挖掘土窖，宽度 6～8 米，长度根据黄贮量而定，铺上塑料布即可进行黄贮。

（2）黄贮时机及原料要求　用于黄贮的秸秆以玉米秸秆为最多。一般要求玉米籽实成熟后尽早进行收获，并立即将秸秆进行黄贮。北方地区一般在 10 月初贮完。玉米秸秆应边收边贮，尽量避免暴晒和减少堆积发热，保证新鲜。尽量不要在雨天进行收割、运输和储存，以减少泥土的污染。

（3）玉米秸秆的切碎　玉米秸秆黄贮前必须切碎，一般以长 1～2 厘米为宜。切碎的目的是使玉米秸秆的汁液渗出，湿润表面，以利乳酸菌迅速发酵，也便于压实，提高贮量。

（4）玉米秸秆的装填　为了及时将玉米秸秆进行黄贮，除用联合收割机收割外，切碎机应设置在贮料窖或贮壕附近，尽量避免秸秆暴晒。贮窖或贮壕内应有专人或设备将原料摊平。当切碎的玉米秸秆装填至距窖或壕口 40～50 厘米时，紧贴窖或壕壁围上一圈塑料薄膜，剩余的薄膜待密封时用。贮料要高出窖或壕口 50 厘米。装填期限不能过长，最好在短时间内装填完并密封。一般玉米秸秆的装填时间在 3 天左右，最好不超过 7 天。为了提高玉米秸秆黄贮的质量，如贮料过干、含糖量较低，可逐层添加 0.5%～1%玉米面或麸皮，为乳酸菌发酵提供充足的糖原；或添加乳酸发酵剂，1 吨贮料中添加乳酸培养物 450 克或纯乳酸菌剂 1 克，可促进乳酸菌的大量繁殖，添加乳酸菌时贮窖或贮壕的边角需多洒些乳酸菌培养物或纯乳酸菌剂；或按每吨黄贮原料添加 25%氨水 7～8 升；或按每吨黄贮原料添加尿素 3～5 千克，添加尿素可提高黄贮玉米秸秆的蛋白质含量；也可每吨贮料中添加 3.6 千克甲醛，甲醛有抑制贮料发霉和改善贮料风味等作用。黄贮饲料还可以添加适量食盐。

(5) 补加水分　玉米秸秆黄贮成败的关键在于加水。如果玉米秸秆含水量较高，在装窖或壕的前段时间可不加水，装填到距窖口 50～70 厘米处开始加少量水；如果玉米秸秆不太干，其所需补加的水量较少，应在储料装填到一半左右时开始逐渐加水；如果玉米秸秆十分干燥，在储料厚达 50 厘米时就应逐渐加水。加水要先少后多、边装边加、边压实，加水量要根据原料的实际水分含量而定，以储料的总含水量达 65%～75%为宜。感官判定以储料手握成团有水渗出，但指缝内不滴水，松开手后慢慢散开为宜。

(6) 储料要压实　储料在窖或壕内要装匀和压实，压得越实越好。特别要注意靠近储料壁和拐角的地方，不能留有空隙。小型储窖或储壕可用人力踩踏压实，大型储窖和储壕宜用履带式拖拉机压实，注意不要让拖拉机将泥土、油污、金属等污染物带进储料中。在用拖拉机进行压实时，仍需人工踩实拖拉机压不到的边角等处。储料是否压实，主要取决于储料的长短、含水量和压实的方法。将原料压实的目的在于最大限度地排出空气，使之处于缺氧状态，为乳酸菌的繁殖提供有利条件，并把原料中的汁液挤压出来，为乳酸菌的繁殖提供养分。此外，压实储料还可有效利用储窖或储壕，提高储存量。

(7) 储窖或储壕的密封和覆盖　储窖或储壕装满后，必须马上进行密封和覆盖。一般应将原料装至高出窖面 30 厘米左右，可先盖上一层细软的青草，然后将围在窖或壕四周余下的塑料膜铺盖在储料上面，再盖上一层塑料薄膜，并用泥土压在储窖或储壕的四周，上面再覆盖一层厚 30～50 厘米的泥土。做到不漏气、不漏水。储窖或储壕的顶部必须高出窖或壕的边缘，并成圆形，以防雨水流入窖或壕内，引起储料发霉变质。

(8) 管护　储窖贮好封严后，在四周约 1 米处挖沟排水，以防雨水渗入。多雨地区，应在黄贮窖上面搭棚，随时注意检查，发现窖顶有裂缝时，应及时覆土压实。

（9）开窖 黄贮玉米、高粱等禾本科牧草一般 30～40 天可开窖取用；豆科牧草一般在 2～3 个月后开窖取用。

（10）取料与饲喂 开窖取料时应从一头开挖，由上到下分层垂直切取，不可全面打开或掏洞取料，尽量减小取料横截面。当天用多少取多少，取后立即盖好。取料后，如果中途停喂，间隔较长，必须按原来的封窖方法将青贮窖盖好封严，保证黄贮窖不透气、不漏水。

青贮饲料是优质多汁饲料，开始饲喂家畜时最初少喂，逐步增多，然后再喂草料，使其逐渐适应。秸秆黄贮过程中若在原料中添加了食盐，饲喂牛时应注意从日粮中扣除相应部分食盐的含量。

3. 秸秆氨化处理的技术要点

秸秆氨化就是利用液氨、尿素、碳铵、氨水和人畜尿等含氮物质对秸秆进行氨化处理，破坏连接秸秆木质素与多糖之间的酯键，提高秸秆的消化率。同时，氨是一种碱性物质，可使秸秆的木质化纤维膨胀，提高渗透性，使消化酶更易与之接触，提高秸秆的营养价值。

（1）操作方法 主要有堆垛法、窖或池容器氨化法和塑料袋氨化法三种。常用作氨化处理秸秆的氨源物质的是尿素。

① 堆垛法 堆垛法是指在平地上，将秸秆堆成长方形垛，用塑料薄膜覆盖，注入氨源进行氨化的方法。其优点是不需建造基础设施、投资较少、适于大量制作、堆放与取用方便，适于夏季气温较高的季节采用。主要缺点是塑料薄膜容易破损，使氨气逸出，影响氨化效果。秸秆堆垛氨化的地点，要选地势高燥、平整，排水良好，雨季不积水，地方较宽敞且距畜舍较近处，有围墙或围栏保护，能防止牲畜危害。麦秸和稻草是比较柔软的秸秆，可以铡成2～3厘米，也可以整秸堆垛。但玉米秸秆高大、粗硬，体积太大，不易压实，应铡成1厘米左右的碎秸。边堆垛边调整秸秆的含水量。如用液氨作氨源，含水量可调整到20%左右；若用尿素、碳酸铵作氨源，含水量应调整到40%～50%。水与秸秆要搅拌均匀，堆垛法适宜用液氨作氨源。

② 窖或池容器氨化法 建造永久性的氨化窖或池，可以与青贮饲料转换使用，即夏秋季氨化，冬春季青贮。也可以2～3窖或池轮换制作氨化饲料。采用窖或池容器氨化秸秆，首先把秸秆铡碎，麦秸、稻草较柔软，可铡成2～3厘米的碎草，玉米秸秆较粗硬，应以1厘米

左右为宜。用尿素氨化秸秆，每吨秸秆需尿素40～50千克，溶于400～500千克清水中，待充分溶解后，用喷雾器或水瓢泼洒，与秸秆搅拌均匀后，分批装入窖内，摊平、踩实。原料要高出窖口30～40厘米，长方形窖呈鱼脊背式，圆形窖呈馒头状，再覆盖塑料薄膜。盖膜要大于窖口，封闭严实，先在四周填压泥土，再逐渐向上均匀填压湿润的碎土，轻轻盖上，切勿将塑料薄膜打破，造成氨气泄出。

③ 塑料袋氨化法　塑料袋的要求是无毒的聚乙烯薄膜，厚度在0.12毫米以上，韧性好，抗老化，黑颜色。袋口直径1～1.2米，长1.3～1.5米。用烙铁粘缝，装满饲料后，袋口用绳子扎紧，放在向阳背风、距地面1米以上的棚架或房顶上，以防老鼠咬破塑料袋。氨化方法，可用相当于干秸秆风干质量3％～4％的尿素或6％～8％的碳酸铵，溶在相当于秸秆质量40％～50％的清水中，充分溶解后，与秸秆搅拌均匀装入袋内。昼夜气温平均在20℃以上时，经15～20天即可喂用。此法的缺点是氨化数量少，塑料袋一般只能用2～3次，成本相对较高。塑料袋易破损，需经常检查粘补。

(2) 氨化时间　秸秆氨化一定时间后，就可开窖饲用。氨化时间的长短要根据气温而定。气温低于5℃，要56天以上；气温为5～10℃，需28～56天；气温为10～20℃，需14～28天；气温为20～30℃，需7～14天；气温高于30℃，只需5～7天。

(3) 品质鉴定　氨化秸秆在饲喂牲畜之前应进行品质鉴定，一般来说，经氨化的秸秆颜色应为杏黄色；氨化的玉米秸为褐色。氨化的秸秆有糊香味和刺鼻的氨味；氨化的玉米秸的气味略有不同，既有青贮的酸香味，又有刺鼻的氨味。若发现氨化秸秆大部分已发霉时，则不能用于饲喂家畜。

(4) 饲喂方法　秸秆氨化处理完成后，将塑料膜全部取掉，使秸秆全部暴露在空气中晾晒，干燥后放入草棚或房舍内备用。开始时应少量饲喂，待牲畜适应氨化秸秆后，逐渐加大喂量，使其自由采食，亦可以与其他饲草混合饲喂。日粮要搭配合理，基础料中要少加蛋白质饲料，最好能连续饲喂。如果停喂，则要采取逐渐减少氨化饲料饲喂量的办法。

直接从氨化池取出秸秆饲喂的，在按需要的数量取出氨化饲料以后，要放置10～20小时，在阴凉处摊开散尽氨气，至没有刺激的氨味方可饲喂。剩余的仍要封严，防止氨气损失或进水腐烂变质。

4. 酒糟发酵技术要点

酒糟就是酿酒副产品。资源丰富，价格低廉，有啤酒糟、谷酒糟、米酒糟、白酒糟、酒糟粉等。各种酒糟中以啤酒糟的营养价值最高，其实啤酒糟是麦芽糖化工艺后的麦糟，没有经过酿酒发酵工序，所以其中的营养保留得最好，粗蛋白含量可达到25％左右，将其作为鹅饲料是一个很好的选择。但是，直接用酒糟喂牛不但营养价值得不到充分利用，而且口感还差。所以，最好用专业的饲料发酵剂发酵后再喂牛，这样的饲料营养才更全，口感才更佳，牛更爱吃，生长速度快。

酒糟发酵的操作方法如下。

（1）准备物料　酒糟、玉米粉、麸皮或米糠，饲料发酵剂（市场上有多种）。

（2）稀释菌种　先将饲料发酵剂用米糠、玉米粉或麸皮按1∶（5～10）的比例，先不加水，干稀释混合均匀后备用。

（3）混合物料　将备好的酒糟、玉米粉、麸皮及预先稀释好的饲料发酵剂混合在一起，一定要搅拌均匀。如果发酵的物料比较多，可以先将稀释好的饲料发酵剂与部分物料混匀，然后再撒入发酵物料中，目的是为了使物料和发酵剂混合得更均匀。

（4）水分要求　配好的物料含水量控制在65％左右。判断办法：手抓一把物料能成团，指缝见水不滴水，落地即散为宜。水多不易升温，水少难发酵；加水时，注意先少加，如水分不够，再补加到合适为止。

（5）密封要求　发酵物料可装入筒、缸、池子、塑料袋等发酵容器中，物料发酵过程中应完全密封，但不能将物料压得太紧；当使用密封性不严的容器发酵时，外面应加套一层塑料薄膜或袋子，再用橡皮筋扎紧，确保密封。

（6）发酵完全　在自然气温（启动温度最好是在15℃以上）下密封发酵3天左右，有酒香气时说明发酵完成。

（7）保存方法　发酵后的酒糟物料，如果要长期保存，则要严格密封，并压紧压实处理，尽量排出包装袋中的空气，这样不仅可以长期保存，而且在保存过程中，降解还要进行，时间较长后，消化吸收率更好，营养更佳。其他固体发酵的糟渣也是这个原理。

发酵好的饲料也可以直接造粒，晾干、成品检验、装袋，成品入库。

（8）注意事项

① 确保密封严格，不漏一点空气进入料中，则时间越长，质量越好，营养越佳。发酵过程中不能拆开翻倒，发酵后的成品在每次取料饲喂后应注意立即密封；成品可另行用小袋密封保存或晾干脱水、低温烘干或造粒等方式保存。

② 发酵各种原料的添加比例按照饲料发酵剂的使用说明执行，不可随意增减，否则将影响发酵效果和饲喂效果。不能使用霉烂变质的酒糟。

③ 如果添加农作物秸秆粉、树叶杂草粉、瓜藤粉、水果渣、干蔗渣、谷壳粉、统糠、食用菌渣、鸡粪等，其合计不超过发酵原料总量的30％。

④ 多种发酵原料混合发酵优于单一发酵原料发酵，能量饲料（玉米粉、麦麸、米糠）可以将一种物料单独发酵，也可将两三种物料按任意比例混合发酵。

（9）饲喂方法

① 喂养的时候要添加4％预混料或者自己添加微量元素。

② 饲喂比例要采取先少量，慢慢增加的原则，开始饲喂时可以先采用5％，慢慢递增到30％；因为发酵酒糟为湿料，所以在实际配制饲料时的质量要乘以2，如配制比例为30％时，实际使用质量为60％。将其他饲料混合，添加适量水混合拌匀直接饲喂，如果打堆覆盖1小时以上，利用发酵饲料中的微生物和酶对其他饲料再进行降解，饲喂效果更好。

5. 大豆渣的发酵技术要点

大豆渣是大豆制作豆腐时的副产品，资源非常丰富。大豆渣具有丰富的营养价值，其中的营养成分与大豆类似，含粗纤维8％左右、蛋白质28％左右、脂肪12.40％左右，其营养高于众多槽渣。但是大豆渣不宜直接生喂，直接作为饲料，其营养和能量利用率很低，不到20％，失去了它潜在的营养价值和经济价值。生喂时易拉稀，因为大豆渣含有多种抗营养因子，还影响肉牛的生长和健康等，生大豆渣容易发霉变质，不易保存。所以大豆渣喂牛前需要事先进行加工处理，简单的处理方法是加热，最好的办法是使用饲料发酵菌液进行发酵处理。

（1）大豆渣发酵的优点

① 便于较长时间保存。不发酵的大豆渣最多能存放 3 天，经过发酵后的大豆渣一般可存放 1 个月以上，如果能做到严格密封，压紧压实或烘干，则可以保存半年以上甚至 1 年。

② 饲料的适口性，降低了粗纤维三分之一以上，动物更爱吃食，促进了食欲并增加了消化液的分泌。

③ 丰富了营养成分。烘干后干物质中的消化能提高 13.17%，代谢能提高 16%，可消化蛋白提高 29.59%，粗纤维降低 30%左右。大豆渣是一种益生菌的载体，含有大量的有益微生物和乳酸等酸化剂，维生素也大幅度增加，尤其是 B 族维生素往往呈几倍地增加。

④ 大大降解了抗营养因子，提高了抗病力。发酵后能显著增加其消化吸收率和降解抗营养因子，并含大量有益因子，提高了抗病性能。

⑤ 节省饲料成本，提高经济效益。发酵以后可以代替很大一部分饲料，把饲料成本节省了，并且牛少得病，出栏提前，总之经济效益提高了。

（2）发酵豆渣的方法　原料主要有大豆渣、发酵菌液（市场出售的饲料发酵菌液均可，如 EM 菌液）、麦麸（或者玉米粉、统糠等均可）、红糖、水等。

操作步骤如下。

第一步：首先将饲料发酵菌液用水稀释，然后和麦麸搅拌均匀，湿度在 50%左右，判断标准是用手抓一把，用力握成坨，指缝间感觉是湿的，但是没有水滴下来为合适。

第二步：用水融化红糖，具体用水量多少要因大豆渣的干湿度而定。

第三步：把拌好的麦麸均匀撒在大豆渣中，一边撒一边喷洒已经融化好的红糖水，如果有条件的话，可以用人工搅拌或者搅拌机搅拌均匀即可。

第四步：搅拌均匀以后放在密封容器里（大塑料袋、缸、桶、发酵池等）压实密封发酵 3～5 天即可。

注意：以上各原料的具体稀释比例和用量要按照发酵菌液的说明要求，不可随意增减。

（3）饲喂方法

① 饲喂比例要采取先少量，慢慢增加的原则，开始饲喂时可以先采用 10%，慢慢递增到 30%，因为发酵豆渣为湿料，因此实际配制饲料时的质量要乘以 2，如配制比例为 30%时，实际使用质量为 60%。

将其他饲料混合，添加适量水混合拌匀直接饲喂，如果打堆覆盖1小时以上，利用发酵饲料中的微生物和酶对其他饲料再进行降解，饲喂效果更好。

② 将发酵大豆渣混合后，至少要等30分钟再饲喂，主要是让发酵大豆渣中的一些气体挥发。

十六、肉牛场消毒技术

养牛场常用的消毒技术有以下九种。

1. 紫外线消毒

紫外线杀菌消毒是利用适当波长的紫外线能够破坏微生物机体细胞中的DNA（脱氧核糖核酸）或RNA（核糖核酸）的分子结构，造成生长性细胞死亡和（或）再生性细胞死亡，达到杀菌消毒的效果。牛场的大门、人行通道可安装紫外线灯消毒，工作服、鞋、帽也可用紫外线灯照射消毒（图4-1）。紫外线对人的眼睛有损害，要注意保护。

2. 火焰消毒

火焰消毒（图4-2）是直接用火焰杀死微生物，适用于一些耐高温的器械（金属、搪瓷类）及不易燃的圈舍地面、墙壁和金属笼具的消毒。在急用或无条件用其他方法消毒时可采用此法，将器械放在火焰上烧灼1～2分钟。烧灼效果可靠，但对消毒对象有一定破坏性。应用火焰消毒时必须注意房舍物品和周围环境的安全。对金属笼具、地面、墙面可用喷灯进行火焰消毒。

图4-1　养殖人员更衣室紫外线消毒

图4-2　地面火焰消毒操作

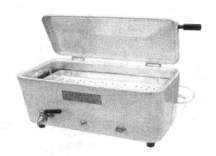

图 4-3　煮沸消毒器

3. 煮沸消毒

煮沸消毒（图 4-3）是一种简单消毒方法。将水煮沸至 100℃，保持 5～15 分钟，可杀灭一般细菌的繁殖体，许多芽孢需经煮沸 5～6 小时才死亡。在水中加入碳酸氢钠至 1％～2％浓度时，沸点可达 105℃，既可促进芽孢的杀灭，又能防止金属器皿生锈。在高原地区气压低、沸点低的情况下，要延长消毒时间（海拔每增高 300 米，需延长消毒时间 2 分钟）。此法适用于饮水和不怕潮湿耐高温的搪瓷、金属、玻璃、橡胶类物品的消毒。

煮沸前应将物品刷洗干净，打开轴节或盖子，将其全部浸入水中。锐利、细小、易损物品用纱布包裹，以免撞击或散落。玻璃、搪瓷类放入冷水或温水中煮；金属橡胶类则待水沸后放入。消毒时间均从水沸后开始计时。若中途再加入物品，则重新计时，消毒后及时取出物品。

4. 喷洒消毒

喷洒消毒是养牛场最常用的消毒方法（图 4-4、图 4-5），消毒时将消毒药配制成一定浓度的溶液，用喷雾器对消毒对象表面进行喷洒，要求喷洒消毒之前应把污物清除干净，因为有机物特别是蛋白质的存在，能减弱消毒药的作用。喷洒消毒的顺序为从上至下，从里至外。适用于牛舍、场地等环境。

5. 生物热消毒

生物热消毒（图 4-6）指利用嗜热微生物生长繁殖过程中产生

的高热来杀灭或清除病原微生物的消毒方法。将收集的粪便堆积起来后，粪便中便形成了缺氧环境，粪中的嗜热厌氧微生物在缺氧环境中大量生长并产生热量，能使粪中的温度达 60～75℃，这样就可以杀死粪便中的病毒、细菌（不能杀死芽孢）、寄生虫卵等病原体。适用于污染的粪便、饲料及污水、污染场地的消毒净化。

图 4-4　喷洒消毒操作（一）

图 4-5　喷洒消毒操作（二）

图 4-6　堆肥发酵

6. 焚烧法

焚烧法是一种简单、迅速、彻底的消毒方法，是消灭一切病原微生物的最有效方法，因对物品的破坏性大，故只限于处理传染病动物尸体、污染的垫料、垃圾等。焚烧应在深坑内进行后填埋（图 4-7）或在专用焚烧炉内（图 4-8）进行。焚烧时要注意安全，须远离易燃易爆物品，如氧气、汽油、乙醇等。燃烧过程中不得添加乙醇，以免引起火焰上窜而致灼伤或火灾。对牛舍垫料、病牛死尸可进行焚烧处理。

图 4-7 深坑焚烧后填埋

图 4-8 焚烧炉焚烧

7. 深埋法

深埋法（图 4-9、图 4-10）是将病死牛、污染物、粪便等与漂白粉或新鲜生石灰混合，然后深埋在地下 2 米左右。

图 4-9 深埋操作（一）

图 4-10 深埋操作（二）

8. 高压蒸汽灭菌法

高压蒸汽灭菌是在专门的高压蒸汽灭菌器（图 4-11）中进行的，是利用高压和高热释放的潜热进行灭菌，是热力灭菌中使用最普遍、效果最可靠的一种方法。其优点是穿透力强、灭菌效果可靠、能杀灭所有微生物。高压蒸汽灭菌法适用于敷料、手术器械、药品、玻璃器皿、橡胶制品及细菌培养基等的灭菌。

9. 发泡消毒

发泡消毒法是把高浓度的消毒药用专用发泡机制成泡沫散布于牛舍内面及设施表面。主要用于水资源贫乏地区或为了避免消毒后的污水进入污水处理系统破坏活性污泥的活性以及自动环境控制牛舍，一般用水量仅为常规消毒法的1/10。

图 4-11　高压蒸汽灭菌器

十七、牛场消毒技术

牛场消毒的目的是消灭传染源散播于外界环境中的病原微生物，切断传播途径，阻止疫病继续蔓延。牛场应建立切实可行的消毒制度，定期对牛舍地面的土壤、粪便、污水、皮毛等进行消毒。

1. 牛舍消毒方法

牛舍除保持干燥、通风、冬暖、夏凉以外，平时还应做好消毒。一般分两个步骤进行：第一步先进行机械清扫；第二步用消毒液处理。

牛舍及运动场应每周消毒 1 次，整个牛舍用 2%～4% 氢氧化钠消毒或用 1：（1800～3000）的百毒杀带牛消毒。

2. 进入场区之前的消毒方法

牛场应设有消毒通道（图 4-12）和消毒室，消毒室的室内两侧、顶壁设紫外线灯，地面设消毒池，用麻袋片或草垫浸 4% 氢氧化钠溶液，入场人员要更换鞋，穿专用工作服，做好登记。

场大门设消毒池，经常喷 4% 氢氧化钠溶液或 3% 过氧乙酸等。消毒方法是将消毒液盛于喷雾器，喷洒天花板、墙壁、地面，然后再开门窗通风，用清水刷洗饲槽、用具，将消毒药味除去。如牛舍有密闭条件，舍内无牛时，可关闭门窗，用福尔马林熏蒸消毒 12～24 小时，然后开窗通风 24 小时，福尔马林的用量为每立方米空间 25～50 毫升，加等量水，加热蒸发。一般情况下，牛舍消毒每周 1 次，每年再进行

图 4-12　养牛场消毒通道

2 次大消毒。产房的消毒，在产犊前进行 1 次，产犊高峰时进行多次，产犊结束后再进行 1 次。在病牛舍、隔离舍的出入口处应放置浸有 4％氢氧化钠溶液的麻袋片或草垫，以免病原扩散。

3. 地面及粪尿沟的消毒方法

土壤表面可用 10％漂白粉溶液、4％福尔马林或 10％氢氧化钠溶液消毒。停放过芽孢杆菌所致传染病（如炭疽）病牛尸体的场所，应严格加以消毒。首先用上述漂白粉溶液喷洒地面，然后将表层土壤掘起 30 厘米左右，撒上干漂白粉与土混合，将此表土妥善运出掩埋。

4. 牛舍墙壁和用具的消毒方法

牛舍墙壁、牛栏等间隔 15～20 天定期用 15％石灰乳或 20％热草木灰水进行粉刷消毒。牛槽和用具用 3％来苏水溶液定期进行消毒。

5. 运动场的消毒方法

清扫运动场，除净杂草后，用 5％～10％热碱水或撒布生石灰进行消毒。

6. 粪便无害化处理

牛的粪便要做无害化处理。无害化处理最实用的方法是生物热消毒法，发酵产生的热量能杀死病原体及寄生虫卵，从而达到消毒目的。即在距牛场 100～200 米以外的地方设一堆粪场，将牛粪堆积起来，喷少量水，上面覆盖湿泥封严，堆放发酵 30 天以上，即可作肥料。也可以实行生化处理，如沼化后发电，产生的沼液、沼渣等副产品经过稀释后还可用于养鱼。

7. 污水处理

最常用的方法是将污水引入处理池，加入化学药品（如漂白粉或其他氯制剂）进行消毒，用量视污水量而定，一般 1 升污水用 2～5 克漂白粉。

十八、公牛阉割技术

阉割也叫去势，即摘除公牛睾丸。公牛阉割是肉牛饲养的一项主要措施，公牛去势后具有性情温顺，生长发育快，肉质鲜嫩等优点。但手术需要注意以下几点。

1. 阉割的年龄

一般肉用公牛 6 月龄以后即可阉割。役用牛（如耕牛）以 1 岁左右为宜。

2. 阉割的季节

一年四季均可阉割。但阉割的时间最好安排在凉爽无蝇的春、秋季，在晴天无风的早晨进行为宜。注意雨天不宜阉割。

3. 阉割前牛体检查

为保证手术的顺利进行和手术的效果，术前要对待阉割牛牛体进行健康检查。确认牛健康无病才能进行阉割手术。如发现牛异常或者怀疑有病，不宜进行手术。

术前检查待阉割牛有无传染性疾病，从牛的外观看精神、被毛和鼻镜是否正常，检查脉搏、体温和呼吸是否正常，了解食欲和粪尿有无异常等。

4. 手术器械与药品准备

阉割手术常用的器械有动物麻醉棒、手术刀、手术剪、止血钳、捻转钳、缝针、缝线、药棉团和消毒毛巾，还有肥皂等。

药品有 75％酒精、5％碘酊、3％煤酚皂溶液、0.1％新洁尔灭、0.9％生理盐水、消炎粉、青霉素、链霉素等。

5. 场地准备

场地选择避风、向阳、宽敞、平坦、松软的地方。坚硬的场地应垫新鲜细草。保定前将场地打扫干净，用生石灰水泼洒消毒。

6. 牛的保定

可以采取保定架站立保定或者采取左侧横卧保定。使用动物麻醉棒的，采取站立保定即可。

7. 消毒

所有手术器械、术者手臂和助手手臂用新洁尔灭浸泡消毒，用肥皂水清洗牛阴囊部，包括两侧腹股沟周围，然后用清水冲洗，再用3％煤酚皂溶液清洗整个手术区域，用灭菌毛巾擦干水分。用5％碘酊，先由手术的中心区开始向四周扩散涂擦，最后用75％酒精棉球脱去碘酊，便可进行手术。

8. 手术

通常手术时不用麻醉，但使用动物麻醉棒可以使牛情绪即刻稳定，直立不动，方便对其进行身体检查，注射疫苗，手术等操作，防止牛受惊伤人。有条件的养牛场建议使用。

术者用一手握紧阴囊的基部，防止睾丸下滑进入腹股沟。另一手持手术刀，对于睾丸较大的成年牛，在阴囊底部距离阴囊缝际约1～2厘米处，与缝际平行切开皮肤和总鞘膜，显露出睾丸；对于小公牛，可在阴囊底部做一与阴囊缝际相垂直的切口，一刀切开两侧阴囊皮肤及总鞘膜，使睾丸脱出。用力向下挤压阴囊，使两个睾丸全部暴露。

一手握住睾丸，另一手握住总鞘膜，把总鞘膜与睾丸、附睾分开。在精索稍细处（距离睾丸2～6厘米）用缝合针穿缝合线从精索与血管最薄处穿出，将缝合针去掉，留下缝合线，用缝合线的两线头将血管多的一侧扎紧（外科结），再返扎整根精索和血管（三叠结）。一手拉住睾丸，另一手持手术剪刀离结扎处3厘米左右血管多的一侧剪开（不全剪断，手仍拉着睾丸），用碘酊消毒后涂少量消炎粉或者青霉素粉，再将精索全部剪断还入阴囊内。用同样方法摘除另一个睾丸后，用止血钳夹住总鞘膜无明显血管处，拉出阴囊外，检查总鞘膜和阴囊内有无出血点，如有出血点用缝合线结扎。确保无出血后将总鞘膜还入阴囊。最后把阴囊切口拉向下，用生理盐水清洗外阴部血迹，再提起阴囊，拉开切口，往切口内倒入消炎粉或者 160 万青霉素粉剂。阴囊切口再用碘酊涂擦即可，解绳放牛，手术完成。

9. 术后护理

术后要舍饲，保持干燥通风，勤换垫草，垫草要干燥松软。禁止放牧，使役，禁止激烈运动。保证不淋雨和长时间阳光照射。投给易消化的青绿饲料为主，10 天内少喂或不喂精料。

切忌粪便污染伤口，并每天给伤口浇清洁冷水 3～5 次，可在阴囊口周围每天涂擦 1 次香油，防蚊蝇叮咬。10 天后便可归入正常牛群或使役。

十九、犊牛去角技术

图 4-13　犊牛去角位置

图 4-14　犊牛去角后

为了便于成年后的管理，减少人畜伤害，犊牛出生后 1 周左右就应该去角（图 4-13、图 4-14）。此时牛易于保定，造成的应激较小，不会造成犊牛休克，对采食和生长发育的影响也较小。常用的去角方法有电烙去角法和氢氧化钠烧伤（苛性钠）去角法两种。

1. 电烙去角法

电烙去角法是利用高温破坏角基细胞，杀死角生长点细胞，达到停止生长的目的。采用电烙去角法进行去角操作时，先将电去角器通电加热升温至 480～540℃，一人保定后肢，两个人保定头部，也可以将犊牛的右后肢和左前肢捆绑在一起进行保定，然后用水把角基部周围的毛打湿，将去角器按压在犊牛角基部 10～15 秒，直到犊牛角四周的组织变为古铜色为止。但注意不宜太深太久，以免烧伤下层组织。夏季由于蚊蝇多，去角后应经常检查，如有化脓，初期可用 3％双氧水冲洗，再涂以碘酊。

用电烙铁去角时奶牛不出血，在全年任何季节都可进行，但此法只适用于 15～35 日龄以内的犊牛。在应用时较氢氧化钠法安全，应该作为首选方法。

2. 氢氧化钠去角法

氢氧化钠（烧碱、苛性钠）去角法是利用氢氧化钠的强腐蚀性，将犊牛角烧蚀掉，破坏角生长点细胞，达到去除牛角、停止生长的目的。采用氢氧化钠法去角操作时，先将犊牛角根部周围 3 厘米处的毛剪去，并用 5％碘酊消毒，然后在角根部四周涂上一圈凡士林，操作者戴上厚橡胶手套后持氢氧化钠棒在角根上轻轻摩擦，直到有微量血丝渗出为止，涂上紫药水即可。或者将氢氧化钠与淀粉按照 1.5∶1 的比例混匀后加入少许水调成糊状，操作者戴上防腐手套，将其涂在角上约 2 厘米厚，在操作过程中应细心认真，如涂抹不完全，角的生长点未能破坏，角仍然会长出来，一般涂抹后 1 周左右，涂抹部位的结痂会自行脱落。

应用此法，在去角初期应与其他犊牛隔离，实行单栏饲养，防止其他犊牛舔舐烧伤口腔及食道；同时避免雨淋，以防苛性钠流入眼内或造成面部皮肤损伤。

利用苛性钠去角，操作简单，效果好，但在操作时要防止操作者被烧伤，同时也要防止苛性钠流到犊牛眼睛和面部。

二十、牛病治疗技术

1. 注射方法

注射是治疗牛病和对牛进行免疫接种的最主要方式，常用的注射方法有肌内注射、静脉注射、皮下注射、皮内注射、瓣胃注射、瘤胃穿刺和气管内注射等。

（1）肌内注射　由于肌肉内血管丰富，注入药液后吸收很快，另外，肌肉内的感觉神经分布较少，注射引起的疼痛较轻。一般药品都可肌内注射。肌内注射（图 4-15、图 4-16）是将药液注于肌肉组织中，一般选择在肌肉丰富的臀部和颈侧。注射前，调好注射器，抽取所需药液，对拟注射部位剪毛消毒，然后将针头垂直刺入肌内的适当深度，待牛安静后，接上注射器，回抽活塞无回血即可注入药液。注射后拔出针头，注射部位涂以碘酊或酒精。注意，注射时不要把针头全部刺入肌肉内，一般为3～5厘米，以免针头折断时不易取出。过强的刺激药，如水合氯醛、氯化钙、水杨酸钠等，不能进行肌内注射。

(2) 静脉注射

图4-15 肌内注射操作（一）　　图4-16 肌内注射操作（二）

图4-17 静脉注　　图4-18 静脉注　　图4-19 静脉输
射操作（一）　　　射操作（二）　　　液操作

静脉注射（图4-17～图4-19）是利用药品注入血管后随血流迅速遍布全身。具有药效迅速，药物排泄快的特点，常用于急救、输血、输液及不能肌内注射的药品。静脉注射的部位为左侧或右侧颈静脉沟的上1/3和中1/3交界处的颈静脉血管。注射前切实固定好牛头，并使颈部稍偏向一侧。局部剪毛消毒，注射针头为12号或16号，针柄套上6厘米左右长的乳胶管，消毒备用。注射时术者右手持针，左手紧压颈静脉沟的中1/3处，确认静脉充分臌起后，在按压点上方约2

厘米处，立即于进针部位消毒，然后右手迅速将针垂直或呈 45 度角刺入静脉内，如准确无误，血液呈线状流出，将针头继续顺血管推进 1～2 厘米。术者放开左手，接上盛有药液的注射器或输液管。用输液管输液时，可用手持或夹子将输液管前端固定在颈部皮肤上，缓缓注入药液。注射完毕，迅速拔出针头，用酒精棉球压住针孔，按压片刻，最后涂以碘酒。

注射过程中如发现推不动药液、药液不流或出现注射部位肿胀时，采取如下措施：一是针头贴到血管壁上，轻轻转动针头，即可恢复正常；二是针头移出血管外，轻轻转动注射器稍微后拉或前推，出现回血再继续注射；三是拔出后重新刺入。

注射时，对牛要确实保定，针刺部位要准确，动作要利索，避免多次刺扎。注入大量药液时速度要慢，以每分钟 30～60 滴、每分钟 20～30 毫升为宜，药液应加温至约 35～38℃ 接近体温。一定要排净注射器或胶管中的空气。注射刺激性药液时不能漏到血管外。油类制剂不能静脉注射。

（3）皮下注射　皮下注射就是将药物注入皮下结缔组织中，由于皮下有脂肪层，注入的药物吸收比较慢。注射部位一般在牛颈部侧面皮肤松弛的部位。用 5% 碘酒消毒注射部位，注射时左手食指、拇指捏起皮肤使之成皱襞（图 4-20），右手持注射器，使针头和皮肤呈 45 度角刺入皮下，顺皮下向里深入约 3 厘米皱襞皮下注入药液（图 4-21），然后用碘酒消毒注射部位。常用于各种疫苗、菌苗等注射及肾上腺素和阿托品等。

图 4-20　皮下注射操作（一）　　图 4-21　皮下注射操作（二）

（4）皮内注射　皮内注射为牛结核菌素试验等常用的方法，其注射部位为颈部皮肤或尾根两侧皮肤。左手将皮肤捏成皱襞，右手持 1 毫升注射器和 7 号左右针头（图 4-22）。几乎使针头和注射皮面呈平行刺入，针进入皮内后，左手放松，右手推注。进针准确时，注射后皮肤表面呈一小圆丘状（图4-23）。

图4-22 皮内注射　　　　　图4-23 查看注射结核菌素结果

（5）瓣胃注射　此种注射的目的是治疗牛瓣胃阻塞。注射部位为牛右侧第8～9肋间的肩关节水平线上下各2厘米处（图4-24）。用长约15厘米的18号针头在上述部位刺入（图4-25），针头向左侧肘头方向进针，针刺破皮后，再用手辅依次刺入肋间肌、胸膜和瓣胃，深度一般在8～12厘米（视牛肥瘦和膘情而定），当感觉到有阻力和刺穿瓣胃内草团的"沙沙"音时，表明针已进入瓣胃内，然后安上盛有灭菌蒸馏水的注射器反复抽吸（注入吸出），针管内有浅绿色或淡黄色胃内容物时，证明针已插入第三胃，然后注入生理盐水10～15毫升，并倒抽所注液体5毫升左右，证明针头确实注入瓣胃内（液体中有混浊食物沉渣时，将药物注入其中）。注完后用手指堵住针尾慢慢拔出针头，术部涂碘酊。

要求穿刺部位要进行正确、严格地无菌操作，最好是几次穿刺用一个针眼，以防过多刺伤腹壁和胃壁，引起不良后果；进针时宜紧张皮肤进针，这样注射后，皮肤针眼与内部肌肉针眼错位，防治气胸出现。

图4-24 注射点定位　　　　　图4-25 瓣胃注射操作

（6）瘤胃穿刺　瘤胃穿刺主要用于瘤胃急性臌气时的放气。通常穿刺的部位是左肷部臌气最高处（图4-26、图4-27）。将欲进针处消毒，稍向上推动皮肤。右手持穿刺针、套管针或16号注射针头，向牛体内侧刺入即可放气。放气时切勿太快。如针被阻塞，可用针芯或消毒后的细铁丝透通。

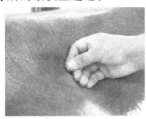 

图4-26　瘤胃穿刺操作（一）　　　图4-27　瘤胃穿刺操作（二）

（7）气管内注射　气管内注射常用于肺部驱虫，治疗气管和肺部疾病。站立保定好动物，抬高头部，术部剪毛消毒，用手保定气管。治疗气管炎时，针头刺入第3～4软骨环之间。治疗肺炎时，在接近胸腔处的气管内注射。注射的药液加温至38℃左右，以免冷药液刺激气管黏膜而将药液咳出。病畜咳嗽剧烈时，先注射2%普鲁卡因5～10毫升，以减轻气管敏感性。

（8）注射时易发生的问题和处理方法。

① 药液外漏　在进行静脉注射时针头移出血管，药液漏（流）入皮下。发现这种情况，要立即停止注射，用注射器尽量抽出漏出的药液。如果氯化钙、葡萄糖酸钙、水合氯醛、高渗盐水等强刺激类药物漏出时，向漏出部位注入10%硫代硫酸钠或10%硫酸钠（或硫酸镁）10～20毫升。也可用5%硫酸镁局部热敷，以促进漏液的吸收，缓解疼痛，并避免发生局部坏死。

② 针头折断　一般在肌内注射时发生。由动物骚动不安，肌肉紧张或注射时用力不匀造成。一旦发生，尽快取出断针。当断针露出皮肤时，用止血钳等器械夹住断头拔出。断头在深部时，保定动物，局部麻醉后，在针眼处手术切开取出。

2. 投药方法

对牛进行预防性用药，多数都采取经口投服。如病牛尚有食欲，药量较少并且无特殊气味，可将其混入饲料或饮水中让其自由采食，但对于饮食欲废绝的病牛或投喂药量较大，并有特殊气味的情况，有必要采取人工强制投药方式。

(1) 灌药法　灌药（图 4-28）多用橡皮瓶或长颈玻璃瓶和竹筒。一人牵住牛鼻绳，抬高牛头，必要时使用鼻钳。术者一手从牛的一侧口角伸入，打开口腔，另一手持盛满药液的药瓶从另一侧口角伸入，并送向舌背部，待吞咽后继续灌至药液完。

(2) 片剂、丸剂、舔剂投药法　操作者用一只手从一侧口角伸入打开口腔，另一只手持药片、药丸或用竹片刮取舔剂自另一侧口角送入舌面，使口闭合，待其自行咽下。如有丸剂投药器，则先将药丸装入投药器内，操作者持投药器自牛一侧口角伸入并送至舌根部，随即将药丸打（推）出，抽出投药器，待其自行咽下。

图 4-28　灌药操作

(3) 胃导管投药法　操作者立于牛头一侧，一只手握住鼻端，另一只手持胃导管从鼻腔一侧插入。胃导管前端到达咽喉部时，稍停或轻轻抽动胃导管（也可以从外面轻轻触摸咽喉部）以引起其吞咽，随即插入。插入时，如牛比较安静，在导管外端可听到不规则咕噜音，但无气流冲耳，在导管外端可嗅闻到有胃酸臭味，将导管外端放入盆内水中，随着牛的呼吸运动盆内的水无连续气泡等，可确定胃导管在食道内。之后接上漏斗，进行灌药。为保证灌药的安全，可先投入少量清水，证明无误后再行灌药。灌完药液后再灌少量清水，并从胃导管外端用嘴吹入气体，然后慢慢抽出胃导管。

第 **五** 章

满足肉牛的营养需要

　　肉牛主要以粗饲料为主，但粗饲料不能满足其营养需要，需要补喂精饲料。精饲料营养全面与否，直接影响肉牛的生长发育。满足肉牛的营养需要，首先提供足够的粗饲料，满足瘤胃微生物的活动，然后根据不同类型或同一类型不同生理阶段及不同环境条件，按照牛的生产目的和经济效益配合日粮。充分满足肉牛的营养需要，则可发挥肉牛的最大生产潜力。使肉牛生长快，饲料转化率高，降低生产成本，提高肉牛养殖的经济效益。

一、了解和掌握肉牛对营养物质需要的知识

　　肉牛为了维持生命、保证健康、满足生长和生产的需要，除了需要阳光与空气外，还必须摄取饲料。而饲料中含有七大类营养物质，包括碳水化合物（糖）、脂肪、蛋白质、矿物质、微量元素、维生素和水，这些物质与呼吸进入动物体内的氧气一起，经过新陈代谢、消化吸收过程，转化为肉牛机体的组成成分及维持生命活动的能量。它们是动物生命活动的物质基础，这些物质通常被称为营养物质或营养素。

1. 水分

　　水分本身虽不含营养要素，但它是生命和一切生理活动的基础。据测定，牛体含水量占体重的55%～65%，牛肉含水量约64%，牛奶含水量为86%。此外，各种营养物质在牛体内的溶解、吸收、运输，代谢过程所产生的废物的排泄，体温的调节等均需要水。所以水是生

命活动不可或缺的物质。缺水可引起代谢紊乱，消化吸收发生障碍，蛋白质和非蛋白质含氯物的代谢产物排泄困难，血液循环受阻，体温上升，结果导致发病，甚至死亡。水对幼牛和产奶母牛更为重要，产奶母牛因缺水而引起的疾病要比缺乏其他任何营养物质来得快，而且严重。因此，水分应作为一种营养物质，加以供给。

牛需要的水来自饮水、饲料中的水分及代谢水（即新陈代谢过程中氧化含氢的有机物所产生的水），但主要靠饮水。据研究，牛的代谢水只能满足需要量的 5%～10%。牛需要的水量因牛的个体、年龄、饲料性质、生产力、气候等不同而不同。一般来说，牛每日的需水量：母牛 38～110 升，役牛和肉牛 26～66 升，母牛每产 1 升奶需 3 升水，每采食 1 千克干物质约需 3～4 升水。乳牛应全日有水供应，役牛、肉牛每天上午、下午喂水 2 次，夏天宜增加饮水次数。

2. 能量

不论是维持生命活动还是生长、繁殖、生产等均需要一定能量。牛需要的能量来自饲料中的糖类、脂肪和蛋白质，但主要是糖类。糖类包括粗纤维和无氮浸出物，在瘤胃中的微生物作用下分解产生挥发性脂肪酸（主要是乙酸、丙酸。丁酸）、二氧化碳、甲烷等，挥发性脂肪酸被胃壁吸收，成为牛能量的重要来源。

牛的能量指标以净能表示，母牛用产奶净能，肉牛用增重净能。牛之所以用净能，是因为牛的饲料种类很多，各类饲料对牛的能量价值，不仅能量的消化率差别很大，而且从消化能转化为净能的能量损耗差异也很大。而用净能表示则能较客观地反映各种饲料之间能量价值的差异，而不致过高地估计粗饲料的能量价值。

牛需要多少能量，不同种类、年龄、性别、体重、生产目的、生产水平的牛有所不同。为了便于计算，一般把牛的能量需要分成维持和生产两部分。维持能量需要，是指牛在不劳役、不增重、不产奶，仅维持正常生理机能必要活动所需的能量。由于维持的能量是不生产产品的，所以，它占总能量的比重越小，效率越高。

役牛体重按 300～400 千克计，每头每日维持需要净能 17.97～20.48 兆焦，从事劳役，则按劳役强度的不同，适当增加。一般轻役每头日需净能 24.83～33.11 兆焦，中役日需 29.05～38.75 兆焦，重役日需 32.98～49.97 兆焦。成年奶牛体重 450～550 千克，每头每日维持需要净能 11.07～40.38 兆焦，每产 1 升含脂率 3% 的奶，需增加产奶净能 2.72 兆焦，每产 1 升含脂率 4% 的奶，需要产奶净能 3.17 兆焦。

肉牛体重不同，维持需要的净能也不同。100 千克体重，每头日需维持净能 10.16 兆焦，150 千克体重日需 13.8 兆焦，200 千克体重日需 17.14 兆焦，250 千克体重日需 20.23 兆焦，300 千克体重日需 23.2 兆焦，350 千克体重日需 26.08 兆焦，400 千克体重日需 28.76 兆焦，450 千克体重日需 31.43 兆焦，500 千克体重日需 34.03 兆焦。日增重不同，所需净能也不同。肉牛增长 0.5 千克所需要的净能，青年母牛高于青年公牛，年龄大的高于年龄小的。

3. 蛋白质

蛋白质包括纯蛋白质和氮化物。蛋白质是构成牛皮、牛毛、肌肉、蹄、角、内脏器官、血液、神经、各种酶、激素等的重要物质。因此，不论幼牛、青年牛、成年牛均需要一定量蛋白质。蛋白质不足会使牛消瘦、衰弱甚至死亡。蛋白质过多则造成浪费，且有损于牛的健康。故蛋白质的给量既不能太少，也不宜过多，应该根据其需要喂给必要的量。成年役牛在不劳役的情况下，一般每头每日维持需要可消化蛋白质 185～220 克，使役则按工作强度不同而增加。体重 500 千克的奶牛维持生命活动需要可消化蛋白质 317 克，每产含脂率 4% 的牛奶 1 升需要可消化蛋白质 55 克。体重 200 千克的生长肉牛维持需要可消化蛋白质 170 克，如果日增 0.5 千克体重，则需可消化蛋白质 350 克。

蛋白质是由各种氨基酸组成的，由于构成蛋白质的氨基酸种类、数量与比例不一样，蛋白质的营养价值也就不相同。牛对蛋白质的需要实质就是对各种氨基酸的需要。氨基酸有 20 多种，其中有些氨基酸是在体内不能合成或合成速度和数量不能满足牛体正常生长需要，必须从饲料中供给的。这些氨基酸称为必需氨基酸，如蛋氨酸、色氨酸、赖氨酸、精氨酸、胱氨酸、甘氨酸、酪氨酸、组氨酸、亮氨酸、异亮氨酸、缬氨酸、苯丙氨酸、苏氨酸等。含有全部必需氨基酸的蛋白质营养价值最高，称为全价蛋白质。只含有部分必需氨基酸的蛋白质营养价值较低，称非全价蛋白质。一般来说，动物性蛋白质优于植物性蛋白质。植物性蛋白质中豆科饲料和油饼类的蛋白质营养价值高于谷物类饲料。因此，在喂牛时用多种饲料搭配比喂单一饲料好，因为多种饲料可使各种氨基酸起互补作用，提高其营养价值。

4. 矿物质

矿物质占家畜体重的 $3\%\sim4\%$，是机体组织和细胞不可缺少的成分。除形成骨骼外，主要起维持体液酸碱平衡，调节渗透压和参与酶、激素和某些维生素的合成等。几种主要矿物质有钠、氯、钙、磷等，称为常量元素。

钠和氯是保持机体渗透压和酸碱平衡的重要元素，对组织中水分的输出和输入起重要作用。补充钠和氯一般用食盐，食盐对动物有调味和营养两重功能。植物性饲料含钠、氯较少，含钾多，以植物性饲料为主食的牛常感钠和氯不足，应经常供应食盐，尤其是喂秸秆类饲料时更为必要。食盐的喂量一般按饲料日粮干物质的 $0.5\%\sim1\%$，或按混合精料的 $2\%\sim3\%$供给。

钙和磷是体内含量最多的无机盐，是构成骨骼和牙齿的重要成分。钙也是细胞和组织液的重要成分。磷存在于血清蛋白、核酸及磷脂中。钙不足会使牛发生软骨病、佝偻病，骨质疏松易断。磷缺乏则出现"异嗜癖"，如爱啃骨头或其他异物，同时也会使繁殖力和生长量下降，生产不正常，增重缓慢等。

骨中的钙和磷化合物主要是三钙磷酸盐，其中钙和磷的比例为 $3:2$，所以一般认为日粮中钙和磷的比例以$(1.5\sim2):1$ 较好，这有利于两者的吸收利用。

5. 维生素

维生素是维持生命和健康的营养要素，它对牛的健康、生长和生殖都有重要作用。饲料中缺乏维生素会引起代谢紊乱，严重者则导致死亡。由于牛瘤胃内的微生物能合成 B 族维生素和维生素 K，维生素 C 可在体组织内合成，维生素 D 可通过摄取经日光照射的青干草，或在室外晒太阳而获得。因此，对牛来说，主要是补充维生素 A。

维生素 A 又称抗干眼维生素、生长维生素，是畜禽最重要的维生素。它能促进机体细胞的增殖和生长，保护呼吸系统，维持消化系统和生殖系统上皮组织结构的完整和健康，维持正常的视力。同时，维生素 A 还参与性激素的形成，对提高繁殖力有着重要作用。缺乏维生素 A 会妨碍幼牛的生长，出现夜盲症，公牛的生殖力下降，母牛不孕或流产。

植物性饲料中不含有维生素 A，而青绿饲料中却含有丰富的胡萝卜素,绿色越浓胡萝卜素含量越多。豆科植物比禾本科的高,幼嫩茎叶比老茎叶高,叶部比茎部高。牛吃到胡萝卜素后可在小肠和肝脏内经胡萝卜素酶的作用,转化为维生素 A。所以,只要有足够的青绿饲料供给牛就可得到足够的维生素 A。冬春季节只用稻草喂牛,往往缺乏维生素 A,因此应补喂青绿饲料。

二、掌握常用饲料原料的营养特性

肉牛的饲料种类很多,但任何一种饲料都存在营养上的特殊性和局限性,要饲养好肉牛必须多种饲料科学搭配。要合理利用各种饲料,首先要了解饲料的科学分类,熟悉各类饲料的营养价值和利用特性。

通常牛的饲料分为青绿饲料、青贮饲料、粗饲料、能量饲料、蛋白质饲料、矿物质饲料和饲料添加剂七大类。

1. 青绿饲料

按饲料分类原则,这类饲料主要指天然水分含量高 60% 的青绿多汁饲料。青绿饲料以富含叶绿素而得名,种类繁多,有天然草地或人工栽培的牧草,如黑麦草、紫云英、紫花苜蓿、象草、羊草、大米草和沙打旺草等;叶菜类和藤蔓类,其中不少属于农副产品,如甘薯蔓、甜菜叶、白菜帮、萝卜缨、南瓜藤等;水生饲料,如绿萍、水浮莲、水葫芦、水花生等;野生饲料,如各类野生藤蔓、树叶、野草等;块根块茎类饲料,如胡萝卜、山芋、马铃薯、甜菜和南瓜等。不同种类的青绿饲料的营养特性差别很大,同一类青绿饲料在不同生长阶段,其营养价值也有很大不同。

青绿饲料具有以下特点。一是含水量高,适口性好。鲜嫩的青饲料水分含量一般比较高,陆生植物牧草的水分含量约为 75%~90%,而水生植物约为 95%。二是维生素含量丰富。青饲料是家畜维生素营养的主要来源。三是蛋白质含量较高。禾本科牧草和蔬菜类饲料的粗蛋白质含量一般可达到 1.5%~3%,豆科青饲料略高,为 3.2%~4.4%。四是粗纤维含量较低。青饲料含粗纤维较少,木质素低,无氮浸出物较高。青饲料干物质中粗纤维不超过 30%,叶菜类不超过 15%,无氮浸出物在 40%~50%。五是钙、磷比例适宜。青饲料中矿物质约占鲜重的 1.5%~2.5%,是矿物质营养的较好来源。六是青饲料是一种营养相对平衡的饲料,是反刍动物的重要能量来源,青饲料与由它调制的干草可以长期单独组成草食动物日粮，并能维持较高的生产水平，为养牛的基本饲料，且较经济。七是容积大，消化能含量较低，限制了其潜在的其他方面的营养优势，但是优良青饲料仍可与一些中等能量饲料相比拟。

（1）下面介绍几种常见的牧草。

① 黑麦草　黑麦草（图5-1）属禾本科，黑麦草属，一年生或多年生草本。黑麦草高约0.3～1米，叶坚韧、深绿色，小穗长在"之"字形花轴上。它是重要的栽培牧草和绿肥作物。本属约有10种，我国有7种，其中多年生黑麦草（L. perenne）和多花黑麦草（L. multiflorum）是具有经济价值的栽培牧草。现新西兰、澳大利亚、美国和英国广泛栽培，用作牛羊的饲草。

黑麦草粗蛋白4.93%，粗脂肪1.06%，无氮浸出物4.57%，钙0.075%，磷0.07%。其中粗蛋白、粗脂肪比本地杂草含量高出3倍。在春、秋季生长繁茂，草质柔嫩多汁，适口性好，是牛的好饲料。供草期为10月至翌年5月，夏天不能生长。

② 紫花苜蓿　紫花苜蓿（图5-2），别名紫苜蓿、苜蓿、苜蓿花，是豆科蝶形花亚科苜蓿属，多年生草本植物，有"牧草之王"的称号，是当今世界种植面积最大，分布国家最广的优良栽培牧草。

图 5-1　黑麦草

图 5-2　紫花苜蓿

紫花苜蓿具有产草量高，适口性强，茎叶柔嫩鲜美。不论青饲、青贮、调制青干草、加工草粉、用于配合饲料或混合饲料，各类畜禽都最喜食，是养肉牛首选青饲料；营养丰富，苜蓿干物质中粗蛋白质18.6%，粗脂肪2.4%，粗纤维35.7%，无氮浸出物34.4%，粗灰粉8.9%。茎叶中含有丰富的蛋白质、矿物质、多种维生素及胡萝卜素，特别是叶片中含量更高。紫花苜蓿鲜嫩状态时，叶片质量占全株的50%左右，叶片中粗蛋白质含量比茎秆高1～1.5倍，粗纤维含量比茎秆少一半以上。苜蓿干草喂畜禽可以替代部分粮食，据美国研究，按能量计算其替代率为1.6∶1，即1.6千克苜蓿干草相当于1千克粮食的能量。苜蓿富含蛋白质，如按能量和蛋白质综合效能，苜蓿的代粮率可达1.2∶1。

a. 紫花苜蓿的利用　　放牧利用：紫花苜蓿用于放牧利用时，以猪、鸡、马属家畜最适宜。放牧羊、牛等反刍畜易得臌胀病，结荚以后较少发生。用于放牧的草地要划区轮牧，以保持苜蓿的旺盛生机，一般放牧利用4～5天，间隔35～40天的恢复生长时间。如放牧羊、牛等反刍畜时，混播草地禾本科牧草要占50%以上比例；应避免家畜在饥饿状态时采食苜蓿，放牧前要先喂以燕麦、苏丹草等禾本科干草，还能防止家畜腹泻。为了防止膨胀，可在放牧前口服普鲁卡因青霉素钾盐，成畜每次量50～75毫克。

青刈利用：青饲是饲喂畜禽最为普通的一种方法，但应注意苜蓿的最佳收割时间，不同生长阶段影响紫花苜蓿的营养价值。青刈利用以在株高30～40厘米时开始为宜，早春掐芽和细嫩期刈割减产明显。紫花苜蓿的营养成分与收获时期关系很大，苜蓿在生长阶段含水量较高，但随着生长阶段的延长，干物质含量逐渐增加，蛋白质含量逐渐减少，粗纤维则显著增加，纤维的木质化加重。收割过晚，收获最大，茎的总量增加，叶茎比变小，营养成分明显改变，饲用价值下降。由于苜蓿含水量大，猪禽青饲时应注意补充能量和蛋白质饲料，反刍家畜多食后易产生膨胀病，一般与禾本科牧草搭配使用。

青贮利用：苜蓿青贮或半干青贮，养分损失小，具有青绿饲料的营养特点，适口性好，消化率高，能长期保存，畜牧业发达国家大都以干草为重点的调制方式向青贮利用方式转变。主要采用以下半干青贮、包膜青贮和加添加剂青贮方式。

b. 干草的制备　　调制干草的方法很多，主要有自然干燥法、人工干燥法等。自然干燥法制得的苜蓿干草的营养价值与晾晒时间关系很大，其中粗蛋白质、粗灰分、钙的含量和消化率随晾晒天数的增加而减少，粗纤维含量随晾晒天数延长而增加。米脂对苜蓿干物质化率与其化学成分关系的统计分析结果表明，提高苜蓿消化利用率的关键是控制苜蓿纤维木质化程度和减少粗蛋白质损失。由此看来，适时收割与减少运输和干燥过程的叶片损失非常重要，因为苜蓿叶片的蛋白质含量占整株的 80％以上。

人工干燥主要有三种方法。第一种方法是常温通风干燥-利用高速风力，将半干苜蓿所含水分迅速风干；第二种方法是低温烘干法，采用 50～70℃或 120～150℃温度将苜蓿水分烘干；第三种方法是高温快速干燥法，利用高温气流（可达 1100℃）使苜蓿在数分钟甚至数秒钟内水分含量降到 10％～12％。利用高温干燥后，主要是制取高质量草粉、草块或颗粒饲料，作为畜禽蛋白质和维生素补充料，便于运输、保存和饲料工业上的应用。

c. 叶蛋白的利用　紫花苜蓿叶蛋白（ALP）是将适时收割的苜蓿粉碎、压榨、凝固、析出和干燥而形成的蛋白质浓缩物。一般粗蛋白50％～60％，粗纤维 0.5％～2％，消化能 12.5～13.5 兆焦/千克，代谢能为 12.4～12.9 兆焦/千克，并含有丰富的维生素、矿物质等。

③ 紫云英　紫云英（图 5-3）又称红花草、翘摇，豆科黄芪属，黄芪属一年生或越年生草本植物，是重要的绿肥、饲料兼用作物。分布于我国的长江地区，生长于海拔 400～3000 米的地区，多生长在溪边、山坡及潮湿处，农村家庭的农田里常有种植。

图 5-3　紫云英

紫云英的养分含量和饲料价值均较高。紫云英植株中氮（N）、磷（P）、钾（K）的含量因生育期、组织器官、土壤及施肥的不同而异。一般花蕾期和初花期养分含量高于盛花期和结荚期。随着生育期的变化，鲜草产量增加，氮、磷、钾养分总量亦相应增加。紫云英各组织器官的养分平均含量（以干物质计）约为 N（氮）2.18％～5.50％，P_2O_5（五氧化二磷）0.56％～1.42％，K_2O（氧化钾）2.83％～4.30％，CaO（氧化钙）0.60％～1.86％，MgO（氧化镁）0.40％～0.93％。其中以叶和花中的氮、磷含量较高，茎秆中钾的含量较高。紫云英含有较多蛋白质、脂肪、胡萝卜素及维生素 C 等营养，且纤维素、半纤维素、木质素较低，是一种优良牧草。

④ 羊草　羊草（图 5-4）又名碱草，禾本科赖草属植物。羊草为禾本科多年生草本植物，是广泛分布的禾草，它是欧亚大陆草原区东部草甸草原及干旱草原上的重要建群种之一。我国东北部松嫩平原及内蒙古东部为其分布中心，在河北、山西、河南、陕西、宁夏、甘

肃、青海、新疆等地亦有分布。羊草最适宜于我国东北、华北诸地种植，在寒冷、干燥地区生长良好。春季返青早，秋季枯黄晚，能在较长时间内提供较多的青饲料。

图 5-4　羊草

羊草叶量多、营养丰富、适口性好，各类家畜一年四季均喜食，有"牲口的细粮"之美称。牧民形容说："羊草有油性，用羊草喂牲口，就是不喂料也上膘。"花期前粗蛋白质含量一般占干物质的 11% 以上，分蘖期高达 18.53%，且矿物质、胡萝卜素含量丰富。每千克干物质中含胡萝卜素 49.5～85.87 毫克。羊草调制成干草后，粗蛋白质含量仍能保持在 10% 左右，且气味芳香、适口性好、耐储藏。羊草产量高，增产潜力大，在良好的管理条件下，一般每公顷产干草 3000～7500 千克，产种子 150～375 千克。

⑤ 大米草　大米草（图 5-5）又名食人草，禾本科米草属，多年生草本宿根植物，具根状茎。大米草原产于英国南海岸，是欧洲海岸米草和美洲米草的天然杂交种。在我国分布于辽宁、河北、天津、山东、江苏、上海、浙江、福建、广东、广西等的海滩上。

图 5-5　大米草

嫩叶和地下茎有甜味、草粉清香，马与骡、黄牛、水牛、山羊、绵羊、奶山羊、猪、兔皆喜食。根据 7 个月地上部分营养成分的分析能看出，粗蛋白含量在旺盛生长抽穗之前最高可达 13%，盛花期下降到 9% 左右。胡萝卜素含量变化大体与粗蛋白含量变化一致。粗灰分和钙的含量在秋末冬初比春夏高 1 倍。18 种氨基酸 5 个月含量分析结果以谷氨酸和亮氨酸最高，天冬氨酸、丙氨酸次之，组氨酸与色氨酸及精氨酸最低。十种必需氨基酸与国外有代表性禾本科牧草的平均含量相比，六种超过（苯丙氨酸、亮氨酸、异亮氨酸、蛋氨酸、苏氨酸、缬氨酸），四种不及（赖氨酸、色氨酸、组氨酸、精氨酸）。

国外曾做过两个样品营养成分测定，其营养成分分别为粗脂肪

39%、40.5%，粗蛋白 39.3%、45.5%，粗纤维 63.6%、66%，无氮浸出物 46%、48.5%。大米草对反刍动物消化率也较高，是一种优良牧草。草场一般亩产鲜草 1000～2000 千克。茎叶比(1：2.1)～(1：3.5)，较低滩面为 1：1.5 左右（89 次测重，启东）。

图 5-6　沙打旺

⑥沙打旺　沙打旺（图 5-6）又名直立黄芪、斜茎黄芪、麻豆秧等，豆科黄芪属短寿命多年生草本植物。可与粮食作物轮作或在林果行间及坡地上种植，是一种绿肥、饲草和水土保持兼用型草种。20 世纪中期我国开始栽培。主要优良品种有辽宁早熟沙打旺、大名沙打旺和山西沙打旺等。野生种主要分布在俄罗斯西伯利亚和美洲北部，以及我国东北、西北、华北和西南地区。因此，沙打旺是干旱地区的一种好饲草，但其适口性和营养价值低于紫苜蓿。沙打旺的有机物质消化率和消化能也低于紫苜蓿。

沙打旺用于饲料，其茎叶中各种营养成分含量丰富，可放牧、青饲、青贮、调制干草、加工草粉和配合饲料等。有微毒，带苦味，适口性差，但其干草的适口性优于青草，可与其他牧草适量配合利用，能消除苦味，提高适口性。沙打旺利用年限长，产草量高，除用于青饲、调制干草外，与禾本科饲料作物混合青贮效果很好，其中沙打旺比例应在 35% 以内，否则因蛋白质含量过高，容易引起青贮料变质。凡是用沙打旺饲养的家畜，膘肥、体壮，未发现有异常现象，反刍家畜也未发生臌胀病。

据辽宁省农业科学院试验，沙打旺由苗期到盛花期，碳水化合物含量由 63% 增加到 79%，无氮浸出物（淀粉、糊精和糖类等）由 45% 减到 35%，粗纤维则由 18% 增加到 37%，霜后落叶时增至 48%。

尽管沙打旺株体内含有脂肪族硝基化合物，在家畜体内可代谢 β-硝基丙酸和 β-硝基丙醇的有毒物质，但反刍动物的瘤胃微生物可以将其有效分解，所以饲喂比较安全。

⑦象草　象草（图 5-7）因大象爱吃而得名，象草又名紫狼尾草。禾本科狼尾草属。原产于非洲，是热带和亚热带地区广泛栽培的一种多年生高产牧草。我国在 20 世纪 30 年代从印度、缅甸等国引入广东、

四川等试种，80 年代已推广到广东、广西、湖南、四川、贵州、云南、福建、江西、台湾等地栽培，品质优、适口性极好、利用年限长、用途较广，有很高的经济价值，是热带和亚热带地区良好的饲用植物之一，是我国南方饲养畜禽重要的青绿饲料。

象草具有较高的营养价值，风干物质粗蛋白 10.58%，粗脂肪 1.9%，粗纤维 33.14%，无氮浸出物 44.7%，粗灰分 9.61%。象草内蛋白质含量和消化率均较高。如果按每亩年产鲜草 5000～30000 千克计算，每亩则可年产蛋白质 64.5～387 千克，这是其他热带禾本科牧草所不及的。

图 5-7　象草

象草柔软多汁，适口性很好，利用率高，牛、马、羊、兔、鸭、鹅等喜食，幼嫩期也是养猪、养鱼的好饲料，一般多用作青饲，除四季给畜禽提供青饲料外，也可晒制成干草或青贮。

(2) 多汁饲料

① 根茎瓜类饲料　这类饲料具有总能高，粗纤维含量低，产量高、耐储藏的特点，其副产品蔓秧也可作饲料。可分为以下几种。

a. 胡萝卜　胡萝卜产量高，易栽培，耐储藏，营养丰富，是肉牛重要的青饲料。其营养价值很高，大部分营养物质是无氮浸出物，并含有蔗糖和果糖，故有甜味，蛋白质含量也较其他块根多。胡萝卜素含量尤为丰富，每千克胡萝卜中含胡萝卜素 36 毫克以上，一般胡萝卜的颜色越深，胡萝卜素的含量越高，一般每天喂给 1～2 千克即可满足需要。胡萝卜还含有大量钾盐、铁盐、磷盐。胡萝卜的适口性好，牛喜食，喂给足量胡萝卜对维持泌乳母牛的泌乳量及怀孕母牛保胎起到非常重要的作用。因熟喂会使胡萝卜素、维生素 C、维生素 E 遭到破坏，所以胡萝卜应生喂。此外，胡萝卜叶青绿多汁，也是牛的良好饲料。

b. 菊芋　又名洋姜、鬼子姜、姜不辣。在我国南北各地广泛分布，块茎和茎叶都是良好的饲料。菊芋的营养价值较高，块茎中富含蛋白质、脂肪和碳水化合物，菊糖的含量在 13% 以上。其茎叶的饲用价值也高于马铃薯和向日葵。菊芋块茎脆嫩多汁，营养丰富，适口性好，适合作泌乳牛的多汁饲料。

c. 萝卜　南北各地均有栽培，其产量高，耐储藏，粗蛋白含量较高，是有价值的多汁饲料，可作为牛冬春的储备饲料。萝卜生、熟喂皆宜。由于略带辣味，适口性稍差，宜与其他饲料混喂。萝卜叶营养丰富，风干萝卜叶粗蛋白含量在 20% 以上，其中一半是纯蛋白质，因而是牛优良的青绿多汁饲料。

d. 南瓜　又名倭瓜，营养丰富，耐储藏，运输又方便。藤蔓也是良好的饲料，青饲、青贮皆宜。南瓜中无氮浸出物含量高，其中多为淀粉和糖类。南瓜中还含有很多胡萝卜素，适合喂各生长阶段的牛，尤其适合饲喂繁殖和泌乳牛。但早期收获的南瓜含水量较大，干物质少，适口性差，不耐储藏。茎叶类饲料收获后，一般采用在室内堆藏或窖藏，也可制成青贮。储藏前可稍加风干，除去表面水分，不同的种类应分开储藏。根茎、瓜果喂前应洗净泥土、切碎（1～2 厘米见方）后单独补饲或与精饲料拌和后饲喂，切忌用整块根茎饲料喂牛，以免造成食道阻塞。根茎类饲料的茎叶和藤蔓切碎后生喂，也可干制或青贮，不宜单喂。

e. 甜菜　又名甜萝卜。用作饲料的甜菜大致可分为糖甜菜、半糖甜菜和饲用甜菜三种。糖甜菜主要用于制糖，也可用于饲料。糖甜菜的适应性强，产量高，干物质含量高（20%～22%），营养好，饲用方便，耐储藏，是肉牛冬春季重要的储备饲料。饲用甜菜较糖甜菜品质差，干物质含量低（8%～11%），不耐储藏，仅作饲用。不仅块根营养丰富，甜菜叶的营养也很丰富，可作为饲料加以利用。但腐烂的甜菜叶中含有亚硝酸盐，易引起中毒，因此饲喂时一定要摘除腐烂叶片。甜菜块根和甜菜叶可生喂，也可制成青贮。甜菜饲喂不宜过多，也不宜单一饲喂。

② 菜叶、蔓秧和饲用蔬菜　菜叶是指菜用瓜果、豆类的叶子。种类多，来源广，数量大。按干物质计算，其能量高，易消化，尤其是豆类叶子，能量和蛋白质均较高。蔓秧是作物的藤蔓和幼苗，一般含粗纤维较多，幼嫩时营养价值较高。饲用蔬菜如白菜、甘蓝等，既可食用，又可作饲料。另外，在蔬菜旺季，大量剩余蔬菜、次菜及菜帮均可作为青饲料喂牛。

应新鲜饲喂，如一时不能喂完，应妥善储存。防止一些硝酸盐含量较高的菜叶，如白菜、萝卜、甜菜等由于堆放发热而致硝酸盐还原为亚硝酸盐，从而发生亚硝酸盐中毒现象。已经还原变质的饲草不得喂牛，以防中毒。

（3）水生饲料　被称为"三水一萍"，"三水"即水浮莲、水葫芦、水花生，"一萍"即绿萍。水生饲料具有生长快、产量高、不占耕地、利用时间长的优点。水生饲料质地柔软，细嫩多汁，营养价值较高，但生喂易感染蛔虫、姜片虫、肝片吸虫等寄生虫病。又因水生饲料含水率高达90％～95％，相对干物质含量低，不宜单独生喂，宜与其他饲料混合饲喂并注意消毒。

① 水浮莲　又名大叶莲、大浮萍、水白菜。水浮莲繁殖快，产量高，利用时间长。但因含水量高达95％以上，营养价值相对较低。水浮莲根、叶均很柔软，粗纤维含量少，但适口性较差。其营养价值因水质肥瘦而异，肥塘所产水浮莲蛋白质含量为1.35％，而瘦塘所产水浮莲蛋白质含量仅为0.89％。水浮莲柔嫩多汁，多鲜喂，也可拌和糠麸生喂。为避免感染寄生虫，最好熟喂，随煮随喂，不宜过夜，以防发生亚硝酸盐中毒。水浮莲也可制成青贮供冬、春利用。因含水量高，青贮时应晾晒2～3天，或加糠麸、干粗饲料混合青贮。

② 水葫芦　又名凤眼莲、洋水仙、水仙花，为多年生草本植物。由于它生长快，产量高，适应性强，易于管理，利用时间长，现在我国已广泛分布。水葫芦可去掉一部分根后整株喂给，或切碎拌入糠麸生喂，也可切碎与糠麸拌和发酵后饲喂，还可制成青贮备用，制作青贮应先与糠麸类混合。

③ 水花生　又名水苋菜、喜旱莲子草、革命草。主要分布于江、浙一带，现北方也有种植。水花生生长快，产量高，品质好，养殖方便，是一种较好的水生青绿饲料。水花生茎叶柔软，含水量比其他水生饲料少，营养价值较高。鲜草干物质含量达9.2％，是牛的好饲料，可整株生喂，也可发酵后投喂或制成青贮。江浙一带习惯将水花生留在塘内，冬后取出喂牛。水花生含水量较少，青贮较水浮莲、水葫芦容易，凋萎后单独青贮，可制成品质优良的青贮，也可晒成干草粉。

④ 绿萍　为淡水漂浮性水生植物。生长快，易养殖，营养价值较高，干物质含量8.1％，粗蛋白为1.5％，是牛的好饲料。可单独鲜喂，也可拌入糠麸混喂。用不完还可晒干长期储存，营养价值也高。

2. 青贮饲料

青贮饲料是将含水率为65％～75％的青绿饲料经切碎后，利用青贮袋（图5-8）、青贮池（图5-9）、青贮壕等设施，在密闭缺氧的条件下，通过厌氧乳酸菌的发酵作用，抑制各种杂菌的繁殖，而得到的一种粗饲料。青贮饲料气味酸香、柔软多汁、适口性好、营养丰富、利于长期保存，是家畜优良饲料的来源。

图 5-8　青贮袋

图 5-9　青贮池

青贮饲料可以最大限度地保持青绿饲料的营养物质。一般青绿饲料在成熟和晒干之后，营养价值降低 30%～50%，但在青贮过程中，由于密封厌氧，物质的氧化分解作用微弱，养分损失仅为 3%～10%，从而使绝大部分养分被保存下来，特别是在保存蛋白质和维生素（胡萝卜素）方面要远远优于其他保存方法。

适口性好，消化率高。青饲料鲜嫩多汁，青贮使水分得以保存。青贮料的含水量可达 70%。同时在青贮过程中由于微生物发酵的作用，产生大量乳酸和芳香物质，更增强了其适口性和消化率。此外，青贮饲料对提高家畜日粮内其他饲料的消化性也有良好的作用。

可调剂青饲料的供应不平衡。由于青饲料生长期短，老化快，受季节影响较大，很难做到一年四季均衡供应。而青贮饲料一旦做成，可以长期保存，保存年限可达 2～3 年或更长，因而可以弥补青饲料利用的时差之缺，做到营养物质的全年均衡供应。

可净化饲料，保护环境。青贮能杀死青饲料中的病菌、虫卵，破坏杂草种子的再生能力，从而减少对畜禽和农作物的危害。另外，秸秆青贮已使长期以来焚烧秸秆的现象大为改观，使这一资源变废为宝，减少了对环境的污染。

（1）青贮的类型　有青贮饲料、黄贮饲料、半干青贮和混合青贮。

① 青贮饲料　将含水率 65%～75% 的青绿粗饲料切碎后，在密闭缺氧的条件下，通过厌氧乳酸菌的发酵作用而获得的一类粗饲料产品。产品名称应标明粗饲料的品种，青贮好的饲料必须标明粗灰分、中性洗涤纤维、水分、青贮添加剂品种及用量，如玉米青贮饲料。

② 黄贮饲料　以收获籽实后的农作物秸秆为原料，通过添加微生物菌剂、酸化剂、酶制剂等添加剂，有可能添加适量水，在密闭缺氧的条件下，通过厌氧乳酸菌的发酵作用而获得的一类粗饲料产品。

③ 半干青贮（低水分青贮）　也称为低水分青贮饲料，它是指将青贮原料风干到含水量45％～55％进行贮存的技术，主要用于豆科牧草。

原料含水率在45％～50％时，半风干的植物对腐败菌、酪酸菌及乳酸菌造成生理干燥状态，使其生长繁殖受到限制。因此，在青贮过程中，微生物发酵微弱，蛋白质不被分解，有机酸形成数量少。虽然霉菌在风干植物体上仍可大量繁殖，但在切碎紧实的厌氧环境下，其活动也很快停止。低水分青贮因含水量较低，干物质相对较多，有较多营养物质。如1千克豆科和禾本科半干青贮饲料中含有45～55克可消化蛋白，40～50微克胡萝卜素。微酸，有果香味，不含酪酸，pH值4.8～5.2，有机酸含量5.5％左右。优质半干青贮呈湿润状态，深绿色，有清香味，结构完好。

半干青贮的调制方法与普通青贮基本相同，区别在于含水量在45％～50％。原料主要为牧草，当牧草收割后，平铺在地面上，在田间晾晒1～2天豆科牧草含水量应在50％，禾本科为45％，二者在切碎时充分混合，装填入窖，必须踩实或压实。如用塑料袋作青贮容器，要防止鼠、虫咬破袋子，造成漏气而腐烂。

半干青贮适于人工种植牧草和草食家畜饲养水平较高的地方应用。近年来，一些畜牧业比较发达的国家，如美国、俄罗斯、加拿大、日本等广泛采用。我国的新疆、黑龙江一些地区也在推广应用。

④ 混合青贮　是指两种或两种以上青贮原料混合在一起制作的青贮。混合青贮的优点是营养成分含量丰富，有利于乳酸菌的繁殖生长，提高青贮质量。混合青贮的种类及其特点如下。

a. 牧草混合青贮　多为禾本科与豆科牧草混合青贮。

b. 高水分青贮原料与干饲料混合青贮　一些蔬菜废弃物（甘蓝苞叶、甜菜叶、白菜）、水生饲料（水葫芦、水浮莲）、秧蔓（如甘薯秧）等含水量较高的原料，与适量干饲料（如糠麸、秸秆粉）混合青贮。

c. 糟渣饲料与干饲料混合青贮　食品和轻工业生产的副产品，如甜菜渣、啤酒糟、淀粉渣、豆腐渣、酱油渣等糟渣饲料有较高的营养价值，可与适量糠麸、草粉、秸秆粉等干饲料混合贮存。

⑤ 秸秆微贮　秸秆微贮与青贮、氨化相比，更简单易学。只要把

微生物秸秆发酵剂活化后，均匀地喷洒在秸秆上，在一定温度和湿度下，压实封严，在密闭厌氧条件下，就可以制作优质微贮秸秆饲料。微贮饲料安全可靠，微贮饲料菌种均对人畜无害，不论饲料中有无发酵剂存在，均不会对动物产生毒害作用，可以长期饲喂，用微贮秸秆饲料作牛的基础饲料，可随取随喂，不需晾晒，也不需加水，很方便。

（2）青贮原料及青贮难易程度　适合制作青贮饲料的原料范围十分广泛。玉米、高粱、黑麦、燕麦等禾谷类饲料作物，野生及栽培牧草，甘薯、甜菜、芜菁等茎叶及甘蓝、牛皮菜、苦荬菜、猪苋菜、聚合草类等叶菜类饲料作物，树叶和小灌木的嫩枝等均可用于调制青贮饲料。

青贮原料因植物种类不同，含糖量的差异很大。根据含糖量的多少，青贮原料可分为以下三类。

①易青贮的原料　玉米、高粱、禾本科牧草、芜菁、甘蓝等，这些饲料中含有适量或较多可溶性碳水化合物，青贮比较容易成功。

②不容易青贮的原料　苜蓿草、三叶草、草木樨、大豆、紫云英等豆科牧草和饲料作物含可溶性碳水化合物较少，需与易青贮的原料混贮才能成功。

③不能单独青贮的原料　南瓜蔓、甘薯藤等含糖量低，单独青贮不易成功，只有和其他易于青贮的原料混贮或者添加富含碳水化合物或者加酸青贮才能成功。常见作物的青贮难易程度见表5-1。

表5-1　常见饲用作物青贮含糖需要量和储存难度

饲草品种	生长期	实际含糖量/%	最低需糖量/%	相差	储存难度
玉米全株	乳熟期	4.35	1.49	+2.86	易
玉米全株	蜡熟期	2.41	1.09	+1.32	易
高粱	乳熟期	3.13	0.95	+2.18	易
燕麦		3.85	2.03	+1.55	易
燕麦＋毛苕子	开花期	2.0	2.0	0	易
红三叶再生草	开花期	1.90	1.37	+0.53	易
红三叶再生草	营养期	1.44	0.94	+0.50	易
蚕豆	荚成熟期	4.35	1.49	+2.86	易
豌豆	开花期	1.93	1.62	+0.31	易
紫花豌豆	开花期	1.47	1.26	0.21	易
向日葵	开花期	4.35	2.75	+1.60	易
甘蓝		3.36	0.63	+2.73	易

续表

饲草品种	生长期	实际含糖量/%	最低需糖量/%	相差	储存难度
饲用甜菜	全生长期	3.09	1.35	+1.74	易
胡萝卜	成熟期	3.32	0.67	+2.65	易
油菜茎叶		5.35	1.39	+3.96	易
毛苕子		1.41	2.0	−0.59	难
白花草木樨		2.17	3.09	−0.92	难
苜蓿		3.73	9.50	−5.78	难
苋菜		1.44	1.85	−0.41	难
马铃薯茎叶	开花后	1.46	2.12	−0.66	难
直立蒿	花蕾期	1.31	1.36	−0.05	难

（3）常见的青贮饲料

① 玉米青贮　青贮玉米饲料是指专门用于青贮的玉米品种。在蜡熟期收割，茎、叶、果穗一起切碎调制的青贮饲料。这种青贮饲料营养价值高，每千克相当于 0.4 千克优质干草。

青贮玉米的特点如下。产量高。每公顷青物质产量一般为 5 万～6 万千克，个别高产地块可达 8 万～10 万千克。在青贮饲料作物中，青贮玉米产量一般高于其他作物（指北方地区）。

营养丰富。每千克青贮玉米中，含粗蛋白质 20 克，其中可消化蛋白质 12.04 克。维生素含量丰富，其中胡萝卜素 11 毫克，尼克酸 10.4 毫克，维生素 C 75.7 毫克，维生素 A 18.4 个国际单位。微量元素含量也很丰富，其中钙 7.8、铜 9.4、钴 11.7、锰 25.1、锌 110.4、铁 227.1 毫克/千克。

适口性强。青贮玉米含糖量高，制成的优质青贮饲料，有酸甜、青香味，且酸度适中，（pH 4.2）家畜习惯采食后都很喜食。尤其反刍家畜中的牛和羊。

调制玉米青贮饲料的技术要点如下。

适时收割。专用青贮玉米的适宜收割期在蜡熟期，即籽粒剖面呈蜂蜡状，没有乳浆汁液，籽粒尚未变硬。此时收割不仅茎叶水分充足（70%左右），而且单位面积土地上营养物质产量最高。

收割、运输、切碎、装贮等要连续作业。青贮玉米柔嫩多汁，收割后必须及时切碎、装贮，否则营养物质将损失。最理想的方法是采用青贮联合收割机，收割、切碎、运输、装贮等项作业连续进行。

采用砖、石、水泥结构的永久窖装贮。因青贮玉米水分充足，营养丰富，为防止汁液流失，必须用永久窖装贮，如果用土窖装贮时，窖的四周要用塑料薄膜铺垫，绝不能使青贮饲料与土壤接触，防止土壤吸收水分而造成霉变。

②玉米秸青贮饲料 玉米籽实成熟后，先将籽实收获，秸秆进行青贮的饲料，称为玉米秸青贮饲料。在华北、华中地区，玉米收获后，叶片仍保持绿色，茎秆水分含量较高，但在东北、内蒙古及西北地区，玉米多为晚熟型杂交种，多数是在降霜前后才能成熟。由于秋收与青贮同时进行，人力、运输力矛盾突出，青贮工作经常被推迟到10月中、下旬，此时秸秆干枯，若要调制青贮饲料，必须添加大量清水，而加水量又不易掌握，且难以和切碎秸秆拌匀，水分多时，易形成乙酸或酪酸发酵，而水分不足时，易形成好氧高温发酵而霉烂。所以调制玉米秸青贮饲料，要掌握以下关键技术。

选择成熟期适当的品种。其基本原则是籽实成熟而秸秆上又有一定数量绿叶（1/3～1/2），茎秆中水分较多。要求在当地降霜前7～10天籽实成熟。

晚熟玉米品种要适时收获。对晚熟玉米品种要求在籽实基本成熟，籽实不减产或少量减产的最佳时期收获，降霜前进行青贮，使秸秆中保留较多的营养物质和较好的青贮品质。

严格掌握加水量。玉米籽实成熟后，茎秆中的水分含量一般在50%～60%，茎下部叶片枯黄，必须添加适量清水，把含水率调整到70%左右。作业前测定原料的含水率，计算出应加水量。

③牧草青贮 牧草不仅可调制干草，而且可以制成青贮饲料。在长江流域及以南地区，北方地区的6～8月雨季，可以将一些多年生牧草，如苜蓿、草木樨、红豆草、沙打旺、红三叶、白三叶、冰草、无芒雀麦、老芒麦、披碱草等调制成青贮饲料。牧草青贮要注意以下技术环节。

正确掌握切碎长度。通常禾本科牧草及一些豆科牧草（苜蓿、三叶草等）茎秆柔软，切碎长度应为3～4厘米。沙打旺、红豆等茎秆较粗硬的牧草，切碎长度应为1～2厘米。

豆科牧草不宜单独青贮。豆科牧草蛋白质含量较高而糖分含量较低，满足不了乳酸菌对糖分的需要，单独青贮时容易腐烂变质。为了增加糖分含量，可采用与禾本科牧草或饲料作物混合青贮。如添加1/4～1/3水稗草、青割玉米、苏丹草、甜高粱等，当地若有制糖的副产物，如甜菜渣（鲜）、糖蜜、甘蔗上梢及叶片等，也可以混在豆科牧草中，进行混合青贮。

禾本科牧草与豆科牧草混合青贮。有些禾本科牧草水分含量偏低（如披碱草、老芒麦），而糖分含量稍高，而豆科牧草水分含量稍高（如苜蓿、三叶草），二者进行混合青贮，优劣可以互补，营养又能平衡。

④ 秧蔓、叶菜类青贮 这类青贮原料主要有甘薯秧、花生秧、瓜秧、甜菜叶、甘蓝叶、白菜等，其中花生秧、瓜秧含水量较低，其他几种含水量较高。制作青贮饲料时，需注意以下几项关键技术。

高水分原料经适当晾晒后青贮。甘薯秧及叶菜类的含水率一般在80%～90%，在条件允许时收割后晾晒2～3天，以降低水分。

添加低水分原料，实施混合青贮。在雨季或南方多雨地区，高水分青贮原料可以和低水分青贮原料（如花生秧、瓜秧）或粉碎的干饲料实行混合青贮。制作时，务必混合均匀，掌握好含水率。

此类原料多数柔软蓬松，填装原料时应尽量踩踏，封窖时窖顶覆盖泥土，以20～30厘米厚度为宜，若覆土过厚，压力过大，青贮饲料则会下沉较多，原料中的汁液被挤出，造成营养损失。

3. 粗饲料

粗饲料是指饲料天然水分含量在45%以下、干物质中粗纤维含量大于或等于18%的一类饲料。粗饲料为肉牛的重要饲料。该类饲料包括干草类、农副产品类（农作物的荚、蔓、藤、壳、秸、秧等）、树叶类、糟渣类。

粗饲料体积大、质量轻，粗纤维含量高，其主要化学成分是木质化和非木质化纤维素、半纤维素，营养价值通常较其他类别饲料低，其消化能含量一般不超过2.5兆卡/千克（按干物质计），有机物质消化率通常在65%以下。粗纤维的含量越高，饲料中的能量就越低，有机物的消化率也随之降低。一般干草类含粗纤维25%～30%，秸秆、秕壳含粗纤维25%～50%以上。不同种类粗饲料的蛋白质含量差异很大，豆科干草含蛋白质10%～20%，禾本科干草6%～10%，而禾本科秆和秕壳为3%～4%。维生素D含量丰富，其他维生素较少，含磷较少，较难消化。从营养价值比较，干草比蒿秆和秕壳类好，豆科比禾本科好。绿色比黄色好，叶多的比叶少的好。

牛是反刍家畜，为保持瘤胃健康和正常的乳脂率，牛日粮中必须有一定数量的粗饲料。这主要是因为粗饲料可以刺激反刍和唾液分泌，有效保证瘤胃的正常环境；可以刺激瘤胃收缩和消化物流出瘤胃，以促进瘤胃微生物的有效生长；可以避免因饲喂高比例精饲料引起的奶脂下降。

粗饲料应是牛日粮的主体，精料只做高生产性能时的补充，科学合理地选用粗饲料可提高肉牛的养殖效益。而且这类饲料来源广、资源丰富，营养品质因来源和种类的不同差异较大，为了充分合理利用这类粗饲料，必须采用科学合理的加工调制方法，以提高其饲用价值。

(1) 干草 干草是指青草（或青绿饲料作物）在未结籽实前刈割，然后经自然晒干或人工干燥调制而成的饲料产品。主要包括豆科干草、禾本科干草和野杂干草等，目前在规模化肉牛场生产中大量使用的干草除野杂干草外，主要是北方生产的羊草和苜蓿干草，前者属于禾本科，后者属于豆科。

① 栽培牧草干草 在我国农区和牧区人工栽培牧草已达四五百万公顷。各地因气候、土壤等自然环境条件不同，主要栽培牧草有近50个种或品种。三北地区主要是苜蓿、草木樨、沙打旺、红豆草、羊草、老芒麦、披碱草等，长江流域主要是白三叶、黑麦草，华南亚热带地区主要是柱花草、山蚂蟥、大翼豆等。用这些栽培牧草所调制的干草，质量好，产量高，适口性强，是畜禽常年必需的主要饲料成分。

栽培牧草调制而成的干草，其营养价值主要取决于原料饲草的种类、刈割时间和调制方法等因素。一般而言，豆科干草的营养价值优于禾本科干草，特别是前者含有较丰富的蛋白质和钙，其蛋白质含量一般在15%～24%，但在能量价值上二者相似，消化能含量一般在2.3兆卡/千克左右。人工干燥的优质青干草，特别是豆科青干草的营养价值很高，与精饲料相近，其中可消化粗蛋白质含量可达13%以上，消化能可达3.0兆卡/千克。阳光下晒制的干草中含有丰富的维生素D_2，是动物维生素D的重要来源，但其他维生素却因日晒而遭受较大的破坏。此外，干燥方法不同，干草养分的损失量差异也很大，如地面自然晒干的干草，营养物质损失较多，其中蛋白质损失高达37%；而人工干燥的优质干草，其维生素和蛋白质的损失则较少，蛋白质的损失仅为10%左右，且含有较丰富的β-胡萝卜素。

② 野干草 野干草是在天然草地或路边、荒地采集并调制成的干草。由于原料草所处的生态环境、植被类型、牧草种类、收割与调制

方法等不同，野干草质量差异很大。一般而言，野干草的质量比栽培牧草干草要差。东北及内蒙古东部生产的羊草，如在 8 月上中旬收割，干燥过程不被雨淋，其质量较好，粗蛋白含量达6％～8％。而在南方地区农户收集的野（杂）干草，常含有较多泥沙等，其营养价值与秸秆相似。野干草是广大牧区牧民们冬春必备的饲草，尤其是在北方地区。

（2）秸秆　秸秆饲料是指农作物在籽实成熟并收获后的残余副产品，即茎秆和枯叶。我国各种秸秆年产量约为 5 亿～6 亿吨，约有50％用作燃料和肥料，30％左右用作饲料，另外 20％用作其他用途，其中不少在收割季节被焚烧于田间。秸秆饲料包括禾本科、豆科和其他，禾本科秸秆包括稻草、大麦秸、小麦秸、玉米秸、燕麦秸和粟秸等，豆科秸秆主要有大豆秸、蚕豆秸、豌豆秸、花生秸等，其他秸秆有油菜秆、枯老苋菜秆等。稻草、麦秸、玉米秸是我国主要的三大秸秆饲料。

秸秆饲料一般营养成分含量较低，表现为蛋白质、脂肪和糖分含量较少，能量价值较低，消化能含量低于 2.0 兆卡/千克；除了维生素 D 外，其他维生素都很贫乏，钙、磷含量低且利用率低；而纤维含量很高，其粗纤维高达 30％～45％，且木质化程度较高，木质素比例一般为 6.5％～12％。质地坚硬粗糙，适口性较差，可消化性低。因此，秸秆饲料不宜单独饲喂，而应与优质干草配合饲用，或经过合理的加工调制，提高其适口性和营养价值。

① 玉米秸秆　玉米是我国的主要粮食作物，平均每年种植面积约 5972 公顷。玉米秸秆（图 5-10）作为玉米生产的副产品，其产量约 22400 万吨。产量高、资源丰富，是饲草加工发展的首选品种。作为一种饲料资源，玉米秸秆含有丰富的营养和可利用化学成分，可用作畜牧业饲料的原料。长期以来，玉米秸秆是牲畜的主要粗饲料的原料之一。

图 5-10　玉米秸秆

有关化验结果表明，玉米秸秆含有 30％ 以上碳水化合物、

2%～4%蛋白质和 0.5%～1%脂肪,粗纤维 37.7%,无氮浸出物 48.0%,粗灰分 9.5%。既可青贮,也可直接饲喂。就食草动物而言,2 千克玉米秸秆增重净能相当于 1 千克玉米籽粒,特别是经青贮、黄贮、氨化及糖化等处理后,可提高利用率,效益将更可观。据研究分析,玉米秸秆中所含的消化能为 235.8 兆焦/千克,且营养丰富,总能量与牧草相当。对玉米秸秆进行精细加工处理,制作成高营养牲畜饲料,不仅有利于发展畜牧业,而且通过秸秆过腹还田,更具有良好的生态效益和经济效益。

采用机械工程、生物和化学等技术手段,完成从玉米秸秆的收获、饲料加工、储藏、运输、饲喂等过程。近年来,随着我国畜牧业的快速发展,秸秆饲料加工新技术也层出不穷。玉米秸秆除了作为饲料直接饲喂外,现在物理、化学、生物等方面的多种加工技术在实际中得以推广应用,实现了集中规模化加工,开拓了饲料利用新途径。

② 稻草 水稻,禾本科,属须根系,是一年生禾本科植物,高约

图 5-11 稻草

1.2 米,叶长而扁,圆锥花序由许多小穗组成。稻草(图 5-11),水稻的茎,一般指脱粒后的稻秆。我国是世界上水稻的主产国,据统计,全国稻草产量为 1.88 亿吨。稻草资源非常丰富。

干稻草的营养价值比较低,稻草粗糙,适口性差,不利于牛采食,也不利于牛的消化和吸收。长期单纯饲喂稻草时,牛机体越来越消瘦,更因钙磷缺乏而导致钙磷不足,且维生素 D 缺乏而影响钙磷的吸收,从而引起成年牛(特别是孕牛和泌乳牛)的软骨症和犊牛佝偻病,产科病增多。在粗纤维消化过程中,又产生大量马尿酸,机体为了中和马尿酸而消耗大量钾、钠,引起钾、钠缺乏症;缺钾则会引起神经机能麻痹,全身疲惫,四肢乏力,不愿行走,步行时呈“黏着步样”跛行;缺钠则会引起消化液分泌减少,消化功能恶化,体质每况愈下,最后全身虚脱而卧地死亡。因此,不能长期单纯喂稻草,必须要与玉米、麦麸、米糠、块根茎类饲料(尤以含胡萝卜素较多的甘薯为优)、豆饼、青贮料、青绿饲料等配合饲喂。可以对稻草进行氨化、碱化处理或添加尿素等适当处理,把稻草变成

适口性好、营养丰富、有利于消化吸收的优良饲料。

水稻应选择晴天收割，脱去谷粒后，平铺在干爽的稻田中晾晒，尽量摊薄些，每日翻动2～3次，在2～3天内晒干、捆起。储藏在干燥的地方，防止潮湿、雨淋，保持新鲜青绿色彩。若暴晒时间过长，由于阳光破坏和雨露浸润而流失，品质老化，其营养物质消耗和损失，若遇雨天，常引起发霉，而丧失饲喂价值。

③ 小麦秸秆 小麦秸秆（图5-12）是一种重要的农业资源。小麦秸秆主要含纤维、木质素、淀粉、粗蛋白、酶等有机物，还含有氮、磷、钾等营养元素。秸秆除了作肥料，也可以作饲料，秸秆作饲料可以促进物质转化和良性循环。动物将人类不能利用的有机物转化成蛋白质、脂肪等，可以增加物质循环，改善人类食物结构，节约粮食。

图 5-12 小麦秸秆

小麦秸秆饲料的特点是长、粗、硬，虽然可以直接用作食草动物的饲料，但适口性较差，采食量少，且消化率不高。可用浸泡法、氨化法、碱化法、发酵法对小麦秸秆进行调制，不仅使小麦秸秆得到合理利用，实现过腹还田，而且增加了牛的饲料来源，降低养殖成本。

图 5-13 大豆秸秆

④ 大豆秸秆 大豆秸秆（图5-13）饲料来源广、数量大，大豆秸秆含有纤维素，半纤维素及戊聚糖，借助瘤胃微生物的发酵作用，可被牛羊消化利用。可直接节省大量精饲料粮食，百斤秸秆可顶替3千克粮食。饲喂草食动物或作为配制全价饲料的基础日粮，对草食家畜的饲养和增重，提高圈养存栏率，提高饲料报酬和经济效益均有良好的作用。

国外西欧各国对大豆秸秆的利用情况比较好，大约有40％的大豆秸秆被用作牛、羊的配合饲料。据联合国粮农组织 20 世纪 90 年代的统计资料表明，美国约有 27%，澳大利亚约有 18%，新西兰约有 21% 的肉类是以大豆秸秆为主的秸秆饲料转化而来的。

我国的大豆秸秆资源多，有非常大的利用潜能。充分利用这一资源，发展节粮型畜牧业，是农业产业化的重要内容与发展方向。

大豆秸秆所蕴含的高蛋白是牲畜饲料的最佳选择，由于豆秸中粗纤维含量高，质地坚硬，需要进行加工调制后才能被牛充分利用。经过加工处理后的大豆秸，可增加适口性、提高消化率、提高营养价值。加工的方法有大豆秸氨化、大豆秸微贮和制作大豆秸颗粒饲料。

图 5-14　花生蔓

⑤ 花生蔓　花生蔓（图 5-14）也叫花生秧。花生是我国北方地区的主要农作物，每年花生秧的产量约为 2700 万～3000 万吨，花生秧营养丰富，特别含有大量粗蛋白、粗脂肪、各种矿物质及维生素，而且适口性好，质地松软，是畜禽的优质饲料。多年来，一直被用作牛、羊、兔等草食动物的粗饲料。用花生蔓喂畜禽是农村广辟饲料资源、减少投入、提高养殖效益、发展节粮型畜牧养殖业的重要途径。

花生蔓中的粗蛋白含量相当于豌豆秸的 1.6 倍，稻草的 16 倍，麦秸的 23 倍。可见花生蔓的能量、粗蛋白、钙含量较高，粗纤维含量适中，各种营养比较均衡。在众多作物秸秆中，花生蔓的综合营养价值仅次于苜蓿草粉，明显高于玉米秸、大豆秸。

⑥ 甘薯蔓　甘薯属一年生或多年生蔓生草本，又名山芋、红芋、番薯、红薯、白薯、地瓜、红苕等，因地区不同而有不同的名称。甘薯是一种高产而适应性强的粮食作物，与工农业生产和人民生活关系密切。块根除作主粮外，也是食品加工、淀粉和酒精制造工业的重要原料，根、茎、叶又是优良饲料。

甘薯蔓（图 5-15）营养价值高，仅次于苜蓿干草。盛夏至初秋，是甘薯蔓旺长的季节。这期间的地瓜秧适口性好，容易消化，饲用价值高，是喂牛的好饲料。

甘薯蔓可以粉碎制成甘薯蔓粉、青贮、微贮和加工成颗粒饲料等。

（3）秕壳、藤蔓类

① 秕壳 秕壳是农作物种子脱粒或清理种子时的残余副产品，包括种子的外壳和颖片等，如砻糠（即稻谷壳）、麦壳，也包括二类糠麸，如统糠、清糠、三七糠和糠饼等。与其同种作物的秸秆相比，秕壳的蛋白质和矿物质含量较高，而粗纤维含量较低。禾谷类荚壳中，谷壳含蛋白质和无氮浸出物较多，粗纤维较低，营养价值

图 5-15 甘薯蔓

仅次于豆荚。但秕壳的质地坚硬、粗糙，且含有较多泥沙，甚至有的秕壳还含有芒刺。因此，秕壳的适口性很差，大量饲喂很容易引起动物消化道功能障碍，应该严格限制喂量。

② 荚壳 荚壳类饲料是指豆科作物种子的外皮、荚皮，主要有大豆荚皮、蚕豆荚皮、豌豆荚皮和绿豆荚皮等。与秕壳类饲料相比，此类饲料的粗蛋白质含量和营养价值相对较高，对牛羊的适口性也较好。

③ 藤蔓 主要包括甘薯藤、冬瓜藤、南瓜藤、西瓜藤、黄瓜藤等藤蔓类植物的茎叶。其中甘薯藤是常用的藤蔓饲料，具有相对较高的营养价值，可用作喂肉牛饲料。

（4）其他非常规粗饲料 其他非常规粗饲料主要包括风干树叶类、糟渣等。可作为饲料使用的树叶类主要有松针、桑叶、槐树叶等，其中桑叶和松针的营养价值较高。糟渣饲料主要包括啤酒糟、白酒糟、玉米淀粉渣等，此类饲料的营养价值相对较高，其中的纤维物质易于被瘤胃微生物消化，属于易降解纤维，因此它们是反刍动物的良好饲料，常用于饲喂牛。

① 啤酒糟 啤酒糟是啤酒工业的主要副产品，是以大麦为原料，经发酵提取籽实中的可溶性碳水化合物后的残渣。每生产 1 吨啤酒大约产生 1/4 吨啤酒糟，我国啤酒糟年产量已达 1000 多万吨，并且还在不断增加。啤酒糟含有丰富的蛋白质、氨基酸及微量元素。目前多用于养殖方面，在其他方面也有所利用。

啤酒糟主要由麦芽的皮壳、叶芽、不溶性蛋白质、半纤维素、脂肪、灰分及少量未分解的淀粉和未洗出的可溶性浸出物组成。啤酒生产所采用原料的差别以及发酵工艺的不同，使得啤酒糟的成分不同，

因此利用时要对其组成进行必要分析。总的来说，啤酒糟含有丰富的粗蛋白和微量元素，具有较高的营养价值。谢幼梅等（1995）分析指出，啤酒糟干物质中含粗蛋白 25.13%、粗脂肪 7.13%、粗纤维 13.81%、灰分 3.64%、钙 0.4%、磷 0.57%；在氨基酸组成上，赖氨酸占 0.95%、蛋氨酸 0.51%、胱氨酸 0.30%、精氨酸 1.52%、异亮氨酸 1.40%、亮氨酸 1.67%、苯丙氨酸 1.31%、酪氨酸 1.15%；还含有丰富的锰、铁、铜等微量元素。

啤酒糟适口性好，过瘤胃蛋白质含量高，适用于反刍动物。可加大饲喂量，达到混合精料的 30%～35%。在肉牛饲料中可取代全部大豆饼粕，作为蛋白源使用，还可改善胴体品质。在犊牛饲料中使用 20%啤酒糟不影响生长。肉牛饲料中使用 20%啤酒糟，产奶量和乳脂率一般不受影响。

尽量喂新鲜的啤酒糟。啤酒糟含水量大，变质快，因此饲喂时一定要保证新鲜，对一时喂不完的要合理保存，如需要储藏，则以窖贮效果好，干晒干储藏。夏季啤酒糟应当日喂完，同时每日每头可添加 150～200 克小苏打。注意保持营养平衡。啤酒糟粗蛋白含量虽然丰富，但钙磷含量低且比例不合适，因此饲喂时应提高日粮精料的营养浓度，同时注意补钙。骨粉占日粮精料的 2%，这样有利于牛身体健康，若饲喂母牛，则有利于产奶。不宜把糟渣类饲料作为日粮的唯一粗料。应与干粗料、青贮饲料掺配；与青贮料搭配，应在日粮中添加碳酸氢钠。

注意饲喂时期。对产后 1 个月内的泌乳牛应尽量不喂或喂少量啤酒糟，以免加剧营养负平衡状态和延迟生殖系统的恢复，对发情配种产生不利影响。

中毒后及时处理。饲喂啤酒糟出现慢性中毒时，要立即减少喂量并及时对症治疗，尤其对蹄叶炎，必须作为急症处理，否则愈后不良。

② 白酒糟　白酒生产中，以一种或几种谷物或者薯类为原料，以稻壳等为填充辅料，经固态发酵、蒸馏提取白酒后的残渣，有湿酒糟和经烘干粉碎的干酒糟两种。

酒糟是蛋白质、脂肪、维生素及矿物质的良好来源，并含未知生长因子。一般而言，蛋氨酸及胱氨酸稍高，赖氨酸则明显不足。以玉米、高粱等谷类为原料的成分较佳，以薯类为原料的，粗纤维、粗灰分含量均高，因而饲养价值低，且其所含粗蛋白消化率差，以糖蜜为原料者，粗蛋白低，维生素 B_2、泛酸含量高，所含粗灰分特多。

酒糟不但富含蛋白质、微量元素、维生素等营养物质，而且适口性好、易消化，有增进食欲的作用，可用于饲喂牛。用酒糟育肥肉牛时，应对酒糟进行成分分析检测，然后按营养需要配合其他饲料饲喂肉牛。饲喂时应注意：必须用新鲜酒糟，如果一时喂不完，可把白酒糟制成青贮饲料。腐败的酒糟不能喂牛，否则会引起胃肠疾病。喂白酒糟时，要采取由少到多、逐渐增加的办法来过渡，一般需要 1 周的适应期。控制喂量，有的白酒糟中残留有乙醇、乙酸，甚至甲醇等有害物质，且白酒糟酸度和木质素含量均较高，使用中必须控制用量，鲜酒糟占日粮的比例以 30％～40％为好。到育肥中期，酒糟量可增加，一般成年牛每日最大喂量 20～30 千克，育成牛 15～20 千克。过量饲喂会引起臌胀病、腹泻、湿疹、膝部和关节红肿、便秘等症状，如发现此类情况可以停喂或减少酒糟用量，与其他饲料合理搭配。酒糟和玉米、尿素、干草搭配饲喂效果好，同时还要给牛补充食盐、小苏打、磷酸氢钙、铁、铜、锰、锌等微量矿物元素，长期使用酒糟时，日粮中还应补充维生素 A、维生素 D、维生素 E。

③ 玉米淀粉渣　含有较多蛋白质及少量淀粉、粗纤维，适口性较好，同时因加工时含有少量亚硫酸，易造成肉牛发生臌胀病和酸中毒，可在饲料中加入小苏打。玉米淀粉渣易酸败，应鲜喂或风干后保存，日喂量 10～15 千克。

④ 豆腐渣　豆腐渣是来自豆腐、豆奶工厂的加工副产品，为黄豆浸渍成豆乳后，部分蛋白质被提取，过滤所得的残渣。过去主要供食用，现多作饲料。

豆腐渣的干物质中粗蛋白、粗纤维和粗脂肪含量较高，维生素含量低且大部分转移到豆浆中，与豆类籽实一样含有抗胰蛋白酶因子。以干物质为基础进行计算，其蛋白质含量为 19％～29.8％，并且豆渣中的蛋白质含量受加工影响特别大，特别是受滤浆时间的影响，滤浆时间越长，则豆渣中的可溶性营养物质包括蛋白质越少。

豆腐渣干物质、粗蛋白含量丰富，适口性好，是牛的良好饲料，由于含水量高，易酸败，最好鲜喂。日喂量为 2.5～5 千克，过量易拉稀。

⑤ 树叶嫩枝　用树叶嫩枝作饲料，在我国已较普遍。有的已形成工厂化生产，加工各种叶粉。可用作饲料的树种有刺槐、榆树、桑树、桐树、构树、白杨、箸条、柠条等。树叶饲料中含有丰富的蛋白

质、胡萝卜素和粗脂肪。这类饲料有增强家畜食欲的作用。营养价值随树种和季节不同而变化。树叶饲料常含有单宁，含量在 2% 以下时，有健胃收敛作用；超过限量时，对消化不利。树叶饲料的采集比较费事，但这类饲料与人类不争粮食，值得大力开发。

4. 能量饲料

能量饲料是指天然水分含量在 45% 以下、每千克干物质中粗纤维含量在 18% 以下、可消化能含量高于 10.46 兆焦/千克、蛋白质含量在 20% 以下的饲料。其中消化能高于 12.55 兆焦/千克的称为高能量饲料。能量的基本来源为碳水化合物和脂肪。

碳水化合物主要包括无氮浸出物和粗纤维。无氮浸出物主要是糖和淀粉，是容易消化吸收的物质。粗纤维是构成植物细胞壁的主要成分，由纤维素、半纤维素、木质素、角质等组成，是难以消化的物质。碳水化合物是牛体内热能的主要来源，当体内能量供生理活动需要有余时，将多余的能量转化为体脂肪，储存于体内。碳水化合物是牛的基础营养，只有提供丰富的碳水化合物饲料，蛋白质等其他养分才能发挥各自的效应。如果碳水化合物不足或严重缺乏，蛋白质等其他养分再多也不能发挥效能，同时还会分解体组织转化为能量，被消耗，这就是常提到的能氮平衡关系，不能代替。

碳水化合物是植物性饲料的主要成分，约占饲料干物质的 70% 以上，一般容易得到满足。粗纤维的含量对饲料的质量影响较大，不同植物及部位粗纤维含量不同，秸秆饲料中最多，一般 40%～45%，干草中较少，20%～30%，谷实中最少，2%～8%。在同一植物中茎秆中最多，叶片中较少，果实中最少。

脂肪和碳水化合物一样，也是能量来源。其能量是碳水化合物的 2.25 倍。尽管脂肪的能量较高，因价格高，不能作为能量的主要来源。在营养物质的消化吸收中，脂肪具有特殊功能，它是脂溶性维生素 A、维生素 D、维生素 E、维生素 K 的溶剂；营养中必需脂肪酸的来源；在神经和大脑中含有神经磷脂和脑磷脂，在细胞中含有各类磷脂及胆固醇；同时还是动物体合成维生素和激素的原料。牛对脂肪的利用率低，需要量也少，各种饲料中都含有一定脂肪，完全可以满足需要。

能量饲料主要包括谷物籽实类饲料（如玉米、稻谷、大麦、小麦、高粱、燕麦等）、谷物籽实类加工副产品（如米糠、小麦麸等）、富含淀粉及糖类的根、茎、瓜类饲料等。谷实类、麸糠类是肉牛养殖最常用的能量饲料。

（1）玉米　玉米是最重要的能量饲料，是养牛精饲料中主要的能量饲料。与其他谷物饲料相比，玉米粗蛋白水平低，但能量值最高。以干物质计，玉米中淀粉含量可达70%，粗纤维含量低，蛋白质含量为7.8%～9.4%，可消化能含量与小麦相近，每千克约14兆焦。但是玉米所含蛋白质的质量差，缺少赖氨酸、蛋氨酸、色氨酸等必需氨基酸，使用中应注意与饼粕、鱼粉或合成氨基酸搭配。玉米所含淀粉具有良好的过瘤胃特性，对动物的消化率高，适口性好。玉米蛋白质中50%～60%为过瘤胃蛋白质，可达小肠而被消化吸收。其余40%～45%蛋白质可在瘤胃被微生物所降解。钙含量0.02%，磷含量0.27%，与其他谷物饲料相似，玉米的钙少磷多。其他元素也不能满足家畜的营养需要，必须在配制日粮时给予补充。

用玉米喂牛时不宜粉碎太细，否则易引起瘤胃过酸。磨碎与压扁是最常用的提高玉米利用率的加工方法，压扁比磨碎的效果更好。有条件时可用热蒸汽软化压片，则消化利用更好。熟化玉米有利于提高其消化利用率，因此玉米经蒸汽处理后再压扁可能为最好的利用方式。北方冬季可将粗粉碎的玉米煮熟后喂牛，夏季直接喂即可。储存时含水量控制在14%以下，可防发霉变质。

（2）大麦　大麦是裸大麦和皮大麦的总称，又名元麦、青稞、米麦，大麦的粗蛋白含量高于玉米，为11%～13%，粗蛋白含量在谷类籽实中是比较高的，粗纤维含量略高，可消化能为每千克13～13.5兆焦，略低于玉米，大麦的蛋白品质较好，其中赖氨酸含量高出玉米1倍，矿物质含量也比较高。在欧洲及北美多以大麦为主要精饲料，尤其是肉牛理想的能量饲料，用大麦肥育的牛，胴体脂肪洁白、硬实，成为优质肉的标志。大麦芽是严寒冬季家畜的维生素补充饲料，用于补饲犊牛、种畜和商品肉牛。

大麦的无氮浸出物含量也比较高（77.5%左右），但由于大麦籽实外面包裹一层质地坚硬的硬壳，种皮的粗纤维含量较高（整粒大麦为5.6%），为玉米的2倍左右，所以有效能值较低，一定程度上影响了大麦的营养价值。淀粉和糖类含量较玉米少。热能较低，代谢能仅为玉米的89%。大麦矿物质中钾和磷含量丰富，其中磷的63%为植酸磷。还含有镁、钙及少量铁、铜、锰、锌等。大麦富含B族维生素，包括维生素B_1、维生素B_2和泛酸。虽然烟酸含量也较高，但利用率只有 10%。脂溶性维生素 A、维生素 D、维生素 K 含量较低，少量维生素 E 存在于大麦胚芽中。

大麦蛋白在瘤胃的降解率与其他小颗粒谷物类饲料相似，过瘤胃蛋白质占 20%～30%，比玉米和高粱的过瘤胃蛋白质率低。

大麦中含有一定量抗营养因子，影响适口性和蛋白质消化率。大麦易被麦角菌感染致病，产生多种有毒的生物碱，如麦角胺、麦角胱氨酸等，轻者引起适口性下降，严重者发生中毒，表现为坏疽症、痉挛、繁殖障碍、咳嗽、呕吐等。各种加工处理，如蒸汽压扁、碾碎、颗粒化以及干扁压对饲喂效果都影响不大。

（3）高粱 高粱籽粒中蛋白质含量 9%～11%，高粱籽粒中亮氨酸和缬氨酸的含量略高于玉米，而精氨酸的含量又略低于玉米。其他各种氨基酸的含量与玉米大致相等。

高粱和其他谷实类一样，不仅蛋白质含量低，而且所有必需氨基酸的含量都不能满足畜禽的营养需要。总磷含量中约有一半以上是植酸磷，同时还含有 0.2%～0.5%单宁，两者都属于抗营养因子，前者阻碍矿物质、微量元素的吸收利用，而后者则影响蛋白质、氨基酸及能量的利用效率。

高粱的营养价值受品种影响大，其饲喂价值一般为玉米的 90%～95%。高粱在肉牛日粮中使用量的多少，与单宁含量高低有关。含量高的用量不能超过 10%，含量低的用量可达到 70%。高单宁高粱不宜在幼龄动物饲养中使用，以避免造成养分消化率的下降。

对于反刍动物来说，通过蒸汽压片、水浸、蒸煮和挤压膨化等方法，可以改善反刍动物对高粱的利用，提高利用率 10%～15%。

去掉高粱中的单宁可采用水浸或煮沸处理、氢氧化钠处理、氨化处理等，也可通过在饲料中添加蛋氨酸或胆碱等含甲基的化合物来削弱其不利影响。使用高单宁高粱时，可通过添加蛋氨酸、赖氨酸、胆碱等，来克服单宁的不利影响。

（4）燕麦 燕麦分为皮燕麦和裸燕麦两种，是营养价值很高的饲料作物，可用作能量饲料、青干草和青贮饲料。

燕麦壳比例高，一般占籽实总重的 24%～30%。因此，燕麦壳粗纤维含量高，可达 11%或更高，去壳后粗纤维含量仅为 2%。燕麦淀粉含量仅为玉米淀粉含量的 1/3～1/2，在谷实类中最低，粗脂肪含量在 3.75%～5.5%，能值较低。燕麦粗蛋白含量为 11%～13%。燕麦籽实和干草中钾的含量比其他谷物或干草低。因为壳重较大，所以燕麦所含的钙比其他谷物略高，约占干物质的 0.1%，而磷占 0.33%。其他矿物质与一般麦类比较接近。

燕麦因壳厚、粗纤维含量高，适宜饲喂反刍动物。

（5）小麦　小麦是人类最重要的粮食作物之一，全世界 1/3 以上人口以它为主食。美国、中国、俄罗斯是小麦的主要产地，小麦在我国各地均有大面积种植，是主要粮食作物之一。

小麦籽粒中主要养分含量：粗脂肪 1.7%，粗蛋白 13.9%，粗纤维 1.9%，无氮浸出物 67.6%，钙 0.17%，磷 0.41%。总的消化养分和代谢能均与玉米相似。与其他谷物相比，粗蛋白含量高。在麦类中，春小麦的蛋白质水平最高，而冬小麦略低。小麦钙少磷多。

对反刍动物来说，可作为动物的精饲料，小麦的价格低于玉米，也将小麦替代玉米作为动物饲料，小麦淀粉消化速度快，消化率高，饲喂过量易引起瘤胃酸中毒。小麦的谷蛋白含量高，易造成瘤胃内容物黏结，降低瘤胃内容物的流动性。若使用全小麦，在日粮中添加相应的酶制剂，可消除谷蛋白的不利影响。

（6）小麦麸和次粉　小麦麸和次粉是小麦加工副产品。二者均是面粉厂用小麦加工面粉时得到的副产品。小麦麸俗称麸皮，成分可因小麦面粉的加工要求不同而不同，小麦麸和次粉数量大，是我国畜禽常用的饲料原料。

麦麸和次粉的粗蛋白含量高，为 12.5%～17%，这一数值比整粒小麦含量还高，而且质量较好。与玉米和小麦籽粒相比，小麦麸和次粉的氨基酸组成较平衡，其中赖氨酸、色氨酸和苏氨酸含量均较高，特别是赖氨酸含量较高，为 0.67%；粗纤维含量高，脂肪含量约 4% 左右，其中不饱和脂肪酸含量高，易氧化酸败；B 族维生素及维生素 E 含量高，矿物质含量丰富，但钙（0.13%）和磷（1.18%）比例极不平衡，钙磷比为 1:8 以上，磷多为植酸磷，约占 75%，但含植酸酶，因此用这些饲料时要注意补钙；小麦麸的质地疏松，含有适量硫酸盐类，有轻泻作用，可防止便秘。

小麦麸容积大，纤维含量高，适口性好，是肉牛及羊等反刍家畜的优良饲料原料。母牛精料中使用 10%～15%，可增加泌乳量，但用量太高反而失去效果。

（7）米糠　稻谷在加工成精米的过程中要去掉外壳与占总重 10% 左右的种皮和胚，米糠就是由种皮和胚加工制成的，是稻谷加工的主要副产品。

米糠的营养价值受稻米精制加工程度的影响，精制程度越高，则米糠中混入的胚乳就越多，其营养价值也就越高。蛋白质含量高，为14％，比大米（粗蛋白为9.2％）高得多。氨基酸平衡情况较好，其中赖氨酸、色氨酸和苏氨酸含量高于玉米，但与动物需要相比，仍然偏低；粗纤维含量不高，故有效能值较高；脂肪含量12％以上，其中主要是不饱和脂肪酸，易氧化酸败；B族维生素及维生素E含量高，是核黄素的良好来源，在糠麸饲料中仅次于麦麸，且含有肌醇，但维生素A、维生素D、维生素C含量少；矿物质含量丰富，钙少（0.08％）磷多（1.6％），钙磷比例不平衡，磷主要是植酸磷，利用率不高。此外，米糠中锌、铁、锰、钾、镁、硅含量较高。米糠中脂肪酶活性较高，长期储存，易引起脂肪变质。

米糠用作反刍动物饲料并无不良反应，适口性好，能值高，在奶牛、肉牛精料中可用至20％。但喂量过多会影响牛乳和牛肉的品质，使体脂和乳脂变黄变软，尤其是酸败的米糠还会引起适口性降低和导致腹泻。

5. 蛋白质饲料

蛋白质饲料是指饲料天然水分含量在45％以下、干物质中粗纤维低于18％、粗蛋白含量不低于20％的饲料。蛋白质饲料包括植物性蛋白质饲料、动物性蛋白质饲料、单细胞蛋白质饲料和非蛋白氮饲料。

植物性蛋白质饲料主要是豆类及其加工副产品。常用的有豆类加工副产品饼（粕）类，饼（粕）类是豆类和油料籽实提取油脂后的副产品，是配合饲料的主要蛋白质补充料，使用广泛，用量较大。主要包括大豆饼（粕）、花生饼（粕）、棉籽饼（粕）、菜籽饼（粕）、向日葵饼（粕）、芝麻饼（粕）、亚麻饼（粕）等。这类饲料的突出特点是粗蛋白含量高（22％～40％）、品质好。这类饲料的突出特点是油脂和蛋白质含量较高，而无氮浸出物含量一般比谷实类低。

采用压榨法提油后的块状副产品称为饼，用溶剂浸提脱油后的碎状物质称为粕。由于原料和加工方法不同，饼（粕）类实际的营养与饲用价值有较大差异。饼（粕）类饲料多有毒，须经热处理或脱毒处理后才可以使用。

动物性蛋白质饲料主要指鱼类、肉类和乳品加工的副产品及其他动物产品的总称。常用的有鸡蛋、鱼粉、肉骨粉、血粉、羽毛粉、蚕蛹、全乳和脱脂乳等。动物性饲料是高蛋白质饲料，但近几年，在肉牛等反刍动物中已禁止使用此类饲料。

单细胞蛋白质饲料包括酵母、真菌和藻类。饲料酵母的使用最普遍，蛋白质含量在40％～60％，生物学效价高。酵母饲料在肉牛日粮中的用量以2％～5％为宜，不得超过10％。市场上销售的酵母蛋白粉，大多数是以玉米蛋白粉等植物蛋白作为培养基，接种酵母发酵而成的，只能称为含酵母饲料，绝大多数蛋白质以植物蛋白质的形式存在，与饲料酵母相比差别很大，品质很差，使用时要慎重，一般不得超过肉牛精料的5％。

非蛋白氮饲料包括尿素、缩二脲、铵盐等。由于瘤胃微生物可利用氨合成蛋白，因此饲料中可以添加一定量非蛋白氮，但数量和使用方法需要严格控制。尿素中的氨折合成粗蛋白含量为288％，但真正能够被微生物利用的比例不超过1/3。

（1）大豆饼（粕）　大豆饼和豆粕是我国最常用的一种植物性蛋白质饲料，营养价值很高，粗纤维素含量为10％～11％，大豆饼粕的粗蛋白含量在40％～45％，大豆粕的粗蛋白含量高于饼，去皮大豆粕粗蛋白含量可达50％，大豆饼粕的氨基酸组成较合理，尤其赖氨酸含量2.5％～3.0％，是所有饼粕类饲料中含量最高的，异亮氨酸、色氨酸含量都比较高，但蛋氨酸含量低，仅0.5％～0.7％。大豆饼粕中钙少磷多，但磷多属难以利用的植酸磷。维生素A、维生素D含量少，B族维生素除维生素B_2、维生素B_{12}外均较高。粗脂肪含量较低，尤其大豆粕的脂肪含量更低。大豆饼（粕）含有抗胰蛋白酶、尿素酶、血球凝集素、皂角苷、甲状腺肿诱发因子、抗凝固因子等有害物质。但这些物质大都不耐热，一般在饲用前，先经100～110℃加热处理3～5分钟，即可去除这些不良物质。注意加热时间不宜太长、温度不能过高也不能过低，加热不足破坏不了毒素，则蛋白质利用率低，加热过度可导致赖氨酸等必需氨基酸的变性反应，尤其是赖氨酸消化率降低，引起畜禽生产性能下降。

合格的大豆粕从颜色上可以辨别，大豆粕的色泽从浅棕色到亮黄色，如果色泽暗红，尝之有苦味，说明加热过度，氨基酸的可利用率会降低。如果色泽浅黄或呈黄绿色，尝之有豆腥味，说明加热不足。

（2）棉籽饼（粕）　棉籽饼（粕）是棉花籽实提取棉籽油后的副产品，粗纤维素含量为10％～11％，粗蛋白含量较高，一般为36.3％～47％，产量仅次于豆饼，是一种重要的蛋白质资源。棉籽饼因工作条件不同，其营养价值相差很大，主要影响因素是棉籽壳是否脱去及脱去程度。在油脂厂去掉的棉籽壳中，夹杂着部分棉仁，粗纤维达48%，木质素达32%，脱壳以前去掉的短绒含粗纤维90%，因而在用棉花籽实加工成的油饼中，是否含有棉籽壳，或者含棉籽壳多少，是决定它可利用能量水平和蛋白质含量的主要影响因素。

棉籽饼（粕）的蛋白质组成不太理想，精氨酸含量过高，达3.6%～3.8%，远高于豆粕，是菜籽饼（粕）的2倍，仅次于花生粕，而赖氨酸含量仅1.3%～1.5%，过低，只有大豆饼粕的一半。蛋氨酸也不足，约0.4%，同时，赖氨酸的利用率较差。故赖氨酸是棉籽饼粕的第一限制性氨基酸。饼粕中的有效能值主要取决于粗纤维含量，即饼粕的含壳量。维生素含量受热损失较多。矿物质中磷多，但多属植酸磷，利用率低。

棉籽饼（粕）中含有游离棉酚、环丙烯脂肪酸、单宁、植酸等抗营养因子，可对蛋白质、氨基酸和矿物质的有效利用产生严重的影响。因此，应采用热处理法、硫酸亚铁法、碱处理、微生物发酵等方法进行脱毒处理。使用棉籽饼（粕）时，需搭配优质粗饲料。

一般牛对棉酚的耐受性较强，但长期过量使用棉仁饼、粕，同样会造成牛中毒。因此，日粮中应限制其用量，成年母牛日粮不应超过混合料的20%，或日喂量不超过1.4～1.8千克。

（3）菜籽饼（粕）　菜籽饼（粕）是油菜籽经机械压榨或溶剂浸提制油后的残渣。菜籽饼（粕）具有产量高，能量、蛋白质、矿物质含量较高，价格便宜等优点。榨油后饼（粕）中的油脂减少，粗蛋白含量达到37%左右。粗纤维含量为10%～11%，在饼粕类中是粗纤维含量较高的一种，菜籽饼中氨基酸含量丰富且均衡，品质接近大豆饼水平。胡萝卜素和维生素D的含量不足，钙、磷含量高，所含磷的65%是利用率低的植酸磷，含硒量在常用植物性饲料中最高，是大豆饼的10倍，鱼粉的一半。

菜籽饼（粕）含毒素较高，主要起源于芥子苷或含硫苷（含量一般在6%以上）。各种芥子苷在不同条件下水解，生成异硫氰酸酯，严重影响适口性。硫氰酸酯加热转变成氰酸酯，它和噁唑烷硫酮还会导致甲状腺肿大，一般经去毒处理，才能保证饲料安全。去毒方法有多种，主要有加水加热到100～110℃的温度处理1小时；用冷水或温水40℃左右浸泡2～4天，每天换水1次。近年来，国内外都培育出各种低毒油菜籽品种，使用安全，值得大力推广。"双低"菜籽饼（粕）的营养价值较高。

用毒素成分含量高的菜籽制成的饼粕适口性差，也限制了菜籽饼（粕）的使用。因此，应限量使用，日喂量 $1\sim1.5$ 千克，犊牛和怀孕母牛最好不喂。

（4）花生饼（粕）　花生饼（粕）是花生去壳后花生仁经榨（浸）油后的副产品。其营养价值仅次于豆饼（粕），即蛋白质和能量都较高，粗蛋白含量在 $38\%\sim48\%$，粗纤维含量为 $4\%\sim7\%$，花生饼的粗脂肪含量为 $4\%\sim7\%$，而花生粕的粗脂肪含量为 $1.4\%\sim7.2\%$，粗纤维 $5.9\%\sim6.2\%$。菜籽饼（粕）中钙少磷多，钙含量为 $0.25\%\sim0.27\%$、磷含量为 $0.53\%\sim0.56\%$，但多以植酸磷的形式存在。

国内一般都去壳榨油。去壳花生饼含蛋白质、能量比较高。花生饼（粕）的饲用价值仅次于豆饼，蛋白质和能量都比较高。适口性也不错，花生粕赖氨酸含量为 $1.3\%\sim2.0\%$，含量仅为大豆饼粕的一半左右，蛋氨酸含量为 $0.4\%\sim0.5\%$，色氨酸含量为 $0.3\%\sim0.5\%$，其利用率为 $84\%\sim88\%$。含胡萝卜素和维生素 D 极少。花生饼（粕）本身虽无毒素，但因脂肪含量高，长时间储存易变质，而且容易感染黄曲霉，产生黄曲霉毒素，黄曲霉毒素毒力强，对热稳定，经过加热也去除不掉，食用能致癌。储藏时应保持低温干燥的条件，防止发霉。一旦发霉，坚决不能使用，以新鲜菜籽饼（粕）配制最好。

（5）菜籽饼（粕）　菜籽饼（粕）是油菜籽脱油的副产品，为优良的蛋白质饲料。菜籽饼（粕）含粗蛋白 $35.7\%\sim38.6\%$，氨基酸组成较平衡，蛋白质容易在瘤胃降解。菜籽饼的粗脂肪含量比菜籽粕高 6% 左右，但粗蛋白含量较菜籽粕低大约 3%。由于菜籽脱油时不能去皮，所以饼（粕）的粗纤维含量高，可达 $11.4\%\sim11.8\%$。菜籽饼（粕）的钙、磷水平均较高，微量矿物元素中硒和锰的含量较高。

油菜籽实中含有硫葡萄糖苷类化合物，在芥子酶作用下可水解成异硫氰酸酯等有毒物质。菜籽饼（粕）还含有芥子碱、植酸和单宁等有害成分。因此，应限量使用，并且需要进行去毒处理。

（6）向日葵饼（粕）　向日葵饼（粕）是向日葵榨油后的副产品。脱壳的向日葵饼（粕）粗蛋白含量为 $29\%\sim36.5\%$，消化能 $8.54\sim10.63$ 兆焦/千克，氨基酸组成不平衡，与大豆饼（粕）、棉籽饼（粕）、花生饼（粕）相比，赖氨酸含量低，而蛋氨酸含量较高。向日葵饼（粕）中铜、铁、锰、锌含量都较高。

向日葵饼（粕）不仅含有难消化的木质素，还含有可抑制胰蛋白酶、淀粉酶、脂肪酶活性的有毒物质绿原酸。向日葵饼（粕）可作为反刍动物的优质蛋白质饲料，适口性好，饲用价值与豆粕相当。

（7）亚麻饼（粕） 亚麻饼（粕）是亚麻籽实脱油后的副产品。亚麻饼（粕）的粗蛋白含量较高，为 35.7%～38.6%，但必需氨基酸含量较低，赖氨酸仅为大豆饼的 1/3～1/2，蛋氨酸和色氨酸则与大豆饼相近。故使用时可与赖氨酸含量高的饲料搭配使用。粗纤维含量高于大豆饼（粕），总可消化养分比大豆饼（粕）低。亚麻饼（粕）中微量元素硒的含量高，为 0.18%。

亚麻饼（粕）适口性好，可作为肉牛的蛋白质补充料，并可作为唯一蛋白质来源，也是很好的硒源。亚麻饼（粕）含有生氰糖苷，可分解生成氢氰酸，引起肉牛中毒。因此，饲喂前先用凉水浸泡，然后高温蒸煮 1～2 小时。

（8）芝麻饼（粕） 芝麻饼（粕）是芝麻脱油后的副产品。略带苦味，芝麻饼（粕）的粗蛋白含量 39.2%，粗脂肪 10.3%，粗纤维 7.2%，无氮浸出物 24.9%，钙 2.24%，总磷 1.19%，蛋氨酸含量 0.82%，赖氨酸 2.38%。蛋氨酸含量在各种饼（粕）类饲料中最高。因此，使用时可与大豆饼、菜籽饼搭配。芝麻饼（粕）是反刍动物良好的蛋白质饲料来源。

6. 矿物质饲料

矿物质饲料在饲料分类系统中属第六大类。它包括人工合成的、天然单一的和多种混合的矿物质饲料，以及配合有载体或赋形剂的痕量、微量、常量元素补充料。矿物质元素在各种动植物饲料中都有一定含量，虽多少有差别，但由于动物采食饲料的多样性，可在某种程度上满足对矿物质的需要。但在舍饲条件下或饲养高产动物时，动物对它们的需要量增多，这时就必须在动物饲粮中另行添加所需的矿物质。目前已知畜禽有明确需要的矿物质元素有 14 种，其中常量元素有钙、磷、钠、氯、钾、镁和硫（硫仅对奶牛和绵羊），饲料中常不足，需要补充的有钙、磷、氯、钠 4 种；微量元素有：铁、锌、铜、锰、碘、硒、钴。矿物质过量会造成元素间的拮抗作用，甚至有害。

钙是组成骨骼的一种重要矿物成分，其功能主要包括肌肉兴奋、泌乳等。母牛对钙的吸收受许多因素影响，如维生素 D 和磷，日粮中过多的钙会对其他元素，如磷、锰、锌产生拮抗作用。成乳牛应在分娩前 10 天饲喂低钙日粮（40～50 克/日）和产后给予高钙日粮（148～197 克/日）。钙缺乏会导致犊牛佝偻病、成母牛产褥热等。

磷除参与组成骨骼以外，是体内物质代谢必不可少的物质。磷不足可影响牛的生长速度和饲料利用率，出现乏情、产奶量减少等现象，补充磷时应考虑钙、磷比例，通常钙：磷为（1.5～2）：1。

钠和氯在维持体液平衡，调节渗透压和酸碱平衡时发挥重要的作用。泌乳牛日粮氯化钠需要量约占日粮总干物质的 0.46%，干奶牛日粮氯化钠的需要量约占日粮总干物质的 0.25%，高含量的盐可使奶牛产后乳房水肿加剧。钾是细胞内液的主要阳离子，与钠、氯共同维持细胞内渗透压和酸碱平衡，提高机体的抗应激能力。

硫对瘤胃微生物的功能非常重要，瘤胃微生物可利用无机硫合成氨基酸。当饲喂大量非蛋白氮或玉米青贮时，最可能发生的就是硫缺乏，硫的需要量为日粮干物质的 0.2%。

碘参与许多物质的代谢过程，对动物健康、生产均有重要影响。日粮碘浓度应达到 0.6 毫克/千克干物质。同时有研究认为碘可预防牛的腐蹄病。

锰的功能是维持大量酶的活性，可影响母牛的繁殖。需要量为40～60毫克/千克干物质。

硒与维生素 E 有协同作用，共同影响繁殖机能，对乳腺炎和乳成分都有影响。在缺硒的日粮中补加维生素 E 和硒可防止胎衣不下。合适添加量为 0.1～0.3 毫克/千克干物质。

锌是多种酶系统的激活剂和构成成分。锌的需要量为日粮的30～80 毫克/千克干物质，在日粮中适当补锌，能提高增重、生产性能和饲料消化率，还可以预防蹄病。

在肉牛生产中常用的矿物质饲料有以下几类。

（1）食盐　食盐的主要成分是氯化钠，是最常用又经济的钠、氯补充物。植物性饲料大都含钠和氯较少，相反含钾丰富。为了保持生理上的平衡，对以植物性饲料为主的畜禽，应补饲食盐。食盐除了具有维持体液渗透压和酸碱平衡的作用外，还可刺激唾液分泌，提高饲料适口性，增强动物食欲，具有调味剂的作用。

草食家畜需要钠和氯较多，对食盐的耐受量较大，很少发生草食家畜食盐中毒的情况。食盐的供给量要根据家畜的种类、体重、生产能力、季节、和饲粮组成等来添加。一般食盐在风干饲粮中的用量：牛、羊、马等草食家畜为 0.5%～1%，浓缩饲料中可添加 1%～3%。饮水充足时不易中毒。在饮水受到限制或盐碱地区的水中含有食盐时，易导致食盐中毒，若水中含有较多食盐，饲料中可不添加食盐。

饲用食盐一般要求较细粒度。美国饲料制造者协会（AFMA）建议，应100％通过30目筛。食盐吸湿性强，易结块，可在其中添加流动性好的二氧化硅等防结块剂。

在缺碘地区，为了人类健康现已供给碘盐，在这些地区的家畜同样也缺碘，故给饲食盐时也应采用碘化食盐。如无出售，可以自配，在食盐中混入碘化钾，用量要使其中碘的含量达到0.007％为好。配制时，要注意使碘分布均匀，如配制不均，可引起碘中毒。再者碘易挥发，应注意密封保存。若是碘化钾则必须同时添加稳定剂，碘酸钾（KIO_3）较稳定，可不加稳定剂。

补饲食盐时，除了直接拌在饲料中外，也可以以食盐为载体，制成微量元素添加剂预混料。在缺硒、铜、锌等地区，也可以分别制成含亚硒酸钠、硫酸铜、硫酸锌或氧化锌的食盐砖、食盐块供放牧家畜舔食，放牧地区放于牧场，但要注意动物食后要充分饮水。由于食盐吸湿性强，在相对湿度75％以上时开始潮解，作为载体的食盐必须保持含水量在0.5％以下，并妥善保管。

（2）含钙的矿物质饲料　常用的有石粉、贝壳粉、蛋壳粉等，其主要成分为碳酸钙，这类饲料来源广，价格低。石粉是最廉价的钙源，含钙38％左右。在母牛产犊后，为了防止钙不足，也可以添加乳酸钙。

（3）含磷的矿物质饲料　单纯含磷的矿物质饲料并不多，且因其价格昂贵，一般不单独使用。这类饲料有磷酸二氢钠、磷酸氢二钠、磷酸等。

（4）含钙、磷的饲料　常用的有骨粉、磷酸钙、磷酸氢钙等，它们既含钙，又含磷，消化利用率相对较高，且价格适中。故在家畜日粮中出现钙、磷同时不足的情况下，多以这类饲料补给。这类饲料来源广，价格低，但动物利用率不高。

（5）其他　在某些特殊情况下，氯化钾、硫酸钠等也是可能用到的矿物质饲料。其他微量矿物质饲料通常以预混料的形式补充。

7. 饲料添加剂

为补充营养物质、提高生产性能、提高饲料利用率、改善饲料品质、促进生长繁殖、保障肉牛健康而掺入饲料中的少量或微量营养性或非营养性物质，称为饲料添加剂。

肉牛常用的饲料添加剂主要有维生素添加剂、微量元素（占体重 0.01％以下的元素）添加剂、氨基酸添加剂、瘤胃缓冲剂、调控剂、酶制剂、活性菌（益生素）制剂、防霉剂、抗氧化剂和非蛋白氮等。

（1）维生素添加剂 维生素添加剂对牛的健康、生长、繁殖及泌乳等都起重要作用。如维生素 A、维生素 D、维生素 E、烟酸等。农村粗饲料以秸秆为主的地区，维生素 A 含量普遍不足，这不仅影响了牛的正常繁殖，而且犊牛先天性双目失明者日渐增多，为此应补喂青绿多汁饲料或维生素 A。补喂维生素 A 每 100 千克体重按 7480 国际单位或胡萝卜素不低于 18～19 毫克。

（2）微量元素（占体重 0.01％以下的元素）添加剂 用微量元素添加剂平衡日粮，可明显提高肉牛的生产水平，如铁、铜、锌、锰、钴、硒、碘等。泌乳盛期母牛每天补喂碘化钾 15 毫克即可满足需要。日粮中加入 5％海带粉，产奶量可提高 1％左右，且可提高母牛的发情率和受胎率。

（3）氨基酸添加剂 氨基酸是构成蛋白质的基本单位。蛋白质营养的实质是氨基酸营养。氨基酸营养的核心是氨基酸之间的平衡。天然饲料的氨基酸平衡很差，几乎都不平衡，天然饲料的氨基酸含量差异很大，各不相同。由于不同种类、不同配比天然饲料配成的全价配合饲料，虽然尽量根据氨基酸平衡原则配料，但是它们的各种氨基酸含量和氨基酸之间的比例仍然是变化多端、各式各样的。因此，需要氨基酸添加剂来平衡或补足某种特定生产目的所要求的需要量。据试验，泌乳早期在母牛日粮中添加 20～30 克蛋氨酸羟基类似物可使乳脂率提高 10％，产奶量也有所提高。

（4）瘤胃缓冲剂、调控剂 添加缓冲剂的目的是改善瘤胃内环境，有利于微生物的生长繁殖，如碳酸氢钠、脲酶抑制剂等。农村养肉牛，为追求高产普遍加大精料喂量，导致肉牛瘤胃内酸性过度，瘤胃内微生物活动受到抑制，并患有多种疾病。据试验，日粮中精饲料占 60％，粗饲料占 40％，添加 1.5％碳酸氢钠（小苏打）和 0.8％氧化镁混合喂母牛，每头日产奶量提高 3.8 千克。

（5）酶制剂 酶是活体细胞产生的具有特殊催化能力的蛋白质，是一种生物催化剂，对饲料养分消化起重要作用，可促进蛋白质、脂肪、淀粉和纤维素的水解，提高饲料利用率，促进动物生长，如淀粉酶、蛋白酶、脂肪酶、纤维素分解酶等。

（6）活性菌（益生素）制剂 活性菌具有维持肠道菌群平衡、抗感染和提高免疫力、防治腹泻、提高饲料转化率、促进生长、消除环境恶臭、改善环境卫生的作用。常用的有乳酸菌、曲霉菌、酵母制剂等。

（7）饲料防霉剂　饲料防霉剂是指能降低饲料中微生物的数量、控制微生物的代谢和生长、抑制霉菌毒素的产生，预防饲料储存期营养成分的损失，防止饲料发霉变质并延长储存时间的饲料添加剂。

（8）抗氧化剂　高能饲料中的油脂或饲料中所含的脂溶性维生素、胡萝卜素及类胡萝卜素等在存放过程中，与空气中的氧接触，易发生严重的自发氧化酸败，被氧化的这些成分之间还会相互作用，进一步导致多种成分的自动氧化，破坏脂溶性维生素及叶黄素，产生有毒物质醛及酮等，产生蛤喇味、褪色、褐变，轻则导致饲料品质下降，适口性变差，引起动物采食量下降、腹泻、肝肿大等危害，影响动物生长发育，重则造成中毒，甚至死亡事故。抗氧化剂可延缓或防止饲料中物质的这种自动氧化作用，因此在饲料中添加抗氧化剂是必不可少的。常用的抗氧化剂有可减少苜蓿草粉胡萝卜素损失的乙氧喹（山道喹），油脂抗氧化剂二丁基羟基甲苯（BHT）和丁羟基茴香醚（BHA）。

（9）非蛋白氮　非蛋白氮（NPN）是指非蛋白质结构的含氮化合物，主要包括酰胺、氨基酸、铵盐、生物碱及配糖体等含氮化合物（氨化物）。非蛋白氮在反刍家畜饲养中的利用已有几十年的历史。利用较广泛的是尿素，其他如双缩脲、三缩脲等虽可溶性和分解比率比尿素低，毒性也比尿素弱，但价格比尿素高，故生产中应用不多。

（10）舔砖　舔砖是将牛羊所需的营养物质经科学配方加工成块状，供牛羊舔食的一种饲料，其形状不一，有的呈圆柱形，有的呈长方形、方形不等。也称块状复合添加剂，通常简称舔块或舔砖。理论与实践均表明，补饲舔砖能明显改善牛羊的健康状况，提高采食量和饲料利用率，加快生长速度，提高经济效益。20世纪80年代以来，舔砖已广泛应用于60多个国家和地区，被农民亲切地称为"牛羊的巧克力"。

舔砖完全是根据反刍动物喜爱舔食的习性而设计生产的，并在其中添加了反刍动物日常所需的矿物质元素、维生素、非蛋白氮、可溶性糖等易缺乏养分，能够对人工饲养的牛、羊等经济动物补充日粮中各种微量元素的不足，从而预防反刍动物异食癖、母牛乳腺炎、蹄病、胎衣不下、山羊产后奶水少、羔羊体弱生长慢等现象发生。随着我国养殖业的发展，舔砖也成为大多数集约化养殖场中必备的高效添加剂，享有牛、羊"保健品"的美誉。

在我国，由于舔砖的生产处于初始阶段，技术落后，没有统一的标准。舔砖的种类很多，叫法各异，一般根据舔砖所含成分占其比例的多少来命名。舔砖以矿物质元素为主的叫复合矿物舔砖；以尿素为主的叫尿素营养舔砖；以糖蜜为主的叫糖蜜营养舔砖；以糖蜜和尿素为主的叫糖蜜尿素营养舔砖。在我国现有的营养舔砖中，大多含有尿素、糖蜜、矿物质元素等成分，一般叫复合营养舔砖。

舔盐砖的生产方法：配料、搅拌、压制成型、自然晾干后，包装为成品。配料由食盐、天然矿物质舔砖添加剂和水组成，天然矿物质舔盐砖含有钙、磷、钠和氯等常量元素以及铁、铜、锰、锌、硒等微量元素，能维持牛羊等反刍家畜机体的电解质平衡，防治家畜矿物质营养缺乏症，如异嗜癖、白肌病、高产牛产后瘫痪、幼畜佝偻病、营养性贫血等，提高采食量和饲料利用率，可吊挂或放置在牛羊等反刍家畜的食槽、水槽上方或牛羊等反刍家畜休息的地方，供其自由舔食。

需注意的问题如下。

① 舔砖的硬度必须适中，牛舔食量一定要在安全有效的范围之内。若舔食量过大，就需增大黏合剂（水泥）比例；若舔食量过小，就需增加填充物（糠麸类）并减少黏合剂的用量。

② 每日舔食量的标准，根据原料配方比例和原料的不同有差异，主要以牛羊舔食尿素量为标准，如成年牛每日进食尿素量为 80~110 克，青年牛为 70~90 克。

③ 使用舔砖初期，要在砖上撒少量食盐粉、玉米面或糠麸类，诱其舔食，一般要经过 5 天左右的训练，牛就会习惯自由舔食了。

④ 注意舔砖清洁，防止沾污粪便。下雪后扫除积雪，防止舔砖破碎成小块，避免牛一次食用量过多。

三、肉牛不同生长阶段饲料的组成及特点

牛在不同的生长阶段，对营养的需要有所不同，因此要了解肉牛不同生长阶段饲料的组成及特点，据此选择合适的饲料，才能达到最佳的饲养效果。

1. 犊牛饲料应具备的特点

小牛出生后至 6 个月断奶为犊牛培育期。犊牛的饲养按其生理特点分初生期和哺乳期两个阶段，初生期为犊牛生后 1～5 天，这一时期主要喂养初乳，因为初乳中的干物质比常乳中的多，营养丰富，特别是蛋白质比正常奶高 4 倍，比白蛋白及球蛋白高 10 倍，所以犊牛出生 2 小时内必须吃上初乳，而且愈早愈好。

犊牛出生后的前 3 个月，虽然全靠母乳满足生长发育的营养需要，但由于母乳中缺乏铁质和维生素 D，所含能量也仅能满足犊牛需要量的 70％。

为此，哺乳期除喂常乳外，要进行补饲，特别是植物性饲料的补给，可促进胃肠和消化腺发育，尤其是对瘤胃的发育。补饲的营养水平高，犊牛的生长发育快，反之，营养水平低，发育迟缓。大量补饲高营养饲料，虽增长快，但不利于瘤胃发育，同时培育成本也高。应在 1 月龄左右就要犊牛训练采食固体饲料，开始用青绿多汁饲料和混合精料调拌后饲喂，以后逐渐增加青干料的用量，以促进瘤胃的发育和消化机能的完善，使其在哺乳后期能够较多地采食粗饲料打好基础。实施早期断奶的犊牛，应在 10 日龄后开始训练采食混合精料，从每头每天 10～20 克逐渐增加用量；到 3 周龄之后加喂青绿、多汁饲料和青干草，使其 1 月龄时可采食犊牛料 0.5 千克。2 月龄以后喂青贮料，当犊牛每天可采食到 1 千克混合精料时即可断奶。

犊牛 3 月龄之后，随着母乳的不断减少而对饲料干物质的采食量逐渐增加。但由于犊牛的瘤胃体积小，消化饲料的能力差，配制混合精料时应选择品质优良、易消化的精饲料，如玉米、大麦、麦麸、大豆饼（粕）等。青、粗饲料要选用柔嫩的青草、青干草，任犊牛自由采食。饲喂多汁饲料和青贮饲料时，应由少到多，逐渐增加饲喂量。当青饲料不足时，应添加预混料或维生素制剂，尤其是维生素 A、维生素 D、维生素 E 制剂，以保证营养的全面性。

犊牛混合精料的参考配方：玉米 35％，豆饼 35％，麦麸 27％，骨粉 1％，食盐 1％，添加剂 1％。

2. 育成牛的饲料特点及组成

犊牛 6 月龄断奶后就进入育成期。刚断奶的牛由于消化机能比较差，要求粗饲料的质量要好。育成牛是小牛生长快的时期，要保证日增重 0.4 千克以上，否则会使预留的繁殖用小母牛的初次发情期和适宜配种年龄推迟。

育成牛日粮以青粗饲料为主，可不搭配或少搭配混合精料；在枯草季节应补喂优质青干草、青贮料，并适当搭配混合精料。育成牛的矿物质非常重要。钙、磷的含量和比例必须搭配合理，同时也要注意适当加微量元素。育成牛舍饲的基础饲料是干草、青草、秸秆等青贮饲料，饲喂量为体重的 1.2%～2.5%，视其质量和大小而定，以优质干草为最好，在此时期，以适量青贮类的多汁饲料替换干草是完全可以的。替换比例应视青贮料的水分含量而定。水分在 80% 以上的青贮料替换干草的比例为 4.5∶1，水分在 70% 的青贮料替换比例可以为 3∶1，在早期过多使用青贮饲料，则牛胃容量不足，有可能影响生长，特别是低质青贮料更不宜多喂。

12 月龄以后，育成牛的消化器官发育已接近成熟，同时母牛又无妊娠或产乳的负担，因此，此时期如能吃到足够的优质粗料就基本上可满足营养需要了，如果粗饲料质量差时，要适当补喂少量精料，以满足营养需要。一般根据青贮料质量补 1～3 千克精料。

育成牛参考饲料配方：玉米 62%，糠麸 15%，饼粕 20%，骨粉 2%，食盐 1%，另外每千克混合精料添加维生素 A3000 国际单位。

3. 育肥牛饲料应具备的特点

育肥牛需要较快的生长速度，所以对营养物质的需要量必须高于维持需要和正常生长发育的需要。在不影响牛的瘤胃消化机能的前提下，提高日粮的营养水平，牛的日增重也随之增加，并且每单位增重所消耗的饲料越少，可使肉牛育肥期缩短。

不同饲养阶段的牛，在育肥期间所要求的营养水平不同。犊牛育肥以混合精料和母乳为主；幼牛育肥可采用高精料、高营养水平的日粮；成年牛育肥以提高日粮的能量水平为主。

不同用途的牛，在育肥期间所要求的营养水平也有较大差异。国外引进的肉用品种牛，或地方良种牛与引进良种肉牛的杂交牛，需要高营养水平的日粮饲养；乳用品种牛育肥比肉用品种牛需要消耗更多营养（10%～20%）；而用耕牛育肥则需要更多营养物质，所以不适宜用于肉牛生产。

不同的育肥方式所提供的营养需要也有很大差别。放牧育肥的牛，应根据牧草的种类、品质，以及牛所采食到数量（饥饱程度），确定补充饲料的营养水平；半放牧半舍饲的育肥牛，需要补充一定量混合精料和供给充足的青、粗饲料；而完全舍饲的育肥牛，应根据预计日增重的营养需要配制日粮。

4. 成年牛育肥饲料应具备的特点

用于育肥的成年牛，一般是役用牛、奶牛和肉用种牛中年龄较大的被淘汰牛。成年牛育肥主要是通过增加脂肪沉积来提高增重，其营养需要主要是维持牛的基本生命活动和沉积大量体脂，所以日粮的能量水平较高，而其他营养物质的水平较低。成年役用牛和乳用牛育肥要比肉用牛增加 10％ 的能量需要，消耗的饲料也多。

淘汰牛应实行强度育肥，即在 3 个月左右达到育肥目的。育肥前要先驱虫，日粮中多增加能量饲料，粗纤维含量可以占到全部饲粮干物质的 13％ 以上，并且提高饲料的适口性。每 100 千克体重消耗日粮的干物质不低于 2.5 千克。

5. 母牛不同饲养阶段的饲料组成及特点

母牛不同生长阶段所需营养物质不同，饲料组成也就各有千秋，但总的原则是满足机体营养需要，既不能过多也不能过少。过多机体吸收不了，造成浪费和经济损失；过少达不到机体需求，影响生长发育。现将不同阶段的饲料组成简单叙述如下。

（1）年母牛饲料应具备的特点　青年母牛是指性成熟到第一胎产犊（或 3 周岁）之间的母牛。青年牛以采食青、粗饲料为主，补给所需的食盐和矿物质元素。当青、粗饲料品质较差或采食量不足时，只要补给一定量糠麸、糟渣类饲料，即可满足营养需要。所以，为青年母牛配制饲料比较简单。

（2）成年母牛饲料应具备的特点　成年母牛是指 2.5 周岁以上进入繁殖期的母牛，对营养的需要可分为两个阶段。2.5～5 周岁为生长发育阶段，日粮的饲料组成必须满足母牛生长发育和胎儿生长、犊牛哺乳的营养需要；5 周岁之后为体成熟阶段，日粮应满足的是维持母牛的基本生命活动和胎儿生长、犊牛哺乳的营养需要。同时还要根据不同的情况及时调整日粮，例如，已体成熟的空怀母牛和母牛怀孕前6 个月可供给青、粗饲料组成的日粮；母牛哺乳期的日粮应根据泌乳量调整营养水平。

① 空怀母牛的饲料组成　空怀母牛饲养的主要目的是保持牛有中

上等膘情，提高受胎率。繁殖母牛在配种前过瘦或过肥常常影响其繁殖性能。如果精料过多而又运动不足，会造成母牛过肥，不发情。但在营养缺乏、母牛瘦弱的情况下，也会造成母牛不发情。因此在舍饲条件下饲喂低质粗饲料，在冬春枯草季节，应进行补饲。对瘦弱母牛配种前1～2个月要加强营养，增加补饲精料以提高受胎率。

参考配方：玉米65%，麦麸15%，糠麸18%，食盐1%，添加剂1%。

② 哺乳期母牛的饲料组成　哺乳期母牛的主要任务是多产奶，满足犊牛生长发育所需的营养需要，哺乳母牛根据泌乳规律可以分为泌乳初期、泌乳盛期、泌乳中期和泌乳末期四个阶段。

a. 泌乳初期　通常指母牛产犊后10～15天的阶段。此期间母牛身体处于恢复状态阶段，产后要及时补充水分，促进代谢物排出。产后2～3天喂给易消化的优质干草，适当补饲以麦麸、玉米为主的混合精料，控制喂催乳效果好的青饲料、蛋白质饲料等。产犊3～4天后可喂多汁料和精饲料，精料喂量每天不超过0.5～1千克，增加量不宜过多，对于体质较弱的母牛在产后3天喂给优质干草。如果体质健康，产犊后第1天就可喂给少量多汁料，6～7天精料喂量可恢复正常水平。

b. 泌乳盛期　是指母牛产奶量最多的时期，大致在产犊后16天至3个月。这个时期母牛食欲逐步恢复正常并达到最大采食量，对日粮营养浓度要求高，适口性要好，应限制能量浓度低的粗饲料，增加精料的喂量，精粗比例在1∶1，如果日粮能量浓度较低，则可添加植物性脂肪，并适当延长采食时间。

c. 泌乳中期　是指母牛产后4个月至乳前2个月的时期。此期间母牛泌乳盛期已过，泌乳量每月下降5%～7%。这一阶段母牛采食良好，采食量达到高峰，能从正常饲料中摄取足够的营养满足自身需要，增加粗料的用量，适当减少精料的用量，将精粗比例控制在40%∶60%左右。

d. 泌乳末期　是母牛干乳前1个月的时期。此期间应尽可能供应优质粗饲料，适当补给精料，做好干乳前准备，精粗料比例控制在30%∶70%左右。

母牛哺乳期粗料的参考配方：玉米面50%，麦麸12%，豆饼类30%，酵母饲料5%，磷酸钙0.4%，食盐0.9%，微量元素和维生素0.1%。

③ 妊娠母牛的饲料组成 母牛妊娠后，不仅本身生长发育需要营养，而且要满足胎儿生长发育的营养需要和为产后泌乳进行营养蓄积。母牛怀孕前几个月，由于胎儿生长发育较慢，其营养需求较少，可以和空怀母牛一样，以粗饲料为主，适当搭配少量精料。如果有足够的青草供应，可不喂精料。母牛妊娠到中后期应加强营养，尤其是妊娠的最后 2～3 个月，应按照饲养标准配合日粮，以青饲料为主，适当搭配精料，重点满足蛋白质、矿物质和维生素的营养需要，蛋白质以豆饼质量最好，棉籽饼、菜籽饼含有毒成分，不宜喂妊娠母牛；矿物质要满足钙、磷的需要；维生素不足可使母牛发生流产、早产、弱产，犊牛生后易发病，再配少量玉米、小麦麸等谷物饲料便可，同时应注意防止妊娠母牛过肥，尤其是青年头胎母牛，以免发生难产。

四、配制肉牛饲料的基本原则

牛饲料成本占肉牛饲养成本的 60% 以上，因此，日（饲）粮配合的合理与否，不仅关系牛健康和生产性能的发挥，而且直接影响养肉牛的经济效益。

1. 满足营养需要

日粮配合必须以肉牛饲养标准为基础，处于不同生理阶段和不同生产性能的肉牛对营养物质的需要也不同，所配制的日粮既要满足肉牛的各种营养需要，又要注意各营养物质之间的合理比例。在生产实践中，牛所处的环境千变万化，应针对各具体条件（如环境温度、饲养方式、饲料品质、加工条件等）对饲料配方加以调整，并在饲养实践中进行验证。

2. 营养平衡

配制牛日粮时，除应注意保持能量与蛋白，矿物质和维生素等营养平衡外，还应注意非结构性碳水化合物与中性洗涤纤维的平衡，以保证瘤胃的正常生理功能和代谢。

3. 多样化

在满足营养需要的前提下，配制日粮所使用的饲料种类应尽可能多样化，以提高营养的互补性和适口性，降低单一饲料中可能存在的有害物质的影响，提高饲料的利用率。饲草一定要有两种或两种以上，精料种类在 3～5 种以上，使营养成分全面，且改善日粮的适口性和保持肉牛旺盛的食欲。

4. 优化饲料组合

在配制日粮时，应尽可能选用具有正组合效应的饲料搭配，减少或避免负组合效应，以提高饲料的可利用性。在满足营养需要的前提下尽量提高粗饲料在日粮中的比例。一般情况下，日粮的精粗比不能低于 60%：40%，日粮的粗纤维含量不低于 18%。牛常用饲料在精料中的最大用量，米糠、麸皮 25%，谷实类 75%，饼、粕类 35%，甜菜渣 25%，尿素 1.5%～2%。

5. 体积适当

日粮的体积要符合肉牛消化道的容量。体积过大，牛因不能按定量食尽全部日粮而影响营养的摄入；体积过小，牛虽按定量食尽全部日粮，但因不能饱腹而经常处于不安状态，从而影响生长发育和生产性能的发挥。

6. 适口性

饲料的适口性直接影响采食量。日粮所选用的原料要有较好的适口性，肉牛爱吃，采食量大，才能生长快。通常影响混合饲料的适口性的因素有味道（例如甜味、某些芳香物质、谷氨酸钠等可提高饲料的适口性）、粒度（过细不好）、矿物质或粗纤维的多少。应选择适口性好、无异味的饲料。若采用营养价值高，但适口性差的饲料须限制其用量。如菜籽粕（饼）、棉籽粕（饼）、芝麻饼、葵花粕（饼）等，特别是为幼龄动物和妊娠动物设计饲料配方时更应注意。对味差的饲料也可采用适当搭配适口性好的饲料或加入调味剂以提高其适口性，促使动物增加采食量。饲料搭配必须有利于适口性的改善和消化率的提高。如酸性饲料（青贮、糟渣等）与碱性饲料（碱化或氨化秸秆等）搭配。

7. 对产品无不良影响

有些饲料对牛奶的味道、品质有不良影响，如葱、蒜类等应禁止配制到日粮中去。

8. 经济性

原料的选择必须考虑经济原则，即尽量因地制宜和因时制宜地选用原料，充分利用当地饲料资源。并注意同样的饲料原料比价值，同样的价格条件比原料的质量，以便最大限度地控制饲用原料的成本，提高经济效益。

9. 保证安全卫生

配合饲料所用的原料及添加剂必须安全、卫生，其品质等级要符合国家标准，绝对不能应用发霉变质饲料，也不能使用含有大量有毒有害物质的饲料，对于那些对牛有一定不良影响的饲料应限制用量。饲料原料具有该品种应有的色、嗅、味和形态特征，无发霉、变质、结块及异嗅、异味。有毒有害物质及微生物允许量应符合 GB 13078 的规定。不应在肉牛饲料中使用动物源性饲料和各种抗生素滤渣。棉籽饼、菜籽饼必须经过脱毒处理后才可以饲喂，且要限制饲喂量；保证饲料中的无铁钉、铁丝等金属杂物，作物秸秆上的地膜要摘除干净，秸秆下部粗硬的部分和根须要尽量切掉不用；阴雨天气尽量将粗料切细。

10. 日粮成分应保持相对稳定

饲料的组成应相对稳定。如果必须改变饲料种类时，应逐步更换，突然改变日粮构成，会导致肉牛的消化系统疾病，影响瘤胃发酵，降低饲料消化率，引起消化不良或下痢等疾病，甚至影响肉牛的生产性能。

五、配制配合饲料时应注意的事项

1. 做到饲料原料的最佳组合

饲料配合不能仅根据饲养标准将饲料简单地按算术方式凑合，而应该是最基本的营养物质的组合，并要考虑这些饲料的生物学价值及其饲养特性。当饲料的营养物质组成接近于动物体组织或产品的组成时，其营养价值也就越高。在配制饲料时要考虑各种饲料的合理搭配，使其在营养上发挥生物学的互补作用。从本地实际出发，尽可能选用适口性好的饲料，并要考虑饲料的调养性，即饲料在肉牛的消化道内易于拌和、推进和消化，并使粪便畅通等。另外，配合饲料的容积要适当，利于肉牛采食和消化。

2. 注意饲料的含水量

同一种饲料，由于含水量不同，其营养价值相差很多。因此，在配制日粮时要特别注意各种饲料含水量的变化。

3. 注意原料质量

选择原料时一定要严把质量关，尽量选用新鲜、无毒、无霉变、无怪味、适口性好、含水量适宜、效价高、价格低的饲料，严防在饲料原料掺杂使假，以劣充优；原料要储藏在通风、干燥的地方，时间也不能过长，防止霉变。

4. 准确称量、搅拌均匀

按配方配制饲料时，各种原料要称量准确，搅拌均匀，应采取逐级混合搅拌的办法。先加入复合微量元素添加剂，维生素次之，氯化胆碱应现拌现喂，各种微量成分要进行预扩散，即先少量拌匀，再扩散到全部饲料中去。

5. 注意各种饲料之间的相互关系

要注意各种饲料之间的相互关系。饲料之间除在营养上的互补作用外，还有相互制约的作用。在肉牛日粮中必须高度重视精粗比例，在适当搭配精料的同时还应供给较大量青粗料才能满足其消化机能的需要。

6. 综合考虑各种影响因素

饲料配制时还应考虑室温、室内相对湿度、光照、通风，室内有害气体及饲料本身所遭受的环境影响和有害因素的污染。这些均会直接影响饲料的质量与肉牛对饲料的采食量，从而影响饲料的利用效率。在环境因素中特别要考虑的是温度，因为高温影响肉牛的采食量，故高温时应提高饲料营养物质浓度及适口性、调养性。

第六章

精细化饲养管理

精细化管理就是注重饲养管理的每一个细节，将管理责任具体化、明确化，并落实管理责任，使每一位养殖参与者都有明确的职责和工作目标，尽职尽责地把工作做到位，生产中发现问题及时纠正，及时处理，每天都要对当天的情况进行检查，做到日清日结等。

一、规模化养牛场必须实行精细化管理

规模化养牛场，在牛场的日常管理过程中，一定要针对本场肉牛的品种、健康状况、饲养条件，以及饲养管理人员的技术水平和能力等实际情况，制定和完善生产管理制度，调动养殖参与者的生产积极性，做到从场长到饲养员均达到最佳执行力，形成自己的管理特色。为了做到精细化管理，要从以下四个方面入手。

1. 制定科学合理的生产管理制度

科学合理的生产管理制度是实现精细化管理的保障，规模化养牛场要想做大做强，必须有与之相适应的、完善的生产管理制度。牛场的日常管理工作要制度化，做到让制度管人，而不是人管人。将牛场的生产环节和人员分工细化，通过制度明确每名员工干什么、怎么干、干到什么程度。这些生产管理制度包括工作计划安排、人员管理制度、物资管理制度、饲养管理技术操作规程、牛病防治操作规程等。

（1）工作计划安排　牛场生产项目繁多，但一年四季常规生产具有一定规律，各月的工作要点如下。

1月：调查牛群的年龄、怀孕月份、胎次分布、膘情、健康状况等，摸清底细，以便安排和指导全年生产。1月是全年最冷时期，要做好防寒保暖工作，以便安全越冬。防止多汁料、副料和饮水结冰。牛舍要勤换垫草、勤除粪便，保持清洁干燥，防止寒风和贼风袭。尽可能饮温水、喂粥料等，特别是对围产期牛、高产牛和犊牛的护理要精心、细致。保持运动场平整卫生，并加垫草。

2月：继续搞好防寒防冻工作，搞好春节前后生产、安全工作；检查繁殖配种工作中存在的问题，制定相应的对策；犊牛发育进入滞缓期，要加强犊牛的饲喂和饮水工作。

3月：开始修蹄；进行结核、布氏杆菌病检疫；场区进行一次春季大消毒；开展绿化工作。

4月：安排好饲料，特别是青绿饲料供应，以提高牛的产量和促进生长发育。全面检查牛群的体质状况；全群修蹄；及时更新淘汰低产母。注射炭疽疫苗、气肿疽疫苗；清理运动场积粪，更换新土。

5月：准备一定数量切碎干草，与青苜蓿、青大麦混合青贮；检修牛舍、整理青贮窖，维修铡草机，制作夏季青贮饲料。

6月：对后备牛进行一次鉴定筛选；对使用的公牛冻精，排出名次等级，提出选用意见。天气逐渐炎热，做好防暑降温准备，逐步变换饲料，增加青绿料，减少精料。检查上半年生产任务执行情况，调整增产措施。

7月：开夏季青贮窖，饲喂夏季青贮饲料；检查饲料品质，注意奶量变化，防止产奶量大幅度下降和乳腺炎暴发；安装好淋浴设备和电风扇等，做好防暑降温。要做到水槽不断水，运动场不积水。

8月：继续防暑降温；整理全部青贮窖，准备青贮，组织青贮所需的各种车辆、机具等。

9月：集中力量组织青贮。检修青饲切割机具和青贮窖，准备制作过冬草料，制作青贮饲料，收储青干草。

10月：对初选的核心牛进行必要的等级评定，确定选留；进行秋季免疫接种和修蹄。

11月：牛群普查；通过后裔鉴定，选出适用本场的优良公牛，编制好下一阶段的育种方案；组织收购干草和甜菜渣；准备防寒工作和职工技术培训。做好块根、块茎饲料等的青贮。

12月：总结全年工作，制订下一年生产计划；做好防寒保温安全越冬工作；调整牛群结构，淘汰老弱病残牛，适量增加精料喂量和品质，以满足牛对能量的需求。检查接产、护理工作，迎接产犊高潮。

（2）养牛生产计划　养牛生产计划主要包括配种产犊计划、牛群周转计划、饲料计划等。

① 配种产犊计划　合理组织配种产犊计划，减少空怀不孕牛是牛场各生产计划的基础，是制订牛群周转计划的重要依据。本计划可以明确计划年度各月份参加配种的成年母牛、头胎牛和育成牛的头数及各月份分布，以便做到计划配种和生产。

制订本计划时，必须具备下列资料。

a. 牛场上年度母牛分娩、配种记录。

b. 牛场前年和上一年所生育成牛的出生日期等记录。

c. 计划年度内预计淘汰的成年母牛和育成母牛的头数及时间。

d. 牛场配种产犊类型、饲养管理条件及牛群生产性能、健康状况及犊牛成活率，成母牛的死亡率及淘汰标准等条件。

e. 育成母牛初配年龄为18月龄，最晚不超过23月龄。

注：配种受胎率按95％计，流产死胎率按5％计，犊牛成活率按90％计。

根据以上统计资料，计算出每头母牛的配种时间及产犊时间，最后再结合配种率和产犊率得出最终的产犊计划。

② 牛群周转计划　在牛群中，由于犊牛的出生、发育成长、转群、成年牛的补充或淘汰、育肥牛出栏销售或屠宰，以及架子牛只的买进、卖出等，致使牛群结构不断发生变化。在一定时期内，牛群结构的这种增减变化称为牛群周转。周转计划是牛场的再生产计划，是指导全场生产、编制饲料计划、产品计划、劳动力需要计划和各项基本建设计划的依据。

a. 编制牛群周转计划必须掌握以下材料。

ⓐ 计划年初各类牛的存栏数。

ⓑ 计划年末各类牛按计划任务要求达到的头数和生产水平。

ⓒ 上一年7～12月各月出生的犊母牛头数及本年度配种产犊计划。

ⓓ 计划年淘汰、出售和育肥牛的头数。

b. 应该考虑的因素。

ⓐ 规模化养牛场母牛的使用年限一般为10～12年，成年母牛淘汰率20％～25％，有利于保持牛群较高的繁殖性能。

ⓑ 牛场的繁殖率应该高于86％，母犊繁殖的成活要占繁殖总数

量的 40%～45%，如果牛场的繁殖率不到 86%，再出现分娩过程中母犊死亡的情况，会对后备牛的数量和比例产生影响。

ⓒ 一般以繁殖为主的牛群，牛群组成比例为种公牛 2%～3%，繁殖母牛 60%～65%（其中一二胎母牛占 20%，三四胎母牛占 25%～30%，六胎以上母牛占 15%），育成后备母牛 25%～30%（其中成熟后备牛占 10%～12%，12 月龄以下母牛占 15%～18%），犊母牛 8% 左右。

ⓓ 采用冻精配种的牛场，可不考虑种公牛的问题，实行本交配种的牛场要计划培育和购买优良后备种公牛的问题。

c. 制订牛群周转计划　制订牛群周转计划时，首先应根据本场养殖规模确定发展的头数，然后根据各类牛的比例计算本场各类牛的数量，最后用计算出的数量与本场实际存栏数量相减，得出更新补充各类牛的头数与淘汰出售头数。

(3) 饲料计划　饲料是养牛生产可靠的物质基础，养牛场必须每年制订饲料生产和供应计划。编制饲料计划，应有牛群周转计划（明确各时期各类牛的饲养头数）、各类牛群饲料定额等资料。按全年各类牛群的年饲养头日数（即全年平均饲养头数×全年饲养日数）分别乘以各种饲料的年或日消耗定额，即为各类牛群的饲料需要量。然后把各类牛群需要该种饲料的总数相加，再增加 5%～10% 的损耗量。根据本场饲料的自给程度和来源，按当地一般每亩单产，即可安排饲料种植计划和供应计划。

参考饲料定额如下。

干草与秸秆：每年每头成年母牛 4000～5000 千克，育成牛 2000～2500 千克，犊牛 500 千克。

精料：每年每头成年母牛 500 千克，犊牛 100 千克，育成牛 400 千克，育肥牛 900 千克。

青贮：每年每头成年母牛 2000 千克，育成牛 1000～1500 千克，犊牛 400～500 千克。

磷酸氢钙和食盐：每年每头成年母牛需要食盐 25 千克，磷酸氢钙 35 千克；育成牛食盐 13 千克，磷酸氢钙 30 千克；犊牛食盐 13 千克，磷酸氢钙 8 千克。

糟渣：每年每头成年母牛 2000 千克，育成牛 1000～1500 千克，犊牛 400～500 千克。

维生素及微量元素按需补饲。

2. 岗位责任制

岗位责任制是养牛场工作的特点，在明确各部门工作任务和职责范围的基础上，用行政立法手段，确定每个工作岗位和工作人员应履行的职责、所担负的责任、行使的权限和完成任务的标准，并按规定的内容和标准，对员工进行考核和相应奖惩的一种行政管理制度。建立岗位责任制，有利于提高工作效率和牛场的经济效益。在制订每项制度时，要交予有关人员认真讨论，取得一致认识，提高工作人员执行制度的自觉性。领导要经常检查制度执行情况。为了使岗位责任制切实得到执行，还可适当运用经济手段。

（1）场长工作职责（仅供参考）

① 负责肉牛场的全面工作。

② 负责制定和完善本场的各项管理制度、技术操作规程，编排全场的经营生产计划和物资需求计划，牛场内各岗位的考核管理目标和奖惩办法。

③ 负责后勤保障工作的管理，及时协调各部门之间的工作关系。

④ 负责落实和完成牛场各项任务指标。

⑤ 负责监控本场的生产情况、员工工作情况和卫生防疫，及时解决出现的问题。

⑥ 做好全场员工的思想工作，及时了解员工的思想动态，出现问题及时解决，及时向上反映员工的意见和建议。

⑦ 负责全场直接成本费用的监控与管理，汇报收支计划。

⑧ 负责全场的生产报表，并督促做好周报工作、月结工作。

⑨ 负责全场生产员工的技术培训工作，每周主持召开生产例会。

⑩ 安全生产、杜绝隐患。

（2）生产主管工作职责（仅供参考）

① 负责生产线日常工作；协助场长做好其他工作。

② 负责执行饲养管理技术操作规程、卫生防疫制度和有关生产线的管理制度，并组织实施。

③ 负责生产报表工作，随时做好统计分析，以便发现问题并解决问题。

④ 负责协助兽医技术员做好牛病防治及免疫注射工作。

⑤ 负责生产饲料、药物等直接成本费用的监控与管理。

⑥ 负责落实和完成场长下达的各项任务。

⑦ 直接管辖组长，通过组长管理员工。

（3）组长工作职责（仅供参考）

① 生长育肥舍组长负责组织本组人员严格按《饲养管理技术操作规程》和每周工作日程进行生产。及时反映本组中出现的生产和工作问题。

② 服从生产线主管的领导，完成生产线主管下达的各项生产任务。

③ 负责整理和统计本组的生产日报表和周报表。

④ 本组人员休息替班。

⑤ 负责本组定期全面消毒，清洁绿化工作。

⑥ 负责本组饲料、药品、工具的使用计划与领取及盘点工作。

⑦ 负责肉牛的出栏工作，保证出栏牛的质量。

⑧ 负责育肥牛的周转和调整工作。

⑨ 负责本组空栏牛舍的冲洗和消毒工作。

⑩ 负责育肥牛的预防注射工作。

（4）技术员职责规范（仅供参考）

① 参与牛场全面生产技术管理，熟知牛场管理各环节的技术规范。

② 负责各群牛的饲养管理，根据后备牛的生长发育状况及成母牛的产奶情况，依照营养标准，参考季节、胎次、泌乳的变化，合理、及时地调整饲养方案。

③ 负责各群牛的饲料配给，发放饲料供应单，随时掌握每群牛的采食情况并记录在案。

④ 负责牛群周转工作。记录牛场所有生产及技术资料。

⑤ 负责各种饲料的质量检测与控制。

⑥ 掌握牛只的体况评定方法，负责组织选种选配工作。

⑦ 熟悉牛场所有设备操作规程，并指导和监督操作人员正确使用。

⑧ 熟悉各类疾病的预防知识，根据情况进行疾病预防。

（5）兽医职责规范（仅供参考）

① 负责牛群卫生保健、疾病监控与治疗、贯彻执行防疫制度、制订药械购置计划、填写病例和有关报表。

② 合理安排不同季节、时期的工作重点，及时做好总结工作。

③ 每次上槽仔细巡视牛群，发现问题及时处理。

④ 认真细致地进行疾病诊治，充分利用化验室提供的科学数据。遇到疑难病例，组织会诊，特殊病例要单独建病历。认真做好发病、处方记录。

⑤ 及时向领导反馈场内存在的问题，提出合理化建议。配合畜牧技术人员，共同搞好饲养管理。贯彻"以防为主，防重于治"的方针。

⑥ 努力学习、钻研技术知识，不断提高技术水平。普及奶牛卫生保健知识，提高职工素质。掌握科技信息，开展科研工作，推广应用成熟的先进技术。

（6）饲养员职责规范（仅供参考）

① 保证奶牛充足的饮水供应；经常刷试饮水槽，保持饮水清洁。

② 熟悉本岗位奶牛饲养规范。保证喂足技术员安排的饲料给量，应先粗后精、以精带粗。勤填少给、不堆槽、不空槽，不浪费饲料。正常班次之外补饲粗饲料。饲喂时注意拣出饲料中的异物。不喂发霉变质、冰冻饲料。

③ 牛粪、杂物要及时清理干净。牛舍、运动场保持干燥、清洁卫生，夏不存水、冬不结冰。上下槽不急赶。坚持每天刷拭牛体。

④ 熟悉每头牛的基本情况，注意观察牛群采食、粪便、乳房等情况，发现异常及时向技术人员报告。

⑤ 配合技术人员做好检疫、医疗、配种、测定、消毒等工作。

（7）犊牛岗位职责（仅供参考）

① 注意观察犊牛的发病情况，发现病牛及时找兽医治疗，并且做好记录。

② 喂奶犊牛在犊牛岛内应挂牌饲养，牌上记明犊牛的出生日期、母亲编号等信息，避免造成混乱。

③ 新生犊牛在 1 小时内必须吃上初乳。

④ 犊牛喂奶要做到定时、定量、定温。

⑤ 及时清理犊牛岛和牛棚内的粪便，犊牛岛内犊牛出栏后及时清扫干净并撒生石灰消毒。舍内保持卫生，定期消毒。

⑥ 喂奶桶每班刷洗，饮水桶每天清洗，保证各种容器干净、卫生。

⑦ 协助资料员完成每月的犊牛照相、称重工作。

（8）育成牛、青年牛岗位职责（仅供参考）

① 注意观察发情牛并及时与配种员联系。

② 严格按照饲养规范进行饲养。

③ 保证夜班饲草数量充足。

（9）成母牛岗位职责（仅供参考）

① 根据牛只的不同阶段特点，按照饲养规范进行饲养。同时要灵活掌握，防止个别牛只过肥或瘦弱。

② 爱护牛只，熟悉所管理牛群的具体情况。

③ 按照固定的饲料次序饲喂。饲料品种有改变时，应逐渐增加给量，一般在1周内达到正常给量。不可突然大量改变饲料品种。

④ 产房要遵守专门的管理制度，协助技术人员进行奶牛产后监控。

（10）产房岗位职责（仅供参考）

① 产房24小时有专人值班。根据预产期，做好产房、产间及所有器具清洗消毒等产前准备工作。保证产圈干净、干燥、舒适。

② 奶牛临产前1～6小时进入产间，后躯消毒。保持安静的分娩环境，尽量让母牛自然分娩。破水后必须检查胎位情况，需要接产等特殊处理时，应掌握适当时机且在兽医指导下进行。

③ 母牛产后喂温麸皮盐水，清理产间，更换褥草，请兽医检查，老弱病牛单独护理。

④ 母牛产后0.5～1小时内进行第1次挤奶，挤出全部奶量的三分之一左右，速度不宜太快。第2次可适量增加挤出量，24小时后正常挤奶。

⑤ 观察母牛产后胎衣脱落情况，如不完整或24小时胎衣不下，请配种员处理。

⑥ 母牛出产房应测量体重，并经人工授精员和兽医检查签字。

⑦ 犊牛出生后立即清除口、鼻、耳等部位内的黏液，距腹部5厘米处断脐、挤出脐带内的污物并用5%碘酒浸泡消毒，擦干牛体，称重、填写出生记录，放入犊牛栏。如犊牛呼吸微弱，应立即采取抢救措施。

（11）饲料工岗位职责（仅供参考）

① 严格按照饲料配方配制精饲料。饲料原料、成品料要按照不同品种分别摆放整齐，便于搬运和清点。

② 严格按照操作规程操作各类饲料机械，确保安全生产。

③ 每天按照技术员的发料单，给各个班组运送饲料。要有完整的领料、发料记录，并有当事人签字。

④ 运送或加工饲料时，注意检出异物和发霉变质的饲料。

⑤ 每月汇总各类饲料进出库情况，配合财务人员清点库存。

3. 牛场生产例会与技术培训制度（仅供参考）

为了定期检查、总结生产上存在的问题，及时研究出解决方案，有计划地布置下一阶段的工作，使生产有条不紊地进行，全面提高饲养人员、管理人员的技术素质，提高全场生产管理水平，特制定生产例会和技术培训制度。

（1）每周日晚 7：00～9：00 为生产例会和技术培训时间。

（2）该会由场长主持。

（3）时间安排　一般情况下安排在星期日晚上进行，生产例会 1 小时，技术培训 1 小时。特殊情况下灵活安排。

（4）内容安排　总结检查上周工作，安排布置下周工作；按生产进度或实际生产情况进行有目的、有计划的技术培训。

（5）程序安排　组长汇报工作，提出问题；生产线主管汇报、总结工作，提出问题；主持人全面总结上周工作，解答问题，统一布置下周的重要工作。生产例会结束后进行技术培训。

（6）会前组长、生产线主管和主持人要做好充分准备，重要问题要准备好书面材料。

（7）对于生产例会上提出的一般技术性问题，要当场研究解决，涉及其他问题或较为复杂的技术问题，要在会后及时上报、讨论研究，并在下周的生产例会上予以解决。牛场生产责任制与规章制度。

4. 制定生产指标，实行绩效管理

世界著名管理大师德鲁克教授认为，并不是有了工作就有了目标，而是有了目标才能确定每个人的工作。"目标管理到部门，绩效管理到个人，过程控制保结果"，这句话清晰地勾勒出了企业目标落实到工作岗位的过程。目标管理体系是企业最根本的管理体系，绩效管理体系包含在目标管理体系之中，目标管理最终通过绩效管理落实到岗位。

制定劳动定额时应根据工人的劳动强度和有利于工作完成来确定其劳动量。通常按照中等劳力确定劳动量，按中等技术人员水平确定技术难易度，规模化养牛场实行流水作业，各岗位有专人负责，实行专门化管理。

　　牛场对牛应该实行分群、分舍、分组管理，做到"定群、定舍、定员"。分群是按牛的年龄和饲养管理特点，分为成年母牛群、育成牛群和犊牛群等；分舍是根据牛舍床位，分舍饲养；分组是根据牛群头数和牛舍床位，分成若干组。然后根据人均饲养定额配备人员。其他人员则根据全年任务、工作需要和定额配备人员。

　　牛场人员由工人、管理人员、技术人员、后勤及服务人员等组成。具体工种有饲养工、饲料工、锅炉工、夜班工、司机、维修工、技术人员（畜牧技术员、兽医、人工授精员和资料员）、管理人员（场长、会计、出纳等）和服务人员（卫生员、保育员等）。

　　（1）饲养工　负责牛群的饲养管理工作，按牛只不同生产阶段进行专门管理。主要工作是根据不同牛的饲养标准，合理搭配日粮，按规定饲喂精料、全价饲料或粗饲料；按照规定的工作日程，进行牛只的梳刮、运动等护理工作；经常观察牛只的食欲、反刍、粪尿、发情、生长发育、疫病等情况。养牛场的饲养定额，一般是每人负责成年母牛 30～40 头；犊牛 25～30 头；肉用育成牛或育肥牛 100 头。

　　（2）饲料工　每人每日送草 5000 千克或者粉碎精料 1000 千克，或者全价颗粒饲料 2000～3000 千克。送料、送草过程中应清除饲料中的杂质，保证饲料清洁，卫生。

　　（3）产房工　负责围产期母牛的饲养管理，当好兽医人员的助手，每日饲养牛只 8～10 头。要求管理仔细，不发生人为事故。

　　（4）配种员　每 200 头牛配备一名授精员和一名兽医，负责母牛保健、配种和孕检。要求总繁殖率达 90％ 以上，情期受胎率不低于 45％。

　　（5）技术员　包括畜牧和兽医技术人员，每 100～200 头牛配备畜牧、兽医技术人员各 1 人，主要任务是落实饲养管理规程和疾病的防治工作。

　　（6）场长　组织协调各部门工作，监督落实牛场各项规章制度，搞好牛场的经营发展工作，制定年度计划。

　　（7）销售员　负责产品销售，及时向主管领导汇报市场信息，协助监督产品质量。销售员根据销售路线的远近决定销售量，负责将产品按时送给用户。

　　在劳动管理上，要充分调动和保护职工的积极性，贯彻执行"按劳分配"原则，使劳动报酬与职工完成的劳动数量和质量相结合，实行目标管理。对销售人员制定销售量、职业规范。对育成牛、犊牛饲养工制定工作量，并提出成活率、生长发育等有关指标和饲养规程。对妊娠母牛、泌乳牛、育肥牛饲养工及送料工，应规定工作量和操作规程。对配种员规定工作量和繁殖成活指标。对技术员、场长应分别规定其职责。各岗位工作人员明白其任务和职责，各司其职。对完成饲料供应、母牛受胎率、犊牛成活率、育成牛增重、牛病防治等有功人员，以及遵守操作规程人员，应予以奖励。

5. 数字化管理

精细化管理要求牛场实行数字化管理。首先是记明白账，要求牛场将肉牛养殖生产过程中的各项数据及时、准确、完整地记录归档。然后对这些记录进行汇总、统计和分析，提供即时的牛场运行动态。更好地监督牛场的生产运行状况，及时发现生产上存在的问题，做好生产计划和工作安排。

要求各舍及时做好各生产记录，并准确、如实地填写报表，交到上一级主管，经主管查对核实后，及时送到场办并及时输入计算机。牛场报表有生产报表，如养殖生产记录表、防疫检测记录表、免疫记录表、疫病预防和治疗记录表、消毒记录表、饲料及饲料添加剂购入记录表、饲料及饲料添加剂出库记录表等，还有饲料进销存报表、饲料需求计划报表、药物需求计划报表、生产工具等物资需求计划报表等，这些报表可根据牛场的规模大小实行日报、周报或月报的形式。

其次利用计算机系统对牛场实行数字化管理。随着信息技术的不断发展，肉牛养殖信息化已取得了相当大的进步，如今利用计算机上安装的专业管理软件对规模化养牛场进行生产管理，技术已经非常成熟，应用效果也非常好，已经从简单的报表管理发展到互联网和云养殖等。

如某 RFID（radio frequency identification 的缩写，即射频识别技术，俗称电子标签）肉牛养殖管理系统，利用 RFID 作为信息载体，并依托网络、系统集成及数据库技术，在牛养殖场范围内建立一套信息化平台。整个系统由养殖管理中心、养殖场管理子系统、通道管理系统、监控管理系统、养殖人员管理系统组成。中心建立大型数据库，每个子系统与中心进行网络连接并实现数据共享。通过肉牛电子标签、射频识别装置、计算机网络和应用软件 4 个部分结合，实现在整个产业链中从饲料、养殖、防疫到销售终端的每个环节进行全程记录。同时，相关部门可以借助这个平台实现对产业链的各种活动进行有效地查询和监管，并及时准确地进行数据统计。实践证明，使用RFID技术进行畜牧管理，能够帮助企业实现养殖环节中的信息化管理，从而能及时采取措施，以避免造成严重的灾害和损失。在行业中、公众面前树立良好的品牌形象，显著提高产品竞争力，并可通过管理手段提升对基地农户的管理控制水平，实现双赢和可持续发展。

6. 注重生产细节，及时解决养牛生产过程中的问题

细节，就是那些看似普普通通，却十分重要的事情，一件事的成败，往往都是一些小的事情所影响产生的结果。细小的事情常常发挥着重大的作用，一个细节，可以使你走向目的地，也可以使你饱受失败的痛苦。百分之一的差错可能导致百分之百的失败。

养牛生产中的细节，就是注重养殖过程中的每一个细节，如我们使用温度计测量温度时往往拿过来就用，很少注意温度计本身是否准确。有个牛场曾在这方面出现问题。有一年冬季，这个牛场的犊牛发生大面积消化不良性腹泻，就是找不到原因，请专家和畜牧所的老师们也没找出病根，大家都很着急。管理者亲自去看饲养员喂小牛，整个过程没什么问题。看温度时，他怕工人看错了，把奶盆端起来亲自看，这一端可不要紧，怎么有烫手的感觉呢，一看温度计显示的是38℃（初乳的入口温度应该是37～38℃），可38℃怎么会烫手，是不是温度计失灵了？小牛的食道怎么能受得了烫手的温度。于是他换用体温计再测量一下，体温计水银柱竟然到头了，超过42℃了，病根找到了，竟然是温度计在骗人。后来他买了好多温度计，发现没有几个标准的。酒精的温度计误差在0.5～5℃，水银的好点，误差在0.5～3℃。如果在使用前测量一下温度计是否准确，然后对测量牛乳温度的温度计做一下标定，就能避免这个问题。

养牛生产中的细节很多，肉牛养殖是一个精细活，任何一点做不到位都可以在一定程度上引起牧场的经济损失。如饮水方面，要给肉牛温度适宜的水，而不是一年四季都是凉水，特别是冬季，饮水要先加温，绝不能给牛饮冰碴水。牛是草食动物，以饲草为主，必须要有优质的饲草，因此首先要重视饲草的质量，其次才是价格，而不是仅仅看价格高低，花低价不可能买到高质量的饲草。所以，在工作中要时刻保持责任心和进取心，例如平时要注重肉牛的管理，冬夏季特别重视牛群的各种应激，勤给牛群刷拭身体，给"月子牛"饲喂充足的温水及高质量的护理，在驱赶牛群时不要恐吓、粗暴对待肉牛等，这

些细节方面的注意，都会使肉牛生活得更舒适，长得快，为牛场赢取更大的利益。

只有时刻注意这些平时司空见惯的细节，才能发现不足，并及时加以纠正或改进，做到了这些，就会使我们养牛的效益最大化。

二、规模化养肉牛场管理过程中需要注意的问题

由于部分牛场（养殖户），养殖人员不具备专业养殖技术，在肉牛生产以及饲养上方法不当，一定程度上导致肉牛饲养管理出现问题，进而影响经济效益。因此，应注意以下管理过程中的常见问题。

1. 利用好杂交优势

在生物界，两种遗传基础不同的植物或动物进行杂交，其杂交后代所表现出的各种性状均优于杂交双亲，比如抗逆性强、早熟高产、品质优良等，这称之为杂交优势。杂交优势表现在三个方面：一是杂交后代的营养体大小、生长速度和有机物质积累强度均显著超过双亲；二是杂交后代的繁殖器官优于双亲，例如家畜产仔多，成活率高等；三是表现为进化上的优越性，如杂交种的生活力强，适应性广，有较强的抗逆力和竞争力。我国目前在肉牛生产上也需要利用好杂交优势。实践证明，利用我国地方优良黄牛品种（母本）与国外良种肉牛品种（父本）进行经济杂交，是目前我国肉牛生产的主要方式，也取得了非常好的效果。

目前很多养牛户，大都从传统养牛的毛色和习惯来挑选父本，所以较普遍喜欢养夏洛莱牛，而其他品种不愿被养殖户所接受。但由于多年使用夏洛莱搞级进杂交，品种单一，致使其杂交优势有所减弱，结果造成增重慢，饲料报酬低，养牛收入少。要提高养牛效益，就必须改变多年来实行的单一父本品种搞级进杂交的做法，积极引进利木赞牛、西门塔尔牛等优良品种牛进行杂交。

有的养殖场（户）由于缺乏科学养牛知识，使用杂种公牛进行本交配种，而少数养杂种公牛户，则受经济利益的驱动，以盈利为目的进行对外配种，这不仅损害了养牛户的利益，同时干扰了冷冻精液配种新技术的推广应用。

这就要求牛场在给母牛配种的时候，要充分考虑母牛与公牛的品种质量等，做到最优组合。切忌使用杂种公牛进行本交配种，或者有什么品种的冻精就用什么品种的任意配种，使母牛的后代遗传无法得

到保障。

2. 重视防疫和消毒工作

很多养牛人，特别是养几头牛的散养户，包括多年的养牛人，防疫和消毒意识淡漠，对消毒不重视。认为牛"皮实"，不容易得病，只要给草给料给水就行，不懂得防疫和消毒的重要性。即使牛患病了，也不从防疫和消毒卫生是否做得到位方面查找原因。如今，受牛流通加快的影响，牛的疫病传播也快，特别是传染性疾病，给肉牛养殖造成的损失越来越大，疾病预防工作不完善，并且牛场没有定期对母牛进行健康检查与疫苗注射，从而导致肉牛患病率增高，影响牛的健康与增重。所以说，养牛场必须重视防疫消毒工作。

牛场要根据本地疫病发生流行情况和国家规定的强制免疫项目，制定适合本场的科学免疫制度，并严格执行好免疫制度，同时做好消毒卫生。牛舍在未进牛前，要打扫干净，再用2％烧碱溶液彻底消毒。进牛后，每周要保持1～2次消毒，牛舍门口要设置消毒池，食槽喂后要清刷干净，经常保持牛舍清洁卫生，空气新鲜。

3. 拴牛绳不宜过长

如果用拴系舍饲育肥肉牛的，最好一牛拴一桩，要求拴牛绳要短，以减少运动量，防止牛回头舔毛，以利增重育肥。拴牛绳的长度以50～70厘米为宜，仅能让牛起卧为准。

4. 刷拭和按摩牛体

刷拭和按摩牛体是科学饲养肉牛很重要的一个环节。刷拭和按摩牛体可促进牛体血液循环和新陈代谢，能够保持牛体的清洁，并且可以防止犊牛体表寄生虫的滋生。提高饲料的转化率，有利于肉牛的生长发育。

肉牛因皮肤新陈代谢旺盛，分泌物较多，主要通过毛孔、皮肤来散发热量，刷拭和按摩牛体既能保证肉牛皮肤毛孔不堵塞，又能增加皮肤的血液循环，有利于肉牛的健康。同时，刷拭牛体还能清除奶牛的体表寄生虫。增加牛与人的亲和力，使肉牛养成驯良的性格。日常管理中，肉牛体表很容易发生创伤，每天刷拭时就能更快发现创伤，以便快速处理。

牛场应坚持每天刷拭牛体1次。刷拭要周密到全身每个部位，不可疏漏。刷拭方法是饲养员先站在左侧用毛刷由颈部开始，从前向后，从上到下依次刷拭，中后躯刷完后再刷头部、四肢和尾部，然后刷右侧。每次 3～5 分钟。刷下的牛毛应及时收集起来，以免让牛舔食而影响牛的消化。刷下的灰尘也不能落入饲料内。有条件的可在相邻两圈牛舍隔栏中间位置安装自动按摩装置，高度为 1.4 米，可根据牛只喜好随时自动按摩，省工省时省力。

5. 储备粗饲料

肉牛进入冬季，养殖方式就应逐步由放牧转为舍饲，此时就需要进行粗饲料的储备，可利用牧草、玉米、稻草秸秆和青贮、黄贮、微贮、氨化等技术相结合生产粗饲料。

目前玉米全株青贮不仅养分损失少（一般不超过 15%）、保存时间长，而且可保持饲料的多汁性，经乳酸菌发酵后，适口性改善，是育肥肉牛的良好青粗饲料。

仅青贮玉米秸秆称为黄贮。

微贮是指在青贮过程中加入高效活性发酵剂进行厌氧发酵，目前运用最广的是纤维素分解菌类，微贮可以使青贮效果更好，但此技术还不完全成熟。

氨化主要是针对稻草、麦秸等含水量较低，木质素含量比较高的作物秸秆，通过喷洒一定量氨水进行碱化处理。氨化好的秸秆为黄棕色，发亮，有一种糊香味，质地柔软，增加了适口性。但氨化后的饲料必须进行放氨处理，否则极易引起肉牛的氨中毒。这些处理技术在增加肉牛对秸秆采食量的同时，还增加了粗饲料的非蛋白氮源的补充。

6. 备好精饲料

在储备好粗饲料的同时，还要进行精饲料的储备，包括能量饲料和蛋白饲料。能量饲料主要以玉米为主；蛋白饲料可用价格相对较低的菜籽饼和棉粕代替豆粕。此外，还要储备一些饲料添加剂，如舔砖等，以补充饲料营养成分的不足，改善饲料的适口性和饲料利用率，增强肉牛的抗病能力，促进正常发育和加速生长。

7. 控制饲料酸度

注意控制饲料的酸度。青贮、黄贮等发酵饲料制成之后的 pH

值一般在 5.0 左右，发酵过程中还会生成乙酸和乳酸，这样就会使得青贮饲料的酸度过高。酸度过高的青贮饲料不但降低适口性，而且对牲畜的牙齿、胃肠有腐蚀性和刺激性，不利食用。适量加一点尿素则能解决青贮饲料酸度过高的问题，还能提高蛋白质的含量。

酒糟、果渣发酵产品等酸度也较大，如果用这些饲料长期育肥肉牛，对牛的体质就会产生影响，牛会出现毛焦、皮紧等不良症状，育肥效果也不理想。同时，对牛肉品质影响也很大。在此情况下，可以在精饲料中添加一定量小苏打。

三、做好肉牛舍内部环境控制

肉牛业的生产效益不仅取决于牛的品种和科学的饲养管理，而且取决于牛的饲养环境。牛舍环境控制是肉牛养殖的重要环节。为给肉牛创造适宜的环境条件，肉牛舍应在科学合理设计建设的基础上，采用保暖、降温、通风、光照等措施，加强对牛舍环境的控制，通过科学设计有效地减弱舍内环境因子对牛个体造成的不良影响，获得肉牛生产的效益。

1. 温度和湿度管理

气温对牛机体的影响最大，主要影响牛体健康及其生产力。环境温度在 5～21℃时，牛的增重最快。温度过高，肉牛增重缓慢，温度过低，降低饲料消化率，同时提高代谢率，以增加产热量来维持体温，显著增加饲料消耗。因此夏季要做好防暑降温工作，冬季要注意防寒保暖，提供适宜的环境温度。

空气湿度对牛体机能的影响，主要是通过水分蒸发影响牛体散热，干扰牛体调节。在一般温度环境中，空气湿度（气湿）对牛体的调节没有影响，但在高温和低温环境中，气湿高低对牛体热调节会产生作用。湿度越大，体温调节范围越小。高温高湿会导致牛的体表水分蒸发受阻，体热散发受阻，体温很快上升，机体机能失调，呼吸困难，最后致死。低温高湿会增加牛体热散发，使体温下降，生长发育受阻，饲料报酬率降低。另外，高湿环境容易滋生各类病原微生物和各种寄生虫。一般空气湿度以 55％～80％为宜。牛舍内的温度和湿度有一定要求，见表 6-1。

表6-1　牛舍保温和湿度要求

牛的类群	适宜温度/℃	最低温度/℃	相对湿度/%
育肥公牛	6	3	≤85
繁殖母牛	8	6	≤85
哺乳犊牛	12	7	≤75
青年牛	8	3	≤85
产房牛	12	10	≤75
治疗牛	15	12	≤75

　　肉牛抵抗高温的能力比较差。为了消除或缓和高温对牛的有害影响，必须做好牛舍的防暑、降温工作。在养殖生产管理上，采取保护牛免受太阳辐射、增强牛的传导散热（借与冷物体表面接触）、对流散热（充分利用天然气流和借强制通风）和蒸发散热（通过淋浴、水浴和向牛体喷淋水等）等行之有效的办法来加以解决。

　　首先要从牛舍的设计及建设方面能抵御高温，其次采用通风降温设备。

　　对牛舍的防暑降温可以采取搭遮阳棚、设计隔热屋顶加强通风、遮阳、增强牛舍维护结构对太阳辐射热的反射能力等措施。遮阳棚可减少30％以上热辐射，缺点是仅采取遮阳措施无法避免极端高温对肉牛增重的影响。肉牛牛舍朝向对通风降温有一定影响，在炎热地区除考虑减少太阳辐射和防暴风雨外，必须同时考虑夏季主风向。由于我国所处地理位置的关系，东西朝向的牛舍太阳辐射强度远大于南北向，因此，东西向牛舍的防暑性能很差，为了改善温度过高的问题，夏季可以在东、西两个朝向的纵墙位置（对于开放式牛舍无墙）增加遮阳网或者悬挂草帘遮阳。

　　肉牛养殖场建筑布局和肉牛牛舍间距除考虑防疫、采光等外，还应考虑通风，间距不可过小，一般不低于10米。肉牛牛舍跨度也影响通风效果，跨度小的肉牛牛舍通风路线短而直，气流顺畅；跨度超过10米，通风效果差，较难形成穿堂风。为了有利于通风，肉牛牛舍内不宜设隔山墙，各圈间隔墙，尤其是圈舍与通道间的隔墙最好用铁栅栏代替。为加大舍内气流速度，保证气流均匀并能通过肉牛体周围，应合理安排通风口位置。进风口应设在正压区内，排气口设在负压区内，以保证肉牛舍有穿堂风，进风口应均匀布置，以保证舍内通风均匀，使牛舍内各处肉牛都能感受到凉爽的气流，为使气流经肉牛体周围通过，可设地脚窗通风。

牛舍失热最多的是屋顶、天棚、墙壁和地面。因此，要求屋顶、天棚结构严密，不透气，天棚铺设保温层、锯木灰等，也可采用隔热性能好的合成材料，如聚氨酯板、玻璃棉等。墙壁是牛舍的主要外围结构，要求墙体隔热、防潮，寒冷地区选择热导率较小的材料，如选用空心砖（外抹灰）、铝箔波形纸板等作墙体。牛舍朝向上长轴呈东西方向配置，北墙不设门，墙上设双层窗，冬季加塑料薄膜、草帘等。地面是牛活动直接接触的场所，地面冷热情况直接影响牛体。石板、水泥地面坚固耐用，防水，但冷硬，寒冷地区作牛床时应铺垫草、厩草、木板。规模化养牛场可采用三层地面，首先将地面自然土层夯实，上面铺混凝土，最上层再铺空心砖，既防潮又保温。另外，还要加强饲养管理，如寒冷季节适当加大牛的饲养密度，依靠牛体散发热量相互取暖。勤换垫草也是一种简单易行的防寒措施，既保温又防潮。及时清除牛舍内的粪便，防止贼风等都可以达到保暖目的。

目前，我国养殖业夏季防暑降温的方法除了遮阳棚以外，主要有风机、喷雾、喷淋或喷淋结合风扇降温、湿帘负压通风降温等。

风机通风可促进家畜体表对流散热，但当环境温度接近或高于家畜体表温度时，对流散热非常有限或完全失效。喷淋降温一般降低的是牛体温度，将水直接喷在牛体上，适用于高湿地区。采用机械通风与喷淋相结合，夏季可提高奶牛单产20%，但会导致舍内地面潮湿，不利于牛躺卧。喷雾降温是通过喷雾时雾滴在空气中汽化而达到降温目的的（一般可降低舍温1～3℃），但同时也增加舍内湿度，故降温效果很可能被湿度增加所抵消，因而该法仅适用于干热地区。湿帘负压通风降温和喷雾降温降低的是整舍温度。湿帘负压通风降温效果好，但仅限于封闭式牛舍使用，同样是降低温度的同时提高了舍内的空气湿度，最适用于干热地区。喷雾与正压送风结合为一体的喷雾冷风机降温，可通过雾化的水汽蒸发，迅速吸收空气中的热量，从而使周围局部小环境的温度迅速降低，但是会导致舍内湿度上升。但喷雾冷风机降温不受牛舍结构限制，如敞棚式肉牛舍的夏季降温，一般适用于高温低湿地区或者高温低湿时段，该蒸发降温方式一般在相对湿度70%以下较为有效。

我国肉牛生产主要分布于四个主产区，即东北区、中原产区、西北产区和西南产区，其中中原产区和西南产区的肉牛舍多为开放式、半开放式或少量有窗式肉牛舍，牛舍的围护结构隔热性能较差，牛舍的通风方式为自然通风，因此这些地区的肉牛舍舍内环境温度和湿度直接受舍外自然气象条件的影响。在现有牛舍条件下，为肉牛舍降温的适宜方法主要有通风降温和蒸发降温，还可辅助遮阳降温和降低饲养密度。气温高于25℃时通风降温效果递减，气温达30℃以上时就应考虑采用蒸发降温。

西南产区一般夏季相对湿度较高，某些地区在超过30℃以上的时间段内相对湿度大于70%的概率较大，不适于采用整舍降温，可以采用喷淋降温。还有一些地区温度超过30℃的时间段较少，而湿度较高的时间段较长，不适于采用整舍降温，采用喷淋降温的经济效益也不一定划算，可以选用强制机械通风，如风扇、风机等设备。

绿化是成本最低、效果最好、最直接的降温方式。绿化可以美化环境，改善牛场的小气候。在盛夏，强烈的直射日光和高温不仅使牛的生产能力降低，而且容易发生日射病。有绿化的牛场，场内树木可起到良好的遮阴作用。当温度高时，植物茎叶表面水分蒸发，吸收空气中的大量热，使局部温度降低，同时提高了空气中的湿度，使牛感觉更舒适。树干、树叶还能阻挡风沙的侵袭，对空气中携带的病原微生物具有过滤作用，有利于防止疾病的传播。牛舍运动场可以设置凉棚，以减少肉牛的热负荷。凉棚宜长轴为东西向，一般高3.5米，面积按每头牛约4米^{2}计算。棚下地面面积应大于凉棚投影面积，一般东西两端应各长出3～4米，南北两侧应各宽出1.0～1.5米。绿化牛舍常用的乔木品种有大青杨、洋槐、垂柳等，灌木可选用紫穗槐、刺枚、丁香等。空闲地带还可种一些草坪和牧草，如紫羊茅、三叶草、苜蓿草等。

牛舍内的湿度过高和有害气体超标是构成牛舍环境危害的重要因素。它来源于牛体排泄物的水分、呼出的CO_2、水蒸气和舍内污物产生的NH_3、H_2S、SO_2等有害气体。要对舍内气体实行有效控制，主要途径就是通过通风换气排放水分和有害气体，引进新鲜空气，使牛舍内的空气质量得到改善。牛舍可设地脚窗、屋顶天窗、通风管等方法来加强通风。在舍外有风时，地脚窗可加强对流通风，形成"穿堂风"和"街地风"，可对牛起到有效的防暑作用。为了适应季节和气候的不同，在屋顶风管中应设翻板调节阀，可调节其开启大小或完全关闭，而地脚窗则应做成保温窗，在寒冷季节可以把它关闭。此外，必要时还可以在屋顶风管中或山墙上加设风机排风，可使空气流通，加快热量排放。

2. 气流控制

气流（又称风）通过对流作用，使牛体散发热量。牛体周围的冷热空气不断对流，带走牛体所散发的热量，起到降温作用。适当的空气流动可以保持牛舍空气清新，维持牛体正常的体温。

一般来说，风速越大，降温效果越明显。有资料表明，风速增加1倍，肉牛散热可增加4倍。寒冷季节，若受大风侵袭，会加重低温效应，使肉牛的抗病力减弱，尤其对于犊牛，易患呼吸道、消化道疾病，如肺炎、肠炎等，因而对肉牛的生长发育有不利影响。炎热季节，加强通风换气，有助于防暑降温，并排出牛舍中的有害气体，改善牛舍环境的卫生状况，有利于肉牛增重和提高饲料转化率。

牛舍气流的控制及调节，除受牛舍朝向与主风向影响进行自然调节以外，还可进行人为控制。例如，夏季通过安装电风扇等设备改变气流速度，冬季寒风袭击时，可适当关闭门窗，牛舍四周用篷布遮挡，使牛舍空气温度保持相对稳定，减少牛只呼吸道、消化道疾病。一般舍内气流速度以 0.2～0.3 米/秒为宜，气温超过 30℃ 的酷热天气，气流速度可提高到 0.9～1 米/秒，以加快降温速度。

3. 光照(日照、光辐射)管理

光照包括日照和光辐射，阳光中的紫外线在太阳辐射总能量中占50%，其对动物起的作用是热效应，即照射部位因受热而温度升高。冬季牛体受日光照射有利于防寒，对牛的健康有好处；夏季高温下受日光照射会使牛体体温升高，导致日射病（中暑）。因此，夏季应采取遮阴措施，加强防护。阳光紫外线中 1%～2% 没有热效应，但它具有强大的生物学效应。照射紫外线可使牛体皮肤中的 7-脱氢胆固醇转化为维生素 D_3 促进牛体对钙的吸收。紫外线还具有强力杀菌作用，从而具有消毒效应。紫外线还使畜体血液中的红、白细胞数量增加，可提高机体的抗病能力。可见光约占太阳辐射能总量的 50%，除具有一定热效应外，还为人畜活动提供了方便。但紫外线过强照射也有害于牛的健康，会导致日射病（也称中暑）。一般条件下，牛舍常采用自然光照，为了生产需要也采用人工光照。光照不仅对肉牛繁殖有显著作用，对肉牛生长发育也有一定影响。阳光照射的强度与每天照射的时间变化，还可引起牛脑神经中枢相应的兴奋，对肉牛繁殖性能和生产性能有一定作用。在舍饲和集体化生产条件下，采用 16 小时光照 8 小时黑暗，可使育肥肉牛采食量增加，日增重得到明显改善。一般情况下，牛舍的采光系数为 1∶16，犊牛舍为 1∶（10～14）。为了保持采光效果，牛舍的窗户面积应接近于墙壁面积的 1/4，以大些为佳。

4. 尘埃、有害气体和噪声的控制

新鲜空气是促进肉牛新陈代谢的必需条件，并可减少疾病的传播。空气中浮游的灰尘和水滴是微生物附着和生存的好地方。为防止疾病的传播，牛舍一定要避免粉尘飞扬，保持圈舍通风换气良好，尽量减少空气中的灰尘。

在敞棚、开放式或半开放式牛舍中，空气流动性大，所以牛舍中的空气成分与大气差异很小。而封闭式牛舍，如设计不当或使用管理不善，会由于牛的呼吸、排泄物的腐败分解，使空气中的 NH_3、H_2S、CO_2 等增多，影响肉牛的生产力。牛舍中 CO_2 的含量不超过 0.15％～0.2％，硫化氢不超过 10 毫克/米³，带仔母牛舍氨气浓度不超过 15 毫克/米³，其余牛舍要求不超过 20 毫克/米³。

强烈的噪声可使牛受到惊吓，烦躁不安，出现应激等不良现象。从而导致牛休息不好，食欲下降，进而抑制牛的增重，降低生长速度，繁殖性能不良。因此牛舍应远离噪音源，牛场内保持安静。一般要求牛舍内的噪音水平白天不超过 90 分贝，夜间不超过 50 分贝。生产中，噪声总是不可避免的，当噪声不大时，一般不必多虑；当噪声过大，如达到 75 分贝以上时，如果无法避开，可通过设置绿化带和音障等隔离噪声。

四、要精心呵护怀孕母牛

精心饲养怀孕母牛和科学管理好怀孕母牛，以保证胎儿在母牛体内得到正常生长发育，防止流产和死胎，产出身体健康、大小匀称和初生重的犊牛，并保持母牛有良好的体型，为产后泌乳打下良好的基础。

1. 做好怀孕母牛的营养供给

怀孕母牛所取得的营养物质，首先满足胎儿的生长发育，然后再用于供本身需要，并为将来泌乳储备部分营养物质。怀孕母牛饲养有两个关键时间：一是配种后第 3 周前后的时间，这几天受精卵处于游离状态，不牢固；二是怀孕后期，胎儿迅速发育阶段，尤其在最后 20

天内，胎儿的增重最重要，母牛食欲旺盛。如果怀孕期营养不足，胎儿得不到良好的发育，连母牛本身的发育也受到影响，以后加强饲养也难以补偿，产出的犊牛体质差，发育迟缓，多病。在日粮中根据各阶段的营养需要供给适当能量、蛋白质、矿物质、维生素、常量元素和微量元素。特别是蛋白质（饼类和鱼粉等），要保证供应，要补充维生素 A 和维生素 E；冬春季节缺乏青绿饲料，可补喂麦芽或青贮饲料；还要补喂骨粉，防止母牛和犊牛软骨症。

（1）**怀孕前期**　胎儿长得不快，发育较慢，营养需要不多，但要喂给含蛋白质、维生素丰富的饲料，适当搭配青绿饲料，使饲料多样化、适口性好，以满足母牛的营养需要。但断奶后体瘦的经产母牛，初期要加强营养，使其迅速恢复繁殖体况，应加喂精料，特别是含蛋白质的饲料，待体况恢复后再以原有饲养标准饲喂；而体况过肥的母牛要进行适当限饲，使胚胎能够顺利着床。初产母牛和哺乳期配种母牛，以精料和青粗饲料按比例混合，并且增加含蛋白质和矿物质的饲料；体况比较好的经产母牛，应按照配种前的营养需要在日粮中多喂给青粗饲料。粗饲料品种要多样化，防止单一化。做到定时、定量饲喂，避免浪费。要按照先精饲料后粗饲料的顺序饲喂。

（2）**怀孕中期**　此时胎儿发育得较快，母牛胸围逐渐增大。营养除维持母牛自身需要外，全部供给胎儿，因此应提高日粮的营养水平，满足胎儿生长发育的营养需要，为培育出优良健壮的犊牛提供物质基础。精饲料的参考配方为玉米 63％、豆粕 18％、麦麸 15％、食盐 1％、磷酸氢钙 2％、预混料添加剂 1％，每头每天饲喂 1.4～1.5 千克，每天饲喂 3 次。日粮必须具有一定体积，使母牛感到有饱感，也不觉得压迫胎儿；且应带有轻泻性，防止便秘，因为便秘可以引起流产。

（3）**怀孕后期**　胎儿增长得快，绝对增重也比较快，这个时期供应充足的营养物质，保证胎儿正常发育，因此这时需要的营养物质较多，适当增加精料，减少粗料并补足钙磷。怀孕后期的饲养方法要有灵活性，由于胎儿迅速发育，占据一定容积，使牛胃的容积变小，限制采食量，有时营养不足，势必会动用前期储积的脂肪。因此，必须注意饲料的质量，要以精料为主，保证营养水平，不使其消瘦，少食多餐。

2. 做好怀孕母牛的日常管理

日常主要做好保胎工作，促进胎儿正常发育，避免机械性损伤，防止流产和死胎。创造优良的环境卫生，为产后减少疾病，使母牛顺利生产，做好一切产前准备工作。

（1）保持牛舍及周围环境清洁卫生，牛舍及周围环境定期消毒，保持空气新鲜。

（2）注意搞好圈舍保暖　孕牛最适宜的舍温为 8～15℃，这对孕牛预防流产和保胎很有利。冬养孕牛要搞好圈舍保暖，以减少牛体热量散失，确保孕牛能够安全过冬。关闭牛舍的门窗，堵塞漏洞，防止贼风侵入；地面要干燥，不上冻，防止阴冷潮湿；做到墙不透风，舍不上冻，棚不挂霜，让孕牛有好的越冬环境。

（3）预防霜冻危害孕牛　秋季牧牛有节省饲料又肥牛的双重功效，但出现霜冻后的早晨不能放牧，以防止霜冻对孕牛造成危害。因为早晨牛饥饿，肚子空，贪食，常因吃得过急过饱而胀肚，甚至会胀死。孕牛更容易出现胎动、不安或流产。秋季牧牛应注意：早上太阳出来后，无露水时放牧；不能给转入舍饲的孕牛喂霜露草或冰冻草料。

（4）每天按摩和刷拭牛体　对牛体每天上下午各刷拭 1 次，以便清除母牛皮肤上的皮垢，促进牛体血液循环。为了提高母牛产后的泌乳能力，有条件时常按摩乳房，训练母牛两侧卧的习惯，这有利于母牛产后对犊牛的哺乳，同时使牛有机会多接近人，便于分娩时接产和护理工作。

（5）禁喂菜籽饼、棉籽饼、酒糟等饲料，禁喂发霉、变质、冰冻、带有毒性和强烈刺激性的饲料，防止流产。饮水应事先加温，温度要求不低于 10℃。

（6）饲喂疏松可口的饲料　孕牛接近妊娠后期，胎儿快速生长发育，子宫膨胀增大，对各种脏器的挤压力度增强，从而影响母牛和胎儿的生长发育。这就要求给孕牛饲喂一些糠麸类的疏松饲料，同时减少粗硬饲料喂量，以保护胎儿正常生长、发育，减轻对脏器的压迫，保障血液循环顺畅，防止流产。对临产期的孕牛，应注意饲喂体积小、质量好、易消化可口的饲料。

（7）给予孕牛充足的饮水　水是一切生命活动的第一需要。冬季，多数牛以吃干草干料为主，如果饮水不足，就会造成唾液减少，消化减弱，使牛瘤胃蠕动减慢，甚至积食，致使瓣胃阻塞。因此，要给牛喝大量水，但给牛饮冷水，会使牛的子宫收缩，可能导致流产。所以，冬季要给孕牛温水，减少热能散失，避免造成不必要的损失。

（8）坚持适当的运动　怀孕后的牛营养消耗过大，容易造成体弱，抵抗力下降。因此，要抓好孕牛妊娠期间的饲养管理，坚持有规律的适当运动。由于冬季天寒路滑，要防止急走和跑跳。怀孕后期，不要爬山，不走陡坡和险路，不走冰滑道，防止滑倒。孕牛要与其他牲畜分开饲养，单独管理，在放牧、运动时禁止与发情母牛、公牛混合。以防止撕咬、顶架、挤压，以保证孕牛安全，避免流产。

（9）减少应激　日常避免人为惊吓，造成人为不良的应激反应，此外，怀孕母牛不宜长途运输。对怀孕母牛不得追赶、鞭打、惊吓、冲冷水浴、滑跌、挤撞，减轻使役，产前 1 个月要停止使役，单厩饲养，随时准备接产。

（10）预防牛胎动性疝痛的发生　牛怀孕后期，由于子宫内容过大，过度扩张，加之本身体质差，敏感性强，易导致胎动性肚子痛，表现为常起卧不安，哞叫，举尾弩责，阴道流出血水，牛回头望腹，频频做排尿姿势，触诊胎儿活动增强。有效做法是保证孕牛充分休息和安静，同时应用药物进行对症治疗，可用安乃近注射液 30～40 毫升肌肉注射或静脉注射，或用溴化钾 20～40 克内服，用以镇静安胎；也可用黄体酮 1～2 克肌内注射，1 次/天，连用 3 天，均能收到良好的保胎效果。

五、提高犊牛成活率

1. 尽早吃足初乳

据测定，母牛分娩后 2 小时内分泌的初乳中含干物质 24.7%，灰分 1.17%，脂肪 6%，蛋白质 11.35%，免疫球蛋白每毫升含 38.23 毫克。随着分娩时间的延长，上述营养物质逐渐减少。初乳中的球蛋白含有凝集素，具有抵抗病菌、病毒的作用。初乳中维生素 A 比常乳高 10～30 倍，灰分中的镁盐有助于犊牛胎粪的排出。刚出生的犊牛吃初乳越早、越多，越容易成活，特别是在夏秋高温潮湿，病菌、病毒极易生长繁殖的季节更为重要。

2. 做好喂奶工作

犊牛每天保持喂奶 4～6 次。如果母牛无乳，可配制人工初乳喂初生牛犊。配方是常乳 750 毫升、食盐 10 克、新鲜鱼肝油 15 克、加入鸡蛋 2～3 个，经过充分混匀后加热至 37℃喂给。

3. 加强牛舍消毒卫生

犊牛的抵抗力较弱，忽视消毒将给病菌创造入侵之机。因此，犊牛出生后，应用氢氧化钠、石灰水对地面、墙壁、栏杆、食槽等进行全面消毒。冬季每月 1 次，夏季每月 2～3 次。如果发现传染病，则应对病、死牛接触过的环境和用具进行彻底消毒。

牛舍要平坦、干燥、清洁，垫草要勤换，粪便及时清除，奶具每天要用开水消毒。每天刷拭牛体 1～2 次，保证犊牛不被污水和粪便污染，以减少疾病的发生。

4. 供给充足的清洁饮水

犊牛出生后，母牛的奶水不能满足犊牛的正常代谢需求。所以，犊牛出生后要供给母牛充足的清洁饮水。哪怕是哺乳期，也要给母牛供给充足的饮水。

5. 防止乱舔

犊牛每次喂奶完毕，应将口鼻擦拭干净，以免引起自行舔鼻，造成舔癖。犊牛吃奶后如果相互吸吮，常使被吮部位发炎或变形，并可能会将牛毛等杂质咽到胃肠中缠成毛团，堵塞肠管，危及生命。对于已形成舔癖的犊牛，可在鼻梁前套一个小木板来纠正。

6. 加强运动

1 周龄内的犊牛对外界环境不利因素的抵抗力很弱，通常不要让犊牛到户外活动，7 天以后到 20 天，可逐渐增加其户外活动时间，令其接触阳光和新鲜空气。20 天以后可让犊牛整日在运动场内运动，当其身体强壮时可加大运动量，每日驱赶运动 2～3 次，每次 30 分钟。犊牛正处在生长发育阶段，增加运动量可以增强犊牛的体质。不要因惧怕犊牛会乱跑乱闯而限制其运动。

7. 及早开食

让犊牛尽量早一点吃上草料。犊牛一般在 10 日龄时出现反刍，15 日龄就可以采食一点柔软的干草，30 日龄时其胃肠机能已基本发育健全。生产中，为促进犊牛的胃肠发育和机能健全，一般于 10 日龄前，就开始喂给易消化的麦麸、玉米粉、豆粉等，15 日龄让其自由采食晒制的青绿干草。待犊牛每天可以吃进 1 千克干食料时，就可以断奶了。

8. 注意安全

运动场和饲料舍中严禁有布条、绳条等异物，以防犊牛误食，使胃发生机能性障碍而死亡。

9. 加强对犊牛的护理

防犊牛便秘，发现犊牛便秘要及时用肥皂水灌肠，使粪便软化，以便排出。直肠灌注植物油或石蜡油 300 毫升，也可热敷及按摩腹部，或用大毛巾等包扎犊牛腹部保暖以减轻腹痛。

初产小奶牛，如瘦弱无力，体温偏低，吃奶少或食欲废绝，应采取以下护理措施：立即置于温室中，用干布擦干其被毛，盖好保温棉被，尽早喂给初乳；肌内注射维丁交性钙注射液 2.5 毫升，隔日再注射 1 次；静脉输入右旋糖酐 250 毫升、生理盐水 250 毫升、维生素 C 0.5 克，混合后缓慢输入。

弱犊经以上方法治疗无效时，可静脉输复方全血 100～500 毫升。其成分由弱犊母血 100 毫升、10％葡萄糖液 150 毫升、复方生理盐水 100 毫升组成。每周输 1～3 次，可连续输 1～2 周。

六、减少肉牛的应激

所谓应激是机体在各种内外环境因素刺激下所出现的全身性非特异性适应反应，又称为应激反应。这些刺激因素称为应激原。应激是在出乎意料的紧迫与危险情况下引起的高速而高度紧张的情绪状态。对养肉牛来说，肉牛原有的生活环境突然改变或受到其他因素刺激和干扰时，产生应对做出的反应。通俗地说，使肉牛感到不适的刺激统归为应激。

1. 肉牛应激反应的特征

(1) 牛发生应激时精神紧张、四处张望、烦躁不安、试图脱离现实环境。

(2) 活动增加，呼吸加快。

(3) 排尿、排粪次数增加。

(4) 浑身哆嗦、颤抖，淌口水。

(5) 少吃少饮。

(6) 对管理人员的反应迟钝。

2. 产生肉牛应激反应的主要原因

(1) 缺乏饲料供应或饮水不足。

(2) 混群，将不是同一栏的牛混在同一群饲养。

(3) 育肥牛场内或周边环境噪声、异响、异味刺激。

(4) 气候环境恶劣，过分寒冷、过分炎热、过分潮湿。

(5) 改变饲养环境条件，从这一栋牛舍换到另一栋牛舍。

(6) 牛受伤、生病。

(7) 育肥牛被出售运输时。

(8) 过度密集饲养时。

3. 预防措施

为了减少肉牛的应激，要从肉牛日常管理的细节入手，做到日常管理有规律，建立肉牛的条件反射，要规律化、制度化，程序一旦定下来，不可随意改动。进行条件转换时要有过渡期，饲养管理人员多接触牛，善待育肥牛。为此，应给肉牛创造如下生长环境。

(1) 气候气温环境　牛舍牛场空气新鲜，牛舍温度 7～27℃，牛舍地面干燥，湿度小。

(2) 卫生环境　牛舍牛场清洁卫生，无蚊蝇干扰，无有毒有害气体侵袭。

(3) 音响环境　牛舍牛场幽雅清静，无噪声干扰，音响小于 65 分贝。

(4) 亮度　牛舍豁亮，但无强烈刺激光。

(5) 风力　牛舍内有微风、和风，冬季无贼风侵犯。

(6) 粉尘　牛舍内无烟囱粉尘、饲料粉碎灰尘。

（7）牛舍地面　牛舍地面平坦不滑，地面结实但不很硬，冬季铺垫垫草。

（8）牛舍面积　围栏育肥时，每头牛应占 4～6 米²，拴系饲养时每头牛占 2～2.5 米²，有足够的采食和休息面积。

（9）饲料和饮水　随时能够采食到满足育肥牛需求的饲料，饮水充足。

（10）管理环境　温和的管理环境，管理者不粗暴对待牛，不打牛、不骂牛，应经常接触牛，管理有理、有节、有序。

第七章

科学防治肉牛病

　　肉牛疾病的预防和控制是肉牛养殖的重点工作，也是难点工作。肉牛养殖场必须坚持"防治结合、防重于治"的方针，抓住肉牛疫病防控的重点，实行严格的生物安全制度，做好牛场的卫生管理，制定科学的免疫制度，采用科学的防治方法和诊疗技术，有效防范肉牛疾病，降低肉牛患病所带来的危害性和经济损失。

一、抓住肉牛疫病防控的重点

　　当前牛病的发生特点和流行趋势表现：旧病未除，新病不断，传染病发生增多，牛源性的人畜共患病发生率明显上升，疫病危害加大；细菌混合感染、细菌耐药性及环境污染等问题日益严重；规模化牛场营养代谢病和繁殖障碍及肢蹄病不断出现，危害增大。针对以上牛病发生特点和流行趋势，在肉牛饲养管理过程中抓住不同季节和生长时期的发病特点和发展趋势，采取积极有效的措施进行防范控制，以避免各种牛病的发生，就是抓住了肉牛养殖疫病防控的主要矛盾，就可以达到事半功倍的效果。

　　从疫病发生和流行趋势看，口蹄疫、布氏杆菌病、牛结核病、牛病毒性腹泻黏膜病、牛传染性鼻气管炎、牛出败病这些传染性疾病是防控的重点。我们知道，传染病传播必须同时具备传染源、传播途径和易感牛群这三个基本环节，缺少其中任何一个环节，传染病就流行不起来。可见，传染病流行的时候，切断三个基本环节中的任何一个环节，传染病的流行即可终止。我们预防传染病的各种措施，都是分别针对三个基本环节中的某个环节的。因此，针对传染病流行的三个基本环节，预防传染病的一般措施也可以分为以下三个方面。一是控制传染源。传染源有患病动物和病原携带者。病原体在传染源的呼吸道、消化道、血液或其他组织中生存、繁殖，并且通过传染源的排泄物、分泌物或生物媒介（如蚊、蝇、虱等）直接或间接传染给健康牛。由于很多传染病在开始发病前就已经具有了传染性，当发病初期表现出传染病症状时，传染性最强。因此，对传染病牛要尽可能做到早发现、早诊断、早报告、早治疗、早隔离，防止传染病蔓延。这是预防传染病的一项重要措施。二是切断传播途径。病原体传播有水平传播和垂直传播。水平传播有直接接触传播（交配、舔咬）和间接接触传播（传播媒介主要有空气、饲料、水、饮食、土壤和生物等）。垂直传播主要有经胎盘传播、经卵传播、经产道传播等。切断传播途径主要是做好饲养管理和环境卫生。消灭传播疾病的媒介生物，进行一些必要消毒工作，可以使病原体丧失感染健康牛的机会。三是保护易感牛。在传染病流行期间应该注意保护易感牛，不要让易感牛与传染源接触，并且进行预防接种，提高易感牛群的抵抗力。对易感牛加强营养调控、药物保健和牛体刷拭，增强抗病能力。搞好环境卫生和驱除寄生虫，消灭苍蝇、蚊子、老鼠、臭虫等传播疾病的动物，对于控制传染病的流行起很大的作用。

从牛的生长阶段看，犊牛阶段常发疾病主要有牛传染性鼻气管炎、牛副流感、牛巴氏杆菌、犊牛腹泻、犊牛窒息、脐带炎、肺炎、犊牛消化不良等。是犊牛疾病防控的重点。犊牛腹泻是临床上的常见病之一，本病一年四季均可发生，尤其以初春及夏末秋初多发，于出生后3周龄以内的新生犊牛多发，它是造成犊牛生长发育不良和死亡的主要疾病之一，以出生1个月内发病率和死亡率最高，被称为新生犊牛的杀手。给养牛业造成较大的经济损失。腹泻分为营养性（如牛奶饲喂过量、牛奶突然改变成分、低质代乳品、奶温过低等引起）腹泻和传染性（诸如细菌、病毒、寄生虫等引起）腹泻两种。大肠杆菌是引起新生犊牛腹泻的主要病源菌。新生犊牛窒息是指新生犊牛刚出生时，呼吸发生障碍或无呼吸，但有心跳，即为新生犊牛窒息或假死。如不及时采取抢救措施，新生犊牛往往死亡。应正确助产，以防本病的发生。脐带炎是由于脐带剪断时消毒不彻底、产房环境卫生不好使脐带感染，也有犊牛互舐而感染的可能，这些情况导致脐带断端感染而发炎。犊牛肺炎（支气管炎症）是附带有严重呼吸障碍的肺部炎症疾患，初生至2月龄犊牛较多发生。主要原因是管理不当，如环境因素有低湿寒冷，通风不良，多贼风。妊娠期母牛体质弱、营养不良，主要营养物质缺乏，如蛋白质、维生素 A 等。这些因素导致犊牛体质差，对外界环境抵抗力弱，细菌易感染。气候多变的春秋季多发，严重影响犊牛发育。犊牛消化不良也是犊牛的常见病之一。病因较多，主要是饲养管理不当或细菌感染引起。如母牛营养不足，使初生犊牛体弱，抵抗力差，过迟喂给初乳或喂奶不定时、不定量，饲料奶质不佳，犊牛舔污物等，均为引发本病的因素。

肥育阶段，由于肉牛的生长速度快，各种疾病也多。传染病、寄生虫病、代谢病、中毒等均可发生。如瘤胃积食、前胃弛缓、瘤胃臌气、食道阻塞、口腔炎等是防控的重点。瘤胃积食是牛的常见病之一。瘤胃积食的原因是吃了过多饲料，包括精料和劣质粗饲料在瘤胃内滞留，过度疲劳，运动不足，长期营养不良，也是引发瘤胃积食的因素；原发性前胃弛缓，主要是饲养管理不当所致。如长期饲喂粗劣、难以消化的饲料，而又饮水不足；或长期饲喂细碎柔软的饲料，不能兴奋前胃；草料的突然变化，前胃一时难以适应；牛舍阴冷潮湿，过于拥挤；环境卫生不良；过劳或运动不足，缺乏光照，使神经反应性降低，消化道趋于弛缓均易引起本病；瘤胃臌气是饲料停滞瘤胃，异常发酵产气，超过瘤胃的正常容积，而引起患畜嗳气受阻，腹胀、腹痛的一种疾病。主要发生于早春和夏季。原发性瘤胃臌气，多由于过量采食易发酵的饲料，如早春的嫩草，开花前的苜蓿及块根、块茎类多汁饲料或放牧吃了带露水的青草，特别是豆科植物易引起瘤胃鼓气。继发性瘤胃鼓气，多见于前胃迟缓、食管阻塞、麻痹或痉挛、创伤性网胃炎、腹膜炎等疾病过程中；食道阻塞是牛食道被饲草、饲料或异物堵塞导致的急性病症，多因吞食大块、坚硬饲料及其异物造成；口腔炎的原因可大致分为非传染性和传染性两大类别。非传染性口腔炎的原因有饲料粗硬，如吃食大麦芒、枯梗秸秆直接刺破口腔黏膜；投药时粗鲁，使用开口器不慎等机械性损伤；由于误饮了热水和采食冷冻的饲料等冷热刺激；因给予强酸或强碱等刺激性药物；摄取了水银制剂、砷制剂等毒物；采食了腐败饲料、发霉饲料及有毒植物等。传染性口腔炎见于放线菌病、口蹄疫、牛黏膜病、坏死杆菌病、钩端螺旋体病、牛恶性卡他热、牛传染性鼻气管炎、病毒性腹泻等特殊病原疾病。

母牛易患的疾病有产后瘫痪、胎衣不下、子宫内膜炎、产后久不发情和早产、流产等。母牛产后发生瘫痪的原因有饲喂营养不平衡发生代谢性瘫痪，包括其他元素的缺乏也会出现瘫痪；以及神经损伤、韧带损伤、衰竭无力、地面过滑等众多因素都可能引起这种现象的发生。胎衣不下与难产、孪生、早产、流产和引产有很大关系，较为普遍。原因也可能是产褥热、应激、低硒和低维生素 E，以及与子宫脱垂有关。子宫内膜炎是引起牛不孕的重要原因，分急性与慢性两种。母牛产后（包括流产、难产处理、配种），由于细菌等微生物的侵入而引起。还有布氏杆菌病、滴虫病、不合理的操作与药物刺激均会成为诱因。造成流产的原因很多，如传染性流产、寄生虫性流产，一般流产包括母子间营养中断、生殖激素分泌紊乱、外力性（或机械性）、中毒性等，多属饲养管理不当或日粮不平衡所引起。

新牛进场也是牛病防控的重点。由于受市场供求关系、产业布局、消费习惯等多种因素影响，我国肉牛长距离、大范围内调运频繁。口蹄疫、呼吸道疾病及运输应激综合征是肉牛的主要疾病，活牛异地运输和预防监管检测不到位是主因。研究表明，口蹄疫等重大疾病难以防控与这种特殊的流通方式密切相关。我国多个地区存在"买全国、卖全国"的活牛交易市场，病毒随着活牛运输传入调运路线沿线地，再通过活牛交易迅速传播，存在活牛流通环节疫情传播扩散问题。因此，新引进牛进场 30 天内，是疫病防控的重点时期，必须实行严格的隔离制度，单独饲喂和观察。

从季节看，一年四季易发生的疾病各有不同。春季气温多变，如果饲养管理不当，容易引发牛的多种疾病，常见的牛病有流行性感冒、瘤胃臌气、瘤胃积食（又称瘤胃食滞）、牛体表寄生虫病、蹄叶炎等。流行性感冒主要是气温多变，突受寒冷侵袭导致；放牧饲养牛的饲料突然由干草改为青草，从而引起饲料在瘤胃内发酵，产生大量气体，膨胀成病。另外，吃腐烂的饲草也会引起这种病；瘤胃积食主要是消化不良或吃下过多发霉饲草；牛体表寄生虫病主要由牛舍不经常清扫、疥癣或壁虱等寄生虫寄生于皮肤引起；蹄叶炎为蹄真皮与角小叶的弥漫性、非化脓性的渗出性炎症。主要病因一是饲养不当，日粮不平衡，这主要是片面增加精饲料的喂量，致使营养失衡；二是管理不良，蹄护理不及时，分娩时，母牛后肢水肿，使蹄真皮抵抗力下降，蹄形不整，又未及时修整，致使其长期不合理负重。

夏季牛易患热应激、牛寄生虫性眼病、牛流行热病、腐蹄病等。牛的耐热性能差于耐寒性能，以 5～25℃为宜，当温度超过 28℃时，牛就会出现明显的热应激反应；夏季气候温暖、潮湿、蝇类活动频繁，牛易发生牛寄生虫性眼病（又名牛眼虫病或牛吸吮线虫病），此病是由吸吮线虫寄生于牛的结膜囊、第三眼睑下和泪管内所引起的一种寄生虫性眼病。各种年龄的牛均易得，一般5～6月份开始发病，8～9月份达到高峰；夏季阳光照射，牛易患牛流行热（俗称三日热或暂时热），是由牛流行热病毒引起的一种急性热性传染病；腐蹄病也是牛常见的一种高度接触性传染病，夏季高温多雨、圈舍潮湿泥泞时易患此病。在降雨量增多的季节，一些低洼湿地放牧的牛群易患炭疽、恶性水肿、牛产气荚膜梭菌肠毒血症。

夏秋季节多发牛痢疾和传染性角膜炎。牛痢疾又称为下痢，是牛的常见病之一。病因为暑热炎天、劳役过重、感受暑湿热毒，时疫毒邪或饲喂腐败变质草料，饮水不洁，污浊之气内侵肠道。本病多呈散发，常见于夏秋季节，亦有发生于冬春者，俗称为冬痢；传染性角膜炎，又称红眼病，是牛的急性传染病。每逢夏秋之交，牛易发生。

冬季易患流行性感冒、瘤胃积食、百叶干病（又称重瓣胃阻塞或烧包）、前胃迟缓、急性瘤胃臌气、低温症、支气管肺炎、牛冬痢。流行性感冒主要是由于冬季受风、雪或贼风侵袭后引起；瘤胃积食是由于冬季牛吃霉烂变质干草过量，加上饮水不足，往往会造成瘤胃积食、臌胀，导致食欲不振，有的甚至废绝；百叶干病是由于冬季牛吃干草过多，饮水不足，牛体内火过盛，停留在胃里的饲料难以消化，造成大便滞留在瓣胃小叶里难以下行，形成瓣胃阻塞引发本病；前胃弛缓是由于牛劳役过度或运动不足，以及饲料突然变换所致；急性瘤胃臌气是由于牛采食过多白菜叶、番薯藤等而急剧发酵产气所致；低温症是受寒潮侵袭所致。导致牛患支气管肺炎的环境因素有低湿寒冷，通风不良，多贼风。妊娠期母牛体质弱、营养不良，主要营养物质缺乏，如蛋白质、维生素 A 等。导致犊牛体质差，对外界环境抵抗力弱，细菌易于感染；牛冬痢主要危害犊牛，发病率高。

二、实行严格的生物安全制度

生物安全是近年来国外提出的有关集约化生产过程中保护和提高畜禽群体健康状况的新理论。生物安全的中心思想是隔离、消毒和防疫。关键控制点是对人和环境的控制，最后达到建立防止病原入侵的多层屏障的目的。因此，每个牛场和饲养人员都必须认识到，做好生物安全是避免疾病发生的最佳方法。一个好的生物安全体系会发现并控制疾病侵入养殖场的各种最可能途径。

牛场的生物安全包括控制疫病在牛场中的传播、减少和消除疫病发生。因此，对一个牛场而言，生物安全包括两个方面：一是外部生物安全，防止病原菌水平传入，将场外病原微生物带入场内的可能降至最低；二是内部生物安全，防止病原菌水平传播，降低病原微生物在牛场内从病牛向易感牛传播的可能。

牛场生物安全要特别注重生物安全体系的建立和细节的落实到位。具体包括封闭式饲养、不引进其他牛、杜绝和场外牛接触。如果一定要引进牛，要对引进牛实施严格的隔离检测。确保牛场所用的饲料和饮水免受污染，控制其他人员和车辆进入牛场，制定相应的规章制度，减少因人员和车辆进出牛场而引起的病原体传播。控制牛和野生动物之间的直接接触与间接接触，特别是啮齿动物和禽类。明确和监测牛群的健康状况，制定并执行一致的疾病控制方案或生物安全计划等。

1. 牛场环境控制和设施建设

牛场场址不应位于法律法规规定的禁止区域，并符合相关法律法规及土地利用规划，具有动物防疫条件合格证。在县级人民政府畜牧兽医行政主管部门备案，取得畜禽标志代码。

交通便利，卫生防疫无污染。远离禁养区，场界距离生活饮用水源地、居民区、主要交通干线、畜禽屠宰加工和畜禽交易场所1000米以上。

牛场应选择在地势开阔、高燥向阳，通风、排水良好，坡度宜小于25°，场地开阔，有足够的面积，隔离条件好的区域。

水源稳定、取用方便，水质应符合《无公害食品畜禽饮用水水质》（NY 5027—2008）的要求。电力供应充足可靠，符合《供配电系统设计规范》（GB 50052—2009）的要求。通讯基础设施良好。

肉牛育肥场按功能分为生活办公区、生产区（育肥区和隔离区）、饲料加工和粪污处理区，在生产区入口处设人员消毒更衣室。牛场周围及各区之间应设防疫隔离带。生活办公区设在场区常年主导风向的上风向及地势较高区域，隔离区设在场区下风向或侧风向及地势较低区域，饲料区与生产区分离。粪污处理区与病死牛处理区按夏季主导风向设于生产区的下风向或侧风向处。场内净道和污道严格分开。各区整洁，且有明显的标示。牛场四周建有围墙或防疫沟，并配有绿化隔离带设施。生产区入口处应设有更衣消毒室，场内应有消毒设备。牛场大门人口处设车辆强制消毒设施。

牛场应按照牛的生长阶段进行牛舍结构设计，牛舍布局符合实行分阶段饲养方式的要求。牛舍应具备防寒、防暑、通风和采光等基本条件。牛舍有足够的饲养空间，具有饲喂、饮水及清粪设施、设备。有防暑降温的风机等环境控制设备。牛舍建筑布局符合卫生要求和饲养工艺要求，具有良好的防鼠、防蚊蝇、防虫和防鸟设施。

有配套的青贮窖池、干草棚、精料库等饲料加工与贮存设施。牛场设有粉碎机、搅拌机或者肉牛全混合日粮（TMR）调制及饲喂等设备。

应配备生产所需要的兽医诊断等基本仪器设备。设有称重装置、保定架和装卸牛台灯设施。有与养殖规模相适应的粪污贮存与处理设施。

2. 引种与购入牛要求

对于很多牛场来说，由于饲养管理的局限，完全自繁自育是很难做到的，绝大部分牛场要从外部购买种牛或架子牛。由于引入的牛可能带有某些传染性病原体，引起本地牛群发病。这就要求购牛时，要将传染病传播的危险降低到最低程度。

需要引进新牛时，要提前做好相关工作。这些工作包括了解新引进牛来源地的详细情况，隔离设施的提供与管理，检测、治疗和疫苗接种计划，以及引进牛不符合健康标准时的后续工作。牛场兽医部门应根据新引进牛的转运过程，对某些传染病发生的危险给出相应评价。当新牛引进或场内牛和场外牛有接触时，需引起注意。

引进种牛要严格执行《种畜禽管理条例》有关种畜禽品种资源保护的规定，并按照有关法律法规进行检疫。不从有疫病发生的国家和地区引进牛只、胚胎、精液。如不从有牛海绵状脑病及高风险的国家和地区引进牛只、胚胎/卵。应从非疫区引进牛，并有当地检疫部门出具的动物检疫合格证明。牛在装运及运输过程中不能接触其他偶蹄动物，运输车辆应彻底清洗消毒。购入牛要在隔离场（区）观察不少于 30 天，在此期间进行检疫，经兽医检查确定为健康合格，再经驱虫、预防接种后，方可转入生产群。

3. 加强消毒，净化环境

养牛场应备有健全的清洗消毒设施和设备，以及制定和执行严格的消毒制度，减少环境中的病源微生物，防止疫病传播。在牛场入口、生产区入口、牛舍入口设置防疫规定的长度和深度的消毒池。每批牛只调出后，应彻底清扫干净，用水冲洗，然后进行喷雾消毒。定期对饲喂用具、饲料车等进行消毒。牛场采用人工清扫、冲洗、交替使用化学消毒药物消毒。选用的消毒剂应符合《无公害食品畜禽饲养兽药使用准则》（NY 5030—2016）的规定。选择对人和牛安全、没有残留毒性、对设备没有破坏、不会在牛体内产生有害积累的高效消毒剂。

对清洗完毕的牛舍、带牛环境、牛体消毒牛场道路和周围以及进入场区的车辆等用规定浓度的次氰酸盐、有机碘混合物、过氧乙酸、新洁尔灭、煤酚等进行喷雾消毒。用规定浓度的新洁尔灭、有机碘混合物或煤酚等的水溶液洗手、洗工作服或胶靴。人员入口处设紫外线灯照射至少 5 分钟。在牛舍周围、入口、产床和牛床下面撒生石灰、2%火碱等进行消毒。在牛只经常出入的产房、培育舍等地方用喷灯火焰依次瞬间喷射消毒。定期用 0.1%新洁尔灭、0.3%过氧乙酸、0.1%次氯酸钠等对牛体进行消毒。用甲醛等对饲喂用具和器械在密闭室内或容器内进行熏蒸。牛舍周围环境每 2～3 周用 2%火碱或撒生石灰消毒 1 次；场周围及场内污染地、排粪坑、下水道出口，每月用漂白粉消毒 1 次。在牛场、牛舍入口设消毒池，定期更换消毒液。工作人员进入生产区净道和牛舍要更换工作服和工作鞋、经紫外线消毒。外来人员必须进入生产区时，应更换场区工作服和工作鞋，经紫外线消毒，并遵守场内防疫制度，按指定路线行走。

4. 饲料管理

饲料原料和添加剂的感官应符合要求。即具有该饲料应有的色泽、味及组织形态特征，质地均匀。无发霉、变质、结块、虫蛀及异味、异物。饲料和饲料添加剂的生产、使用，应安全、有效、不污染环境。禁止饲喂动物源性肉骨粉。不应在牛体内埋植或在饲料中添加镇静剂、激素类等违禁药物。使用含抗生素的添加剂时，应按照《饲料和饲料添加剂管理条例》执行休药期。符合单一饲料、饲料添加剂、配合饲料、浓缩饲料和添加剂预混合产品的饲料质量标准规定。饲料应符合《无公害食品畜禽饲料和饲料添加剂使用准则》（NY 5032—2006）的要求，所有饲料和饲料添加剂的卫生指标应符合《饲料卫生标准》（GB 13078—2001）和《饲料卫生标准》（GB 13078.2—

2006）饲料中赭曲霉毒素 A 和玉米赤霉烯酮允许量的规定。

饲料和饲料添加剂应在稳定条件下取得，各种原料和产品标志清楚，在洁净、干燥、无污染源的贮存仓贮存，确保饲料和饲料添加剂在生产加工、贮存和运输过程中免受害虫、化学、物理、微生物或其他不期望物质的污染。

使用优质原料，依据不同生长时期和生理阶段牛群的营养需要和采食量，制定科学合理、实用、低成本的饲料配方，并根据牛群饲喂效果和饲料原料来源情况及时进行检测和调整，使营养全面化、成本最低化、实用可行化。对不能保证青绿饲料充足供应的，要注意维生素和微量元素的补充供给。禁止在饲料中添加违禁药物及药物添加剂。使用含有抗生素的添加剂时，在肉牛出栏前，按有关准则执行休药期。不使用变质、霉败、生虫或被污染的饲料。

5. 病死牛无害化处理

病死牛无害化处理是指用物理、化学等方法处理病死动物尸体及相关动物产品，消灭其所携带的病原体，消除动物尸体危害的过程。无害化处理方法包括焚烧法、化制法、掩埋法和发酵法。注意因重大动物疫病及人畜共患病死亡的动物尸体和相关动物产品不得使用发酵法进行处理。牛场不应出售病牛、死牛。需要处死的病牛，应在指定地点进行扑杀，传染病牛尸体要按照有关法律法规进行处理。有使用价值的病牛应隔离饲养、治病、病愈后归群。

6. 实施群体预防

养牛场应根据《中华人民共和国动物防疫法》及其配套法规的要求，结合当地疫病流行的实际情况，制订免疫计划、有选择地进行疫病预防接种工作；对国家兽医行政管理部门不同时期规定需强制免疫的疫病，疫苗的免疫密度应达到 100%，选用的疫苗应符合《中华人民共和国兽用生物制品质量标准》，并注意选择科学的免疫程序和免疫方法。通常养牛场的免疫种类有口蹄疫、驱虫、炭疽、破伤风、结核、副结核和布氏杆菌病等。

进行预防、治疗和诊断疾病所用的兽药应是来自具有《兽药生产许可证》，并获得农业部颁发《中华人民共和国兽药 GMP 证书》的兽药生产企业，或农业部批准注册进口的兽药，其质量均应符合相关兽药国家质量标准。使用拟肾上腺素药、平喘药、抗胆碱药与拟胆碱药、糖肾上腺皮质激素类药和解热镇痛药，应严格按国务院兽医行政管理部门规定的作用、用途和用法、用量使用。使用饲料药物添加剂应符合农业部《饲料药物添加剂使用规范》的规定。禁止将原料药直接添加到饲料及饮用水中或直接饲喂。应慎用经农业部批准的拟肾上腺素药、平喘药、抗胆碱药与拟胆碱药、糖肾上腺皮质激素类药和解热镇痛药。

肉牛育肥后期使用药物时，应根据《无公害食品畜禽饲养兽药使用准则》（NY 5030—2016）执行休药期。发生疾病的种公牛、种母牛及后备牛必须使用药物治疗时，在治疗期或达不到休药期的不应作为食用淘汰牛出售。牛场还要认真做好用药记录。

7. 防止应激

应激是作用于动物机体的一切异常刺激，引起机体内部发生一系列非特异性反应或紧张状态的统称。对于牛来说，任何让牛不舒服的动作都是应激。应激对牛危害很大，可造成机体免疫力、抗病力下降，抑制免疫，诱发疾病，条件性疾病就会发生。可以说，应激是百病之源。

防止和减少应激的办法很多，在饲养管理上要做到"以牛为本"，精心饲喂，供应营养平衡的饲料，控制牛群的密度，做好牛舍通风换气、控制好温度、湿度和噪声，勤更换垫料，随时供应清洁充足的、温度适宜的饮水等。

8. 疫病监测

肉牛饲养场应积极配合当地畜牧兽医行政管理部门，严格依照《中华人民共和国动物防疫法》及其配套法规的要求，进行疫病监测。

肉牛饲养场常规监测的疾病至少应包括口蹄疫、结核病、布鲁氏菌病。不应检出的疫病有牛瘟、牛传染性胸膜肺炎、牛海绵状脑病。除上述疫病外，还应根据当地实际情况，选择其他一些必要的疫病进行监测。

9. 疫病控制和扑灭

肉牛饲养场发生或怀疑发生一类疫病时，应依据《中华人民共和国动物防疫法》及时采取以下措施：立即封锁现场，驻场兽医应及时进行诊断，采集病料由权威部门确诊，并尽快向当地动物防疫监督机构报告疫情。当确诊发生口蹄疫、蓝舌病、牛瘟、牛传染性胸膜肺炎时，肉牛饲养场应配合当地畜牧兽医管理部门，对牛群实施严格的隔离、检疫、扑杀措施。当发生牛海绵状脑病时，除了对牛群实施严格的隔离、扑灭措施外，还需追踪调查病牛的亲代和子代。对全场进行彻底清洗消毒，病死或淘汰牛的尸体按有关法律法规进行无害化处理，消毒按《畜禽产品消毒规范》（GB/T 16569—1996）进行。发生炭疽时，焚毁病牛，对可能污染点进行彻底消毒。发生牛白血病、结核病、布鲁氏菌病等疫病，发现蓝舌病血清学阳性牛时，应对牛群实施清群和净化措施。

10. 建立各项生物安全制度

建立生物安全制度就是将有关牛场生物安全方面的要求、技术操作规程加以制度化，以便全体员工共同遵守和执行。

如牛场之间不能进行牛的租借或出租。出场展览或市场销售的牛不能再返回牛场。放牧时，不同牛场的牛应避免接触。

在员工管理方面要求对新参加工作及临时参加工作的人员需进行上岗卫生安全培训。定期对全体职工进行各种卫生规范、操作规程的培训。

生产人员和生产相关管理人员至少每年进行 1 次健康检查，新参加工作和临时参加工作的人员，应经过身体检查取得健康合格证后方可上岗，并建立职工健康档案。

进生产区必须穿工作服、工作鞋，戴工作帽，工作服必须定期清洗和消毒。每次牛群周转完毕，所有参加周转人员的工作服应进行清洗和消毒。各牛舍专人专职管理。

严格执行换衣消毒制度，员工外出回场时（休假或外出超过 4 小时回场者，要在隔离区隔离 24 小时），要经严格消毒、洗澡，更换场内工作服才能进入生产区，换下的场外衣物存放在生活区的更衣室内，行李、箱包等大件物品需打开照射 30 分钟以上，衣物、行李、箱包等均不得带入生产区。

外来人员管理方面规定禁止外来人员随便进入牛场。如发现外人入场，所有员工有义务及时制止，请出防疫区。本场员工不得将外人带入牛场。外来参观人员必须严格遵守本场防疫、消毒制度。

工具管理方面做到专舍专用工具，各舍设备和工具不得串用，工具严禁借给场外人员使用。

还有每栋牛舍门口设消毒池、盆，并定期更换消毒液，保持有效浓度。严禁在防疫区内饲养猫、狗和其他偶蹄动物等，养牛场应配备对害虫和啮齿动物等的生物防护设施，杜绝使用发霉变质饲料等。

每群肉牛都要有相关的资料记录，内容包括：肉牛来源，饲料消耗情况，发病率、死亡率及发病死亡原因，消毒情况，无害化处理情况，实验室检查及其结果，用药及免疫接种情况，肉牛去向。所有记录必须妥善保存。

对牛粪、垃圾废物采用沼气发酵法或堆粪法进行无害化处理。对废弃药品、生物制品包装物进行无害化处理。

三、保持良好的卫生管理

牛场的卫生管理包括牛场的环境与设施、牛体卫生、肉牛引进要求、饲料及饲料添加剂卫生、日常环境管理、工作人员的健康和卫生等方面。

1. 环境与设施的卫生管理

牛场应建立在平坦、干燥、水质良好、水源充足、无有害污染源的地方，并且远离学校、公共场所、居民区、生活饮用水源保护区及国家、地方法律法规规定需要特殊保护的区域。

场内应分设管理区、生产区，并处在上风向。兽医室、病牛隔离房、粪污处理区应处在下风向。生产区净道和污道应分开，污道在下风向。场区内的道路应坚硬、平坦、无积水。牛舍、运动场、道路以外地带应绿化。场区牛舍应坐北朝南，坚固耐用，宽敞明亮，排水通畅，通风良好，能有效排除潮湿和污浊的空气，夏季有防暑降温的措施，地面和墙壁应选用便于清洗消毒的材料。生产区门口地面设有长、宽、深分别不低于3.8米、3.0米、0.1米的消毒池，人员进入生产区应通过消毒通道，消毒通道应有地面消毒与紫外线消毒设施。

场区内应设有牛粪尿处理设施，处理后应符合《粪便无害化卫生标准》（GB 7959—2012）的规定，排放出厂的污水必须符合《污水综合排放标准》（GB 8978—1996）的有关规定。场区内必须设有更衣室、厕所、淋浴室、休息室。更衣室内应按人数配备衣柜。厕所内应有冲水装置、非手动开关的洗手设施和洗手用的清洗剂。场内设有与生产能力相适应的微生物和产品质量检验室，并配备工作所需的仪器设备和经培训后由动物防疫监督机构考核认证的检验人员。

场区的供、排水系统要求。场区内应有足够的生产用水，水压和水温均应满足生产需求，水质应符合《无公害食品畜禽饮用水水质》（NY 5027—2008）规定。饮水池应定期清洗，换水。配备贮水设施的应有防污染措施，并定期清洗、消毒；场区内应具有良好的排水系统，并不得污染供水系统。

2. 牛体卫生管理

经常刷拭和按摩牛体，保持牛体清洁、干净。用对牛无毒害的高效消毒药液给牛体消毒，清除牛体表的污物和寄生虫。

3. 饲料及饲料添加剂的卫生管理

饲料和饲料添加剂的使用应符合《无公害食品畜禽饲料和饲料添加剂使用准则》（NY 5032—2006）规定的要求，禁止饲喂反刍动物源性肉骨。严禁从疫区调运饲料。有条件的应对饲草进行无公害化消毒。各种饲料应干净、无杂质。饲喂前饲草应铡短，扬弃泥土，清除异物，防止污染；块根、块茎类饲料需清洗、切碎，冬季防冷冻。按饲养规范饲喂，不堆槽、不空槽，不喂发霉变质和冰冻饲草饲料。

4. 环境卫生管理

牛场每天应清洗牛舍槽道、地面、墙壁，除去褥草、污物、粪便。清洗工作结束后应及时将粪便及污物运送到储粪场。运动场牛粪安排专人每天清扫，集中到储粪场。

场区内应定期灭蚊、灭蝇、灭鼠，清除杂草。每年应结合当地寄生虫病流行情况进行寄生虫病的检查和驱虫。

5. 工作人员的卫生管理

场内工作人员每年进行健康检查，取得健康合格证后方可上岗工作。场内有关部门应建立职工健康档案。对患有痢疾、伤寒、弯杆菌病、病毒性肝炎等消化道传染病（包括病原携带者）、活动性肺结核、布鲁氏菌病、化脓性或渗出性皮肤病、其他有碍食品卫生、人畜共患的疾病等病症之一者不得从事饲草、饲料收购、加工、饲养、挤奶和防治工作。

饲养人员的工作帽、工作服、工作鞋（靴）应经常清洗、消毒；对更衣室、淋浴室、休息室、厕所等公共场所要经常清扫、清洗、消毒。

四、建立科学的免疫制度

免疫是指机体免疫系统识别自身与异己物质，并通过免疫应答排除抗原性异物，以维持机体生理平衡的功能。免疫作为控制传染病流行的主要手段之一，是平时为了预防某些传染病的发生和流行，有组织、有计划地按免疫程序给健康畜群进行的免疫接种。能有效避免和减少各类动物疫病的发生。做好动物免疫工作，使动物机体获得可靠的免疫效果，就能为有效控制传染病的发生奠定良好基础。

制定科学、合理的免疫程序，是做好免疫工作的前提，对保证肉牛的健康起到关键作用，养牛场必须根据国家规定的强制免疫疾病种类和农业部疫病免疫推荐方案的要求，并结合本地疫病实际流行情况，科学制定和设计一个适合于本场的免疫程序。

1. 农业部 2013 年国家动物疫病强制免疫计划

根据《2013年国家动物疫病强制免疫计划》规定，口蹄疫实行强制免疫。有关牛免疫部分的免疫方案如下。

对所有牛、羊、骆驼、鹿进行 O 型和亚洲 I 型口蹄疫强制免疫；对所有奶牛和种公牛进行 A 型口蹄疫强制免疫；对广西、云南、西藏、新疆和新疆生产建设兵团边境地区的牛、羊进行 A 型口蹄疫强制免疫。

规模养殖场按下述推荐免疫程序进行免疫，散养家畜在春秋两季各实施 1 次集中免疫，对新补栏的家畜要及时免疫。

（1）规模养殖家畜和种畜免疫 犊牛，90 日龄左右进行初免。

所有新生家畜初免后，间隔 1 个月后进行 1 次加强免疫，以后每隔 4~6 个月免疫 1 次。

（2）散养家畜免疫 春秋两季对所有易感家畜进行 1 次集中免疫，每月定期补免。有条件的地方可参照规模养殖家畜和种畜的免疫程序进行免疫。

（3）紧急免疫 发生疫情时，对疫区、受威胁区域的全部易感家畜进行 1 次加强免疫。边境地区受到境外疫情威胁时，要对距边境线 30 千米以内的所有易感家畜进行 1 次加强免疫。最近 1 个月内已免疫的家畜可以不进行加强免疫。

（4）使用疫苗种类 牛、羊、骆驼和鹿，口蹄疫 O 型-亚洲I型二价灭活疫苗、口蹄疫 O 型-A 型二价灭活疫苗和口蹄疫 A 型灭活疫苗、口蹄疫 O 型-A 型-亚洲 I 型三价灭活疫苗。

空衣壳复合型疫苗在批准范围内使用。

（5）免疫方法　各种疫苗免疫接种方法及剂量按相关产品说明书规定操作。

（6）免疫效果监测　猪免疫 28 天后，其他畜 21 天后，进行免疫效果监测。

2. 农业部疫病免疫推荐方案

根据农业部《常见动物疫病免疫推荐方案（试行）》规定，肉牛应该免疫的病种有布鲁氏菌病和炭疽。免疫推荐方案如下。

（1）布鲁氏菌病

① 区域划分　一类地区是指北京、天津、河北、内蒙古、山西、黑龙江、吉林、辽宁、山东、河南、陕西、新疆（包括新疆生产建设兵团）、宁夏、青海、甘肃。以县为单位，连续 3 年对牛羊实行全面免疫。牛羊种公畜禁止免疫。奶畜原则上不免疫，个体病原阳性率超过 2% 的县，由县级兽医主管部门提出申请，报省级兽医主管部门批准后实施免疫。免疫前监测淘汰病原阳性畜。已达到或提前达到控制、稳定控制和净化标准的县，由县级兽医主管部门提出申请，报省级兽医主管部门批准后可不实施免疫。

连续免疫 3 年后，以县为单位，由省级兽医主管部门组织评估考核达到控制标准的，可停止免疫。

二类地区是指江苏、上海、浙江、江西、福建、安徽、湖南、湖北、广东、广西、四川、重庆、贵州、云南、西藏。原则上不实施免疫。未达到控制标准的县，需要免疫的由县级兽医主管部门提出申请，经省级兽医主管部门批准后实施免疫，报农业部备案。

净化区是指海南。禁止免疫。

② 免疫程序　经批准对布鲁氏菌病实施免疫的区域，按疫苗使用说明书推荐程序和方法，对易感家畜先行检测，对阴性家畜方可进行免疫。

布鲁氏菌活疫苗（M5 株或 M5-90 株）用于预防牛、羊布鲁氏菌病；布鲁氏菌活疫苗（S2 株）用于预防山羊、绵羊、猪和牛的布鲁氏菌病；布鲁氏菌活疫苗（A19 株或 S19 株）用于预防牛的布鲁氏菌病。

（2）炭疽　对近 3 年曾发生过疫情的乡镇易感家畜进行免疫。

每年进行 1 次免疫。发生疫情时，要对疫区、受威胁区所有易感家畜进行1次紧急免疫。

使用无荚膜炭疽芽孢疫苗或Ⅱ号炭疽芽孢疫苗。

3. 当地疫病流行情况的确定

当前我国牛疫病控制现状仍十分严峻，如布鲁氏菌病、口蹄疫（A型、O型和亚洲Ⅰ型同时存在）、牛结核、牛病毒性腹泻、牛传染性鼻气管炎等疫病在很多地方仍呈流行态势，且流行情况日益复杂。确定当地疫病流行的种类和轻重程度时，要主动咨询牛场所在地畜牧兽医主管部门，当地农业院校和科研院所，及时准确地掌握本地牛疫病的种类和疫情发生发展情况，为本场制定免疫计划提供可靠依据。

由于绝大多数肉牛场是从外部购买架子牛或母牛，这样还需要在购买前及时了解引进牛所在地的疫情流行情况，同时，购牛时要取得出售牛当地畜牧兽医主管部门出具的检疫证明。

4. 进行免疫监测

利用血清学方法，对某些疫苗免疫动物在免疫接种前后的抗体跟踪监测，以确定接种时间和免疫效果。在免疫前，监测有无相应抗体及其水平，以便掌握合理的免疫时机，避免重复和失误；在免疫后，监测是为了了解免疫效果，如不理想可查找原因，进行重免；有时还可及时发现疫情，尽快采取扑灭措施。如定期开展牛口蹄疫等疫病的免疫抗体监测，及时修正免疫程序，提高疫苗保护率。可见，免疫检测是最直接、最可靠的疫病状况监测方法，规模化养牛场要对本场的牛进行免疫检测。

5. 紧急接种

紧急接种是指发生传染病时，为了迅速控制和扑灭疫病的流行，而对疫区和受威胁区尚未发病的动物进行的应急性免疫接种。紧急接种以使用免疫血清较为安全有效，当牛群受到某些传染病威胁时，应及时采用有国家正规批准文号的生物制品，如抗炭疽血清、抗气肿疽血清、抗出血性败血症血清等进行紧急接种，以治疗病牛及防止疫病进一步扩散。但因用量大、价格高、免疫期短且大批牛只接种时通常供不应求，在实践中使用这些免疫血清受到一定限制。多年来的实践证明，在疫区内使用某些疫（菌）苗进行紧急接种是切实可行的。应用疫苗进行紧急接种时，必须先对动物群逐头进行详细的临床检查，只能对无任何临床症状的动物进行紧急接种，对患病动物和处于潜伏期的动物，不能接种疫苗，应立即隔离治疗或扑杀。

但应注意，在临床检查无症状而貌似健康的动物中，必然混有一部分潜伏期动物，在接种疫苗后不仅得不到保护，反而促进其发病，造成一定损失，这是一种正常的、不可避免的现象。但由于这些急性传染病潜伏期短，而疫苗接种后又能很快产生免疫力，因而发病数不久即可减少，疫情会得到控制，多数动物得到保护。

6. 肉牛常用疫苗的特性与用法（表 7-1）

表 7-1　肉牛常用疫苗的特性与用法

名称	用途	特性	使用方法	免疫期	注意事项
牛瘟兔化活疫苗	用于预防牛瘟	鲜红色、细致均匀的乳液，静置后下部稍有沉淀，但不至于阻塞针孔。冻干苗为暗红色海绵状疏松团块，易与瓶壁脱离，加稀释液迅速溶解成红色均匀混悬液	皮下或肌内注射。液体苗用前摇匀，不论年龄、体重、性别，一律注射1毫升。冻干苗按瓶签标示用生理盐水稀释，不分年龄、体重、性别，一律注射1毫升	接种后14天产生免疫力，免疫保护期1年	随配随用，暗处保存且不能超限，15℃以下，24小时有效；15～20℃，12小时有效；21～30℃，6小时有效。临产前1个月的孕牛、分娩后尚未康复的母牛，不宜使用；个别地区有易感性强的牛种，应先做小区试验，证明安全有效后方可推广使用
抗牛瘟血清	抗牛瘟血清属于免疫血清，注射后很快就能起保护作用，但只能用于治疗或紧急预防牛瘟	黄色或淡棕色透明液体，久置瓶底微有灰白色沉淀	肌内或静脉注射。预防量，100千克以下的牛，每头注射30～50毫升；100～200千克的牛，每头注射50～80毫升；200千克以上的牛，每头注射80～100毫升。治疗量加倍	免疫保护期很短，只有14天	2～15℃阴冷干燥处保存，有效期4年。禁止冷冻保存。用注射器吸取血清时，不能把瓶底的沉淀摇出。治疗时，采用静脉注射疗效较好，若皮下注射或肌内注射剂量大，可分点注射。为防止发生过敏反应，可先少量注射，观察20～30分钟无反应后，再大量注射。若发生过敏反应，可皮下或静脉注射0.1%肾上腺素4～8毫升

名称	用途	特性	使用方法	免疫期	注意事项
牛O型口蹄疫灭活疫苗	用于牛O型口蹄疫的预防接种和紧急免疫	略带红色或乳白色的黏滞性液体	肌内注射，1岁以下的牛，每头注射2毫升；成年牛每头注射3毫升	免疫保护期6个月	在4～8℃阴暗条件下保存，有效期10个月；防止冻结，严禁高温及日光照射；其他同口蹄疫活疫苗
口蹄疫O型、A型活疫苗	用于牛O型、A型口蹄疫的预防接种和紧急免疫	暗红色液体，静置后瓶底有部分沉淀，振摇后成均匀混悬液	充分振摇后皮下或肌内注射；12～24月龄的牛每头注射1毫升；24月龄以上的牛每头注射2毫升；经常发生口蹄疫的地区，第1年注射2次，以后每年注射1次即可	注苗后14天产生免疫力，免疫保护期4～6个月	－12℃以下冷冻保存，有效期1年；－6℃阴冷干燥处保存，有效期5个月；20～22℃阴暗干燥处保存，有效期7个月。12月龄以下的牛不宜注射。防疫人员的衣物、工具、器械、疫苗瓶等，都要严格消毒处理。注苗后的牛应控制14天，不得随意移动，以便进行观察，也不得与猪接触。接种后若有多数牛发生严重反应，应严格封锁，加强护理
口蹄疫O型、亚洲I型二价灭活疫苗（OJMS株＋JSL株）	用于预防及紧急接种牛、羊O型、亚洲I型口蹄疫	淡粉红色或乳白色略带黏滞性乳状液	肌内注射，每头牛2毫升，每只羊1毫升	免疫期为4～6个月	疫苗应冷藏（但不得冻结），并尽快运往使用地点，运输和使用过程中避免日光直接照射；使用前应仔细检查疫苗。疫苗中若有其他异物、瓶体有裂纹或封口不严、破乳、变质者不得使用。使用时应将疫苗恢复至室温并充分摇匀。疫苗瓶开启后限当日用完。本疫苗仅接种健康牛、羊，病畜、瘦弱、怀孕后期母畜及断奶前幼畜慎用；严格遵守操作规程。注射器具和注射部位应严格消毒，每头（只）更换一次针头。曾接触过病畜人

名称	用途	特性	使用方法	免疫期	注意事项
口蹄疫 O 型、亚洲 I 型二价灭活疫苗（OJMS 株＋JSL 株）					员,在更换衣、帽、鞋和进行必要消毒之后,方可参与疫苗注射;疫苗对安全区、受威胁区、疫区牛羊均可使用。疫苗应从安全区至受威胁区进行注射,最后再注射疫区内受威胁畜群。大量使用前,应先小试,确认安全后,再逐渐扩大使用范围;在非疫区,注苗后 21 日方可移动或调运;在紧急防疫中,除用本品紧急接种外,还应同时采用其他综合防治措施;个别牛出现严重过敏反应时,应及时使用肾上腺素等药物进行抢救,同时采用适当的辅助治疗措施
口蹄疫 O 型、亚洲 I 型、A 型三价灭活疫苗（O/MY A98/BY/2010 株＋JSL 株＋Re-A/WH/09 株）	用于预防及紧急接种牛、羊 O 型、亚洲 I 型、A 型口蹄疫	乳白色略带黏滞性乳状液	肌内注射。每头牛 1 毫升;每只羊 0.5 毫升	免疫期为 6 个月	疫苗应冷藏(但不得冻结),并尽快运往使用地点,运输和使用过程中避免日光直接照射;使用前应仔细检查疫苗。疫苗中若有其他异物、瓶体有裂纹或封口不严、破乳、变质者不得使用。使用时应将疫苗恢复至室温并充分摇匀。疫苗瓶开启后限当日用完。本疫苗仅接种健康牛、羊。病畜、瘦弱、怀孕后期母畜及断奶前幼畜慎用;严格遵守操作规程。注射器具和注射部位应严格消毒,每头(只)更换一次针头。曾接触过病畜人员,在换衣、帽、鞋和进行

名称	用途	特性	使用方法	免疫期	注意事项
口蹄疫O型、亚洲I型、A型三价灭活疫苗（O/MYA98/BY/2010株＋JSL株＋Re-A/WH/09株）					必要消毒之后，方可参与疫苗注射；疫苗对安全区、受威胁区、疫区牛羊均可使用。疫苗应从安全区至受威胁区进行注射，最后再注射疫区内受威胁畜群。大量使用前，应先小试，确认安全后，再逐渐扩大使用范围；在非疫区，注苗后21日方可移动或调运；在紧急防疫中，除用本品紧急接种外，还应同时采用其他综合防治措施；个别牛出现严重过敏反应时，应及时使用肾上腺素等药物进行抢救，同时采用适当的辅助治疗措施
牛副伤寒灭活菌苗		静置时上部为灰褐色透明液体，下部为灰白色沉淀，振摇后成均匀混悬液。用于预防牛副伤寒及沙门氏菌病	1岁以下的小牛肌内注射1～2毫升，1岁以上的牛注射2～5毫升。为增强免疫力，对1岁以上的牛，在第1次注射10日后，可用相同剂量再注射1次。孕牛产前1.5～2个月注射，新生犊牛应在1～1.5月龄时再注射1次。已发生副伤寒的牛群，2～10日龄犊牛可肌内注射1～2毫升	注射后14天产生免疫力，免疫保护期为6个月	疫苗在2～15℃冷暗干燥处保存，有效期1年。严禁冻结保存，使用前充分摇匀。病弱牛不宜使用。注射局部会形成核桃大硬结肿胀，但不影响健康

名称	用途	特性	使用方法	免疫期	注意事项
牛巴氏杆菌病灭活菌苗	主要用于预防牛出血性败血症(牛巴氏杆菌病)	静置后上层为淡黄色透明液体,下层为灰白色沉淀,振摇后成均匀乳浊液	皮下或肌内注射,体重100千克以下的牛,注射4毫升,100千克以上的牛,注射6毫升	注射后20天产生可靠的免疫力,免疫保护期9个月	2~15℃冷暗干燥处保存,有效期1年;28℃以下冷暗干燥处保存,有效期9个月。用前摇匀,禁止冻结。病弱牛、食欲或体温不正常的牛、怀孕后期的牛,均不宜使用。注射部位有时会出现核桃大硬结,但对健康无影响
牛肺疫活菌苗	用于预防牛肺疫(牛传染性胸膜肺炎)	液体苗为黄红色液体,底部有白色沉淀;冻干苗为黄色、海绵状疏松团块,易与瓶壁脱离,加稀释液后迅速溶解成均匀混悬液	用20%氢氧化铝胶生理盐水稀释液,按1:500稀释,为氢氧化铝苗;用生理盐水,按1:100稀释,为盐水苗。氢氧化铝苗臀部肌内注射,成年牛2毫升,6~12个月小牛1毫升。盐水苗尾端皮下注射,成年牛1毫升,6~12个月小牛0.5毫升	免疫保护期1年	0~4℃低温冷藏,有效期10天;10℃左右的水井、地窖等冷暗处保存,有效期7天。已稀释的疫苗必须当日用完,隔日作废。半岁以下犊牛、临产孕牛、瘦弱或有其他疾病的牛不能使用
布鲁氏菌病19号活疫苗	用于预防牛的布鲁氏菌病,只用于母牛	白色或淡黄色、海绵状疏松团块,易与瓶壁脱离,加入稀释剂后,迅速溶解成均匀混悬液	应在6~8月龄(最迟1岁以前)注射1次。必要时,在18~20月龄(即第1次配种期)再注射1次。颈部皮下注射5毫升。使用时,先用消毒后的注	注射后1个月产生免疫力,免疫保护期6年	在0~8℃冷暗干燥处保存,有效期1年。仅用于1岁以下、布鲁氏菌病血清学或超敏反应阴性牛,1岁半以上的牛(尤其是怀孕牛、泌乳牛)、病弱牛禁止使用。稀释后当日用完,严禁日晒。注射后数日内会出现体温升高、注射部位轻度肿胀,但不

名称	用途	特性	使用方法	免疫期	注意事项
布鲁氏菌病19号活疫苗			射器注入灭菌缓冲生理盐水,轻轻振摇成均匀混悬液,再用注射器将其移置于灭菌瓶中,按照瓶签标明的剂量加入适量生理盐水,稀释至每毫升含活菌120亿～160亿个		久即消失。严格操作程序,搞好个人防护,防止污染水源
牛环形泰勒虫活虫苗	用于预防牛环形泰勒虫病	在4℃冰箱内保存时,呈半透明、淡红色胶冻状;在40℃温水中融化后无沉淀、无异物。疫苗有100毫升、50毫升、20毫升瓶装,每毫升内含100万个活细胞	用前在38～40℃温水内融化5分钟,振摇均匀后注射。不论年龄、性别、体重,一律在臀部肌内注射1～2毫升	注射后21天产生免疫力,免疫保护期1年	疫苗在4℃冰箱内保存期为2个月,最好在1个月内使用。开瓶后应在当日内用完,隔日作废。注苗3日内,可能产生轻微体温升高和不适表现,这属于正常反应
Ⅱ号炭疽芽孢苗	用于预防牛炭疽病	本苗静置后呈透明液体,瓶底有少量灰白色沉淀,充分振摇后呈微混淡黄色或稍带乳白色的混悬液	颈侧皮下注射1毫升,或皮内注射0.2毫升	注射14天后即可产生坚强的免疫力。免疫期为1年	在运输过程中应避免阳光直射。各地收到疫苗后立即妥善保存,不得冻结。被注射家畜必须健康;若体质瘦弱、有病或天气突变,均不可使用。本苗使用前应仔细检查包装,如发现瓶口不严、漏苗、破瓶,瓶上印字辨不清何种疫苗或瓶内

名称	用途	特性	使用方法	免疫期	注意事项
Ⅱ号炭疽芽孢苗					有霉菌、异物及摇不散的凝块等物以及过期失效者,均不要使用。注射前应充分振摇瓶子,用碘酒消毒瓶塞表面,待干后用消毒的注射器由瓶塞中央刺入瓶内,吸取芽孢苗,吸取苗时勿打开瓶塞;如当日用不完,应严密消毒封闭瓶塞针眼,并立即放于冰箱内保存,以备次日再用。注射使用一次性注射器,每注射一头要更换一个。本苗注射后部分家畜可能有2～3天的体温反应,注射部位有轻微肿胀,个别家畜有食欲减退现象,应停止使役3～5天,即可恢复正常。如有严重反应时,应采取对症治疗措施。用过的疫苗瓶及器具等应消毒处理,不可乱扔
气肿疽灭活疫苗	用于预防牛、羊气肿疽	静置后,上层为棕黄色或淡黄色透明液体,下层有少量灰白色沉淀,振摇后呈均匀混悬液	皮下注射。不论年龄大小,每头牛5.0毫升,每只羊1.0毫升。6月龄以下牛接种后,应再接种1次	在注射疫苗后14天产生免疫力,免疫期为1年	切忌冻结,冻结的疫苗严禁使用;使用前,应先使疫苗恢复至室温,并充分摇匀;接种时,应做局部消毒处理;用过的疫苗瓶、器具和未用完的疫苗等应进行无害化处理

名称	用途	特性	使用方法	免疫期	注意事项
牛病毒性腹泻/黏膜病、传染性鼻气管炎二联灭活疫苗（NMG株＋LY株）	用于预防牛病毒性腹泻/黏膜病和牛传染性鼻气管炎	乳白色或淡粉红色乳剂	肌内注射。2月龄以上牛，每头2.0毫升，首免后21日加强免疫1次，以后每隔4个月免疫1次，每头2.0毫升	免疫期为4个月	疫苗应在2~8℃冷藏运输，不得冻结，并尽快运往使用地点。运输和使用过程中避免日光直射；使用前应仔细检查疫苗；使用时应将疫苗恢复至室温并充分摇匀。疫苗瓶开启后限当日用完；本疫苗仅接种健康牛。病畜、瘦弱畜、怀孕后期母畜及断奶前幼畜慎用；严格遵守操作规程。注射器具和注射部位应严格消毒，每头更换1次针头。曾接触过病畜人员，在更换衣、帽、鞋和进行必要消毒之后，方可参与疫苗注射。疫苗对安全区、受威胁区、疫区牛均可使用。疫苗应从安全区到受威胁区进行注射，最后再注射疫区内受威胁畜群。大量使用前，应先小试，确认安全后，再逐渐扩大使用范围；在非疫区，二免后21日方可移动或调运；在紧急防疫中，除用本品紧急接种外，还应同时采用其他综合防治措施；用过的疫苗瓶、器具和未用完的疫苗等应进行无害化处理

7. 其他事项

（1）预防接种常用的免疫制剂有疫苗、类毒素等。由于所用免疫制剂的品种不同，接种方法也不同，有皮下注射、肌内注射、口服、点眼、滴鼻、喷雾吸入等。各种疫苗具体免疫接种方法及剂量按相关产品说明操作。

（2）切实做好疫苗效果监测评价工作，免疫抗体水平达不到要求时，应立即实施加强免疫。

（3）对开展相关重点疫病净化工作的种畜禽场等养殖单位，可按净化方案实施，不采取免疫措施。

（4）必须使用经国家批准生产或已注册的疫苗，并加强疫苗管理，严格按照疫苗保存条件进行贮存和运输。对布鲁氏菌病等常见动物疫病，如国家批准使用新的疫苗产品，也可纳入本方案投入使用。

（5）使用疫苗前应仔细检查疫苗的外观、质量，如是否在有效期内、疫苗瓶是否破损等。免疫接种时应按照疫苗产品说明书要求规范操作，并对废弃物进行无害化处理。

（6）要切实做好个人生物安全防护工作，避免通过皮肤伤口、呼吸道、消化道、可视黏膜等地方感染病原或引起不良反应。

（7）免疫过程中要做好消毒工作，猪、牛、羊、犬等家畜免疫要做到"一畜一针头"，鸡、鸭等家禽免疫做到勤换针头，防止交叉感染。

（8）要做好免疫记录工作，建立规范完整的免疫档案，确保免疫时间、使用疫苗种类等信息准确翔实、可追溯。

五、加强患病牛的护理

牛患疾病治疗期间需要对病牛进行精心护理，护理既是治疗牛病的延续，又是治疗病牛的关键环节。护理的好坏直接影响治疗的效果，只有在对症治疗的同时，针对不同疾病投入更多精力，精心做好患病牛的护理，才能促进病牛尽快治愈，尽可能减少因病对养牛场造成的损失。

1. 改善饲养环境

牛患病绝大多数与养牛场的饲养管理不良有关，如寒冷、闷热、潮湿、拥挤、通风不良、疲劳运输、饲料突变、营养缺乏、饥饿等因素使机体抵抗力降低，病菌就会乘虚侵入体内，导致牛发生疾病。同时，对于已经患传染性疾病的病牛，因其排泄物、分泌物不断排出有毒的病菌，这些排泄物和分泌物如果处理不及时、不科学，将直接污染饲料、饮水、用具和外界环境，主要经消化道感染，其次通过飞沫经呼吸道感染健康家畜，亦有经皮肤伤口或蚊蝇叮咬而感染其他牛的。可见，改善饲养环境条件，是养牛场要做好的头等大事。

加强护理的措施也是围绕如何改善不良饲养环境，使病牛生活在舒适的环境中。主要做到：保持牛舍干燥、清洁、卫生，通风保暖。对患病牛实行单独管理，避免拥挤和相互拥挤踩踏。粪便及时清除。定期用高效消毒剂对全场及用具进行消毒。环境温度过高或过低，都对病牛不利。环境温度过低时，要及时做好牛舍的保温和增温，夏季牛舍温度过高时，可打开牛舍前后门窗通风，加速空气对流，有利于畜体散发热量。天太热的中午和下午 3 时前，可开机送风，以加大气流和通风量，有利于降低牛的体温。

2. 精心饲喂

要给病牛供应清洁、温度适宜的饮水，冬季要给水加温，切忌不能给牛饮冰水。在饲料供给上，保证精粗饲料的比例以及钙磷比例，要保证饲料的质量，供给病牛新鲜的精饲料、青饲料和优质干草，满足病牛的营养需要。

同时，还要根据病牛的患病种类进行饲喂管理。如对患有瘤胃酸中毒的牛，在最初 18~24 小时要限制饮水量。在恢复阶段，应喂以品质良好的干草而不应投食谷物和配合精饲料，以后再逐渐加入谷物和配合饲料。

病牛发热后，因牛体营养物质消耗多，口干舌燥，食欲下降，以致厌食。所以，应满足水的供应，否则将加剧病情。要多饮水，以补充体液，促使肠道毒素排出，在饮水中加入适量糖、盐更好。

病牛高热减食后，要多喂适口、易消化、有营养和有咸味的好饲料，再多喂些青饲料，以满足病畜的营养需要，增强抗病能力。必要时饲喂调理胃肠的药物，以增强食欲。一旦病牛吃料量有所增加，说明病情大有好转。

对患有食管阻塞的病牛，要做到定时饲喂，防止饥饿后抢食。并合理加工调制饲料，特别是块根、块茎及粗硬饲料要切碎或泡软后喂饲。

对犊牛下痢时，可减少喂奶量，轻微下痢每次喂 0.5 千克牛奶，在奶中加入温水，以利于消化吸收，也可在牛奶中加入米汤或少量浓茶。

3. 精心护理

病牛要做到时刻有专人看护，细心观察病牛的食欲、精神和粪便，耐心处置创口。特别是对待患重症的病牛，绝不能治疗后无人管护。牛舍应保持安静的环境，让病牛休息好。病牛睡眠时不要打扰，较好的睡眠可明显增强牛体的免疫力，提高抵抗力。每天早晨和午后测 2 次体温，以掌握病牛的体温变化，并做好病历记录。

如病牛体温过高时，除用药外，可用冰水、冷水冷敷头部，如果配合刷拭牛体效果更好。冷水要 5 分钟左右换一次，以保持冰凉，保护病牛脑细胞和下丘脑体温调节中枢的正常功能，防止丧失调节体温的能力。但胃寒或打寒战的病牛忌用。

高热退热后的病牛常伴有大量出汗，要用干净毛巾及时擦干。防止病牛虚脱和体温骤降。特别是大风降温天气或夏秋季阴雨天气和气温下降的夜间，要做好牛舍保温和防止贼风侵入。

六、做好肉牛体内外寄生虫病的防控

肉牛寄生虫病是一种常见的慢性、消耗性疾病。症状轻者发病不明显，生长、食欲正常。重度感染时，会造成牛生长缓慢，食欲减退，腹泻，血便，被毛混乱无光泽，抵抗力差，犊牛会不长，或成僵牛。妊娠母牛会流产等。对肥育牛的危害主要是通过竞争性争夺畜主营养物质，造成牛营养不良，并释放毒素、传播疾病等，造成牛机械性损伤，饲料的利用率下降，饲料报酬降低，牛贫血，最终瘦弱而死。有的寄生虫病还能降低牛肉和皮张的品质，导致价值降低。另外，有些牛寄生虫病是人畜共患病，能传播给人，危害人的身体健康。规模化养牛易暴发群体寄生虫病，而散养牛的危害更为严重。寄生虫病威胁着养牛业的发展，严重影响着肉牛养殖的经济效益。

1. 肉牛的主要寄生虫病

肉牛的主要寄生虫包括肉牛的体外寄生虫和体内寄生虫两大类，肉牛的体外寄生虫病的病原主要是螨、蜱、蝇蛆及虱、蝇、蚊、虻等。肉牛的体内寄生虫病主要包括一些线虫类（如捻转血矛线虫病、牛新蛔虫病、仰口线虫病、食道口线虫病及毛首线虫病等）、吸虫类（如肝片吸虫病、胰盘吸虫病及血吸虫病等）、绦虫类（如莫尼茨绦虫病、曲子宫绦虫病等）及绦虫的幼虫病（如多头蚴病、囊尾蚴病等），还有一些在特殊环境下发生的原虫病（如牛环形泰勒焦虫病、牛球虫病和弓形体病等）。

2. 寄生虫病的主要传播途径

同其他传染病一样，寄生虫病传播也需要传染源、传播途径和易感动物三个方面，缺一不可。牛感染寄生虫的主要途径：经口感染，如采食了被寄生虫卵或幼虫污染的饲料和饲草等感染；经皮肤感染，如土壤中的钩虫丝状蚴以及疥螨、蠕形螨等直接侵入皮肤；经呼吸道感染，如阿米巴原虫经鼻腔黏膜感染至患牛脑膜炎；经胎盘感染，如先天性弓形虫病；昆虫媒介传播，如蚊在吸血时能带入日本乙型脑炎等病毒，微小牛蜱传播牛巴贝斯虫病等。

3. 寄生虫病的防治

寄生虫病的防治措施必须坚持"预防为主，防治结合"的方针。

（1）预防措施 实施寄生虫病的预防必须采取综合性防治措施。主要应从三个方面着手。

一是控制消灭传染源。主要是指对带虫动物及保虫宿主进行彻底驱虫，病畜的粪便、排泄物应及时进行无害化处理；牛场的粪污中含有大量寄生虫卵和幼虫，如弓首蛔虫卵、新蛔虫卵和隐孢子虫卵等，必须及时彻底消灭掉，目前牛场粪污处理最好的办法是生物堆肥和建沼气池，利用生物热杀灭寄生虫卵。

二是彻底切断传播途径。对动物源性寄生虫，要采取措施，尽量避免中间宿主与易感动物的接触，消灭和控制中间宿主。对非动物源性寄生虫，则应加强环境卫生管理。牛场应建立全面系统的消毒制度，通过严格的消毒措施，控制和消灭各种可能性虫卵再感染。对使用的用具、场地、设施等要定期消毒，卫生管理要达到"四净"。圈净，每天坚持清扫2次，保持舍内清洁，半个月进行1次大清扫和消毒，用2%～3%苛性钠溶液进行消毒，对肥育牛舍每批肥育牛出售后，进行舍内彻底消毒，消毒后空舍净化15天。槽净，饲槽建筑的内底呈圆弧形，便于肉牛摄入饲草和清理残物，每次饲喂后要冲洗干净，达到槽净。料和水净，保证牛用饲料及饮水的安全卫生，把住病从口入这一关，饲料加工调制的各个环节要尽可能防止被寄生虫污染，必要时要定期对饮用水进行虫卵检查，确认无寄生虫污染后方可使用；严禁收购肝片吸虫病流行疫区的水生饲料作为牛的粗饲料，严禁在疫区有蜱的小丛林放牧和有钉螺的河流中饮水，以免感染焦虫病和血吸虫病等；喂饲的草料不含泥土等杂质或异物，不发霉、变质。牛体净，定期对畜体进行体表清扫、消毒、刷拭，做到牛体干净。养牛场还要禁止养犬、猫等动物，消灭老鼠，严防这些动物及其排泄物与牛发生直接或间接接触。

三是保护易感动物。从平时入手做好卫生管理，保持牛舍、牛床、运动场的清洁和干燥，粪便和污染水及时清理，垫草及时更换。牛体要经常刷拭。加强饲养管理，把环境温度、湿度、通风及采光等措施调整到最适宜牛生产性能发挥的状态。提高病牛的抗病能力，必要时对易感牛进行药物预防和免疫预防等，以抵抗寄生虫的侵害。

（2）肉牛寄生虫防治药物的选择　应选择广谱、安全、价格低廉的复合药物。常用药物有阿维菌素（虫克星、阿力佳等）、伊维菌素（伊力佳等）和多拉菌素（通灭等）。最新合成的柳胺类药物的特点是驱虫谱广、高效、安全，还有促生长作用。临床上可用于体内线虫、绦虫、吸虫及体外蜱、螨、蝇蛆等寄生虫的驱杀。常用制剂有氯氰碘柳胺钠等。广谱驱虫药物的复方制剂，将埃维菌素类药物、柳胺类药物分别与丙硫咪唑或丙硫苯咪唑制成混合制剂，其抗虫谱更广，几乎覆盖了除牛原虫以外的所有常见寄生虫，是肉牛体内外寄生虫病防治较为理想的药物。常用制剂，如伊维菌素与丙硫苯咪唑制剂、氯氰碘柳胺钠与丙硫咪唑制剂等。

（3）药物驱虫程序　每年全场全群进行 2 次同步驱虫，时间是 2~3 月和 10~11 月，重点是防治肉牛常见的体内外寄生虫病。

种公牛每年要保证 3 次驱虫，其中 2 次与全群同步，1 次是在 6~7 月；母牛要于产前 15~20 天和产后 21~28 天进行 2 次常规驱虫，药物应选择埃维菌素类，以保证安全可靠；犊牛于断奶前后进行 1 次保护性驱虫；肥育牛要于肥育开始前 1~2 周和肥育中期（肥育开始 2 个月左右）进行 2 次常规驱虫。如果针对螨病的防治，必须间隔 7~10 天再次用药。引进牛在隔离期间进行 1 次驱虫。在治疗中为防止寄生虫出现耐药性，应多种药物交替使用。

定期驱虫作为程序化防治，必须强调整体性。即全群、全场同时进行驱虫，不能只对生长不良、已表现寄生虫病临床症状的牛驱虫。还要重点做好驱虫期间牛粪便的集中处理。为保证驱虫效果，防止环境中寄生虫卵的重复感染，驱虫时必须注意环境卫生，妥善处理畜群排泄物，若有可能，应对粪便中的寄生虫卵定期监测。

七、牛蹄病的防治

蹄是牛的重要支柱器官，由外部坚硬的角质层和内部肌肉组成。其坚实的角质壳，具有保护知觉部和支撑牛体重的作用。蹄病的防治在养牛业中具有极其重要的意义。

1. 发生蹄病的因素

（1）蹄病与遗传的关系　不同品种的牛，蹄病发病率不尽相同。蹄病的遗传性已愈来愈多地被人们重视。不同品种的牛，蹄病的易感性各不相同。研究表明，美国、加拿大黑白花牛蹄病发生相对较少，红白花牛次之，荷兰黑白花牛发病最多。就蹄病本身而言，有些蹄病，如蹄叶炎、指（趾）间增生及螺旋状变形蹄有遗传；指（趾）间增殖物明显大者有遗传性；两后外侧趾都发生变形者也有遗传性；发生过蹄叶炎的牛易复发；不同家族牛的遗传性不同。

（2）蹄病与环境的关系　圈舍的卫生条件、湿度、地面的硬度及圈舍的大小，均直接影响牛蹄的健康状况。

① 夏秋季节雨水较多，气候热湿，圈舍泥泞，粪便淤积、发酵，卫生条件较差，牛蹄长期浸渍在污物中，使蹄角质软化，抵抗力降低，易发生蹄病。

② 圈舍阴暗潮湿，通风不畅，氨气集聚，氨使角质蛋白分解变性成为死角质，则蹄底变质呈粉末状，临床上所谓的"粉蹄"即是。

③ 牛长期站于水泥地面，易使软化角质过度磨损，造成蹄底严重挫伤。因此，牛喜在软地、泥水中站立，使角质软化，同时蹄底的伤口受到严重污染，易引发更严重的蹄病，甚至使肢体发病。

④ 圈舍过小，牛运动量不足，影响牛蹄的正常磨损，易造成各种蹄变形。

（3）蹄病与营养的关系　日粮中的营养水平会在很大程度上导致蹄病的发生。其诱发的蹄病治疗起来也很困难。在日常饲养中，饲喂不新鲜或霉败变质的饲料可引发蹄病。饲料中矿物质缺乏，特别是钙磷含量不足、比例不当，引发临床上骨质疏松，导致蹄病发生等。

（4）蹄病与管理的关系　因管理不完善，防疫措施不严，致使传染病、寄生虫病等疾病的流行和传播，常可引发蹄病。如口蹄疫、坏死杆菌病等。另外，因人为采精、修蹄及相应设施不合理，也可引发蹄病。

2. 蹄病的检查诊断方法

（1）蹄部检查

① 蹄温检查法　用手背感触蹄前壁、蹄侧壁、蹄踵和蹄冠，温度较正常升高者，证明局部有炎症。

② 指（趾）动脉检查法　若蹄部有炎性疾病时，该动脉搏动强盛。

③ 蹄内痛觉检查法　先用检蹄钳对蹄壁各处施行短而断续的敲打，再用检蹄钳对蹄匣进行钳压，注意观察对蹄壁、蹄底、蹄支、蹄叉、蹄踵等各部位钳压后的疼痛反应。若有炎性病变，则患肢显著回缩，或臀部、股部肌肉反射性回缩。

④ 传导麻醉检查法　球节下部指（趾）神经支麻醉后，蹄跛行消失，则病变在蹄内；球节上部掌（跖）神经麻醉后，跛行消失，病变在球节上部。

（2）站立检查　牛站于平坦地面，注意前、后、左、右仔细观察负重姿势，患肢前伸，则病变位于蹄前部或蹄尖部（蹄壁真皮炎）或蹄上部的关节部；患肢后踏，病变应位于蹄后部（如蹄底刺创、钉伤等）；患肢外展可能是蹄外侧壁发生炎症；患肢内收，可能是蹄内壁有炎症。

（3）运动检查　在平坦地面上牵引牛漫步和快步走，通过观察跛行情况来判断。一侧前肢负重瞬间，牛低头说明该侧为健肢，相反抬头则为患肢；一侧后肢负重瞬间，该侧臀部下沉，说明其为健肢，否则为患肢。判断出患肢后，再用上述方法确定是否该侧患肢的蹄部发生病变，以便于确诊后进行治疗。

3. 蹄病的临床症状及治疗

（1）临床症状　牛患蹄病以后，蹄部损伤部出血、肿胀，继而患部皮肤湿润、糜烂，排出恶臭分泌物。时间过长可引起局部化脓，形成溃疡，痂皮下常积有较多脓性分泌物。皮肤及皮下组织均受侵害，皮肤高度肥厚，表面形成凸凹不平的大小乳头状。其特征为脆弱易破坏、出血，排出恶臭的脓性分泌物。

蹄病的典型表现为红、肿、热、痛，进而造成功能障碍，形成支跛和运跛，负重及采精困难，重者引发全身病症，不能爬跨，无法进行采精。

（2）基本治疗方法 蹄病的治疗原则为早发现、早治疗，消炎止痛，去除腐败，加强蹄部血液循环，先治疗重症，后治疗轻症，防止人为处理不当造成瘫痪。根据不同情况采用不同的治疗措施。

病初可用防腐、收敛和制止渗出的药物，如涂龙胆紫、1％高锰酸钾溶液、新鲜创可涂碘酊等并包扎。

对化脓性蹄病可用3％过氧化氢或1％高锰酸钾、新洁尔灭溶液彻底冲洗，除去坏死组织及脓性分泌物，患部涂抗生素软膏后，用碘酊浸泡过的绷带包扎。

当患部组织溃疡、皮肤组织过度增生，可先除去坏死组织，切除过度增生物，用高锰酸钾粉研末或10％硫酸铜等进行腐蚀，使其达到止血消炎、收敛的目的，流血过多，必要时进行烧烙止血。除去局部疗法外，应注意全身症状，当患部有明显机能障碍时，可肌内注射镇痛药物并配合普鲁卡因青霉素局部封闭，或用氯化钙等疗法。

对体温升高，食欲下降的患病牛，可用头孢噻呋钠7.5克和安乃近30～50毫升一次肌内注射。

蹄病基本的治疗方法有三种：修整蹄法、蹄浴疗法、手术切除法，一般采取常规性修蹄法和蹄浴法就能取得很好的治疗效果，病情严重时可以使用手术切除法。

① 修整蹄法 修蹄的目的包括去除过度生长的角质、复原蹄趾间的均匀负重和去除蹄趾损伤。另外，90％以上的牛跛行是由蹄匣异常引起的，定期对牛进行修蹄可以大幅度降低牛跛行现象的发生。每年至少要对牛进行2次修蹄。

修蹄的准备工具有专用的修蹄固定架、角磨机、修蹄钳、L刀、钩刀等。

首先将牛绑定在修蹄固定架上，在固定牛时须注意保护牛，注意腹带固定的位置，后腹带应固定在牛的髋骨后上方，同时要注意避开乳头，防止腹带损伤胎儿和乳头。牛只绑定好之后，先要清洁蹄部，修蹄人员要认真进行蹄部和趾缝间的清洁工作，这样有利于对趾缝的检查和修蹄。

修蹄工作是一个连续、完整的过程，修蹄过程归纳为五大步骤。

第一步：去除过长的硬蹄甲。修蹄前要先做牛蹄检查，主要是测量蹄甲的长度，蹄甲是指从脚趾变硬的部位开始到脚趾末端。判断蹄甲长度的标准是正常牛前蹄甲长7.5～8.5厘米，后蹄甲长8～9厘米。

蹄甲前端过长的硬蹄甲，需要使用专业的修蹄钳去除。修蹄钳要沿着垂直蹄底的方向进行操作，随着去除过程向蹄踵的推进，钳子的使用角度应逐渐变浅。

第二步：削去蹄趾间多余的角质层。牛蹄如果长期不进行修整，蹄底趾缝间有可能堆积起过多的角质层，影响牛蹄的健康。可以用修蹄刀削去多余角质。

第三步：平衡蹄底。牛蹄的负重面包括蹄底部和蹄甲，两蹄瓣的负重面应保持平整，并处在同一水平面上，可以借助打磨机将蹄底修平。

第四步：修蹄弓。蹄匣是牛蹄的承重部分，它是蹄壁的角质化外壳部分，具有保护知觉和支撑体重的功能。修整出正确的蹄弓是重新建立牛肢蹄平衡系统的基础；同时正常的蹄弓可以减少粪便、污物附着在蹄部。用钩刀沿蹄甲内侧修出蹄弓，使其内侧趾和外侧趾保持在同一平面上。修出蹄弓后，可以使用修蹄刀的刀柄来检查表面的平整程度，如横在两蹄瓣间或贴在蹄甲侧壁上进行检查。

第五步：保护和治疗程序。去除疏松和有暗道的角质层，修蹄经常需要使用钩刀去除蹄踵部分的角质层，这样就可以在不影响和不减少负重面的条件下去除蹄踵部位疏松的角质层。

修蹄时要注意，在蹄底经常会遇到有小块出血面，就是所谓的淤血面。如果牛蹄出现淤血面，表明蹄瓣已受损伤，这种情况一般与过度负重或蹄底溃疡有关，用抠挖的方法去除即可。使用钩刀前端的卷曲部位进行抠挖。

修蹄时有溃烂的黑斑（小黑洞），先将溃烂的角质轻轻向内逐渐削刮，直至暗藏在内部的浓汁流出，然后用4％硫酸铜溶液进行创口清洗，用补蹄膏或10％碘酊涂抹创口，高锰酸钾粉末或硫酸铜粉末打绷带包扎。可在患蹄穴位进行穴位封闭（头孢噻呋钠2.5克和普鲁卡因10毫升）。

粉蹄是由钙磷比例失衡等引起角质疏松，蹄底变质呈粉末状，即临床上的"粉蹄"。用抠挖的方法去除粉末角质。使用修蹄刀前端的卷曲部位进行抠挖。

如果粉蹄没有得到及时修理，尿液进入蹄匣和新生角质部分之间，就会导致内部感染，产生腐败物质，从蹄底渗漏出来，这就是所说的"漏蹄"。可以用抠挖的方法去除漏蹄中的腐败物质。用修蹄刀前端的卷曲部分进行抠挖。

通过修整后，牛的不舒适感去除了，同时还避免了由于蹄损伤可能造成的蹄底溃疡。牛蹄的正常功能即可恢复，蹄瓣之间的质量分布也得到了平衡。

修蹄的注意事项如下。

a. 牛蹄底部不能修得太薄，特别是不能修出血，否则会伤及牛的知觉神经。

b. 对已经跛行的病牛，应先修病蹄，再修健蹄。因为跛行的病牛，其健康肢蹄必然过度负重，所以应该尽快给健康肢蹄进行修蹄。

c. 修蹄过程要尽量迅速，切勿拖延时间，以防止牛被绑定在修蹄架时间过长，牛腿麻痹，无法承受身体重量，而导致瘫痪，如果牛暂时无法站立，可以使用适度刺激，协助牛站立。

d. 修蹄应在雨季来临前。过早修，蹄部角质坚硬而难以去除；过晚修，天热雨多，环境泥泞，不宜护理，容易发生感染。

e. 完成修蹄后的牛，应将其置于清洁、干燥的圈舍内，从而保证牛蹄部清洁，防止感染。

f. 刚修过蹄的牛由于蹄部角质脆弱，所以在最初的 2 个星期内不应长时间在水泥地面上走动，否则可能会引起新的牛病。

② 蹄浴疗法　蹄浴疗法适用于初期症状不太明显的各种蹄病。同时，蹄浴也是预防牛蹄病的最好方法，可以有效保持牛蹄部清洁和杀死导致牛跛足的病菌。据资料介绍，经常进行蹄浴的牛群，趾间皮炎发生得很少。

治蹄方法有喷洒治蹄和浸泡浴蹄。喷洒治蹄，用清水清洗蹄部泥土、粪尿等脏物，将药液直接喷洒于蹄部，夏秋季每 5～7 天喷洒 1 次，冬春季可适当延长时间。浸泡浴蹄，在牛必经处设蹄浴池（长 3～5 米、宽 1 米、深 15 厘米），放置药液量为蹄浴池深度，约 10 厘米，每日过蹄浴池，每周换药液 1 次。

预防性浴蹄可定期用 5% 硫酸铜、0.1% 高锰酸钾、0.1% 新洁尔灭等药物浴蹄。注意药浴前必须将蹄清洗干净。

患蹄病治疗，起初用硫酸铜溶液进行冷敷，每天 1～2 小时，3～4 天后对牛蹄进行冲淋，每天 1～2 次，持续 1 周左右，可对蹄病产生良好的治疗效果。

③ 手术切除法　对于疣型皮炎以及趾间赘生，可采用手术切除法直接切除，然后按外科常规手术处理即可。

疣型皮炎以疣型增殖为特征，病变为真菌性乳头状纤维瘤。在疣型皮炎初期，局部皮肤肥厚且肿大，随后出现乳头增殖，呈"菜花"状。治疗疣型皮炎首先将牛绑定在修蹄固定架上，用清水和鬃刷去除蹄部的污物，然后对蹄部进行必要的修整，充分暴露病变部位，清蹄后，需要给牛注射止血敏，用碘酒对牛蹄彻底消毒，用脱脂棉擦匀。用止血带将牛蹄部扎紧。在患病局部周围注射2%～3%盐酸普鲁卡因，以达到良好的麻醉目的。

用手术刀直接将疣型皮炎处切除，切口处会不断出血，此时，就要进行止血工作，兽医需要佩戴手套，防止感染。先将高锰酸钾直接外敷在伤口，用力拧压，然后将松馏油挤在脱脂棉上，撒上木瓜酶粉，外敷在伤口处。用粗麻布包扎，粗麻布透气性好，有助于伤口愈合，需要隔3～4天更换麻布1次，2周后拆除麻布。

趾间赘生又称趾间增生、趾间皮肤增生，属于趾间皮肤组织的慢性增殖性疾病。趾间赘生多发生于2～4胎母牛，7胎后的母牛发病较少；后蹄比前蹄发病概率大。公牛发生趾间增生的概率比较小。在患病初期，牛蹄趾间的皮肤发红、肿胀，有一小的舌状突起，此时无跛行出现。随病情不断发展，增生物逐渐增大，完全填满趾间隙，甚至达到地面，当增生物受到挤压及外力作用时，牛疼痛异常，跛行更加严重。手术治疗趾间赘生，用绳套或徒手将两趾分开，充分暴露增生物，一手用手术钳夹住增生物，另一手握住手术刀沿其基部做梭形切口，切除增生物直到脂肪显露为止。然后利用高锰酸钾粉揉搓止血。趾间增生切除手术也需要注射2%～3%盐酸普鲁卡因，以达到良好的麻醉目的。

4. 预防措施

（1）牛舍、运动场地面应平整，无坚硬异物，防止牛受伤；及时清理粪便，排除污水，经常消毒，保持牛舍清洁卫生、干燥。

（2）加强饲养管理，维持日粮平衡，加强运动，增强抵抗力。

（3）定期用5%硫酸铜、0.1%高锰酸钾、0.1%新洁尔灭等药物浴蹄。药浴前必须将蹄清洗干净。

（4）每年春秋季节对成母牛修蹄，定期普查牛只蹄形，及时修整变形蹄。

（5）禁用有肢蹄遗传缺陷的公牛的冻精配种。

八、肉牛常见病的防治

1. 牛结核病的防治

牛结核病（bovine tuberculosis）主要是由牛型结核分枝杆菌引起

的一种人畜共患的慢性传染病。其病理特征是多种组织器官形成肉芽肿，干酪样和钙化结节；临床特征表现为贫血、渐进性消瘦、体虚乏力、精神萎靡不振和生产力下降。世界动物卫生组织（OIE）将其列为 B 类动物疫病，我国将其列为二类动物疫病。

本病奶牛最易感，其次为水牛、黄牛、牦牛。人也可感染。结核病病牛是本病的主要传染源。牛型结核分枝杆菌随鼻汁、痰液、粪便和乳汁等排出体外，健康牛可通过被污染的空气、饲料、饮水等经呼吸道、消化道等感染。

潜伏期一般为 10～45 天，有的可长达数月或数年。通常呈慢性经过。临床以肺结核、乳房结核和肠结核最为常见。

肺结核：以长期顽固性干咳为特征，且以清晨最为明显。患畜容易疲劳，逐渐消瘦，病情严重者可见呼吸困难。

乳房结核：一般先是乳房淋巴结肿大，继而后方乳腺区发生局限性或弥漫性硬结，硬结无热无痛，表面凹凸不平。泌乳量下降，乳汁变稀，严重时乳腺萎缩，泌乳停止。

肠结核：消瘦，持续下痢与便秘交替出现，粪便常带血或脓汁。

【防治措施】

由于本病无明显的季节性和地区性，多为散发。不良的环境条件以及饲养管理不当，可促使结核病的发生。如饲料营养不足，矿物质、维生素的不足；厩舍阴暗潮湿、牛群密度过大；阳光不足，运动缺乏，环境卫生差，不消毒，不定期检疫等。因此，通常采取加强检疫，防止疾病传入，扑杀病牛，净化污染群，培育健康牛群，同时加强消毒等综合性防疫措施。

同时，由于牛结核病不能根治，加上治疗费用开支较大，一般患本病的牛不予治疗，应按照《牛结核病防治技术规范》的要求进行处理。

（1）健康牛群（无结核病牛群） 平时加强防疫、检疫和消毒措施，防止疾病传入。每年春秋各进行 1 次变态反应方法检查。引进牛时，应首先就地检疫，确认为阴性方可购买；运回后隔离观察 1 月以上，再进行 1 次检疫，确认健康方可混群饲养。禁止结核病人饲养牛群。若检出阳性牛，则该牛群应按污染牛群对待。

（2）污染牛群 每年应进行 4 次检疫。对结核菌素阳性牛立即隔离，一般不予保留饲养，以根绝传染源；对临床检查为开放性结核病牛立即扑杀。凡判定为疑似反应牛，在 25～30 天进行复检，其结果仍为疑似反应时，可酌情处理。在健康牛群中检出阳性反应牛时，应在30～45天后复检，连续3次检疫不再发现阳性反应牛时，方可认为是健康牛群。

（3）培育健康犊牛 当牛群中病牛多于健康牛时，可通过培育健康犊牛的方法更新牛群。方法：设置分娩室，病牛分娩前，消毒乳房及后躯，犊牛出生后立即与母牛分开，用2%～5%来苏水消毒全身，擦干，送往犊牛预防室，喂初乳5天，然后饲喂健康牛乳或消毒乳。犊牛在隔离饲养的6个月中要连续检疫3次，在生后20～30天进行第1次检疫，100～120天进行第2次检疫，6月龄时进行第3次检疫。根据检疫结果分群隔离饲养，阳性反应者淘汰。

（4）消毒措施 每季度定期大消毒1次。牛舍、运动场每月消毒2～3次，饲养用具每周消毒2～3次，产房每周进行1次大消毒，分娩室在临产牛生产前及分娩后各进行1次消毒。养殖场以及牛舍入口设置消毒池。进出车辆与人员要严格消毒。消毒药要定期更换，以保证一定药效。粪便生物热处理方可利用。检出病牛后进行临时消毒。常用消毒药有10%漂白粉、3%福尔马林、3%氢氧化钠溶液、5%来苏水。

（5）工作人员 牛场工作人员，每年要定期进行健康检查。发现患结核病的应及时调离岗位，隔离治疗。工作人员的工作服、用具要保持清洁，不得带出牛场。

2. 牛布鲁氏杆菌病的防治

布鲁氏杆菌病（brucellosis，也称布氏杆菌病，简称布病）是由布鲁氏菌属细菌引起的人兽共患的常见传染病。我国将其列为二类动物疫病。在家畜中牛、羊最易发生，而且极易使接触病牛、羊的人发生布氏杆菌病，遭受疾病的痛苦折磨。在临床上，虽然猪等其他家畜也可感染发病，但是与牛、羊相比却轻得多。

母牛较公牛易感，犊牛对本病具有抵抗力。随着年龄的增长，抵抗力逐渐减弱，性成熟后，对本病最为敏感。病畜可成为本病的主要传染源，尤其是受感染的母畜，它们在流产和分娩时，将大量布氏杆菌随着胎儿、胎水和胎衣排出体外，流产后的阴道分泌物以及乳汁中都含有布氏杆菌。易感牛主要是由于摄入了被布氏杆菌污染的饲料和饮水而感染。也可通过皮肤创伤感染。布氏杆菌进入牛体后，很快在所适应的组织或脏器中定居下来。病牛将终生带菌，不能治愈，并且不定期地随乳汁、精液、脓汁，特别是母畜流产的胎儿、胎衣、羊水、子宫和阴道分泌物等排出体外，扩大感染。人的感染主要是由于手部接触到病菌后再经口腔进入体内而发生感染。近年来，由于市场经济活跃，牛、羊买卖频繁，使牛、羊布氏杆菌病的发生出现了明显的上升趋势，而且人患此病的数量也在不断增加。人患此病称为懒汉病，病人全身软弱，乏力，食欲不振，失眠，咳嗽，有白色痰，可听到肺部干鸣，盗汗或大汗，一个或多个关节发生无红肿热疼痛，肌肉酸痛，使用一般镇痛药不能缓解，由于关节和肌肉疼痛难忍，即使不发烧也不能劳动，成为只能吃饭不能干活的懒汉，故该病又被称作懒汉病。男性病人病症发生在生殖器官，睾丸肿大，影响生育，严重者可引起死亡。目前此病已成为最重要的人畜共患病。

牛感染布氏杆菌后，潜伏期通常为2周至6个月。主要临床症状为母牛流产，也能出现低烧，但常被忽视。妊娠母牛在任何时期都可能发生流产，但流产主要发生在妊娠后的第6~8个月。流产过的母牛，如果再次发生流产，其流产时间会向后推迟。流产前可表现出临产时的症状，如阴唇、乳房肿大等。但在阴道黏膜上可以见到粟粒大、红色结节，并且从阴道内流出灰白色或灰色黏性分泌物。流产时常见有胎衣不下。流产的胎儿有的产前已死亡；有的产出虽然活着，但很衰弱，不久即死。公牛患本病后，主要发生睾丸炎和附睾炎。初期睾丸肿胀、疼痛，中度发热和食欲不振。3周以后，疼痛逐渐减轻，表现为睾丸和附睾肿大，触之坚硬。此外，病牛还可出现关节炎，严重时关节肿胀疼痛，重病牛卧地不起。牛流产1~2次后，可以转为正常产，但仍然能传播本病。

本病从临床上不易诊断，但是根据母牛流产和表现出的相应临床变化，应该怀疑本病的存在。本病必须通过试验室检查。

在本病诊断中应用较广的是试管凝集试验和平板凝集试验，尤其是后者，由于其方法简便、需要设备少、敏感、易于操作，常被基层兽医站和饲养场兽医室广泛采用，但是凝集试验并不能检出所有患病牲畜，而且可能出现非特异性凝集反应，影响结果的判定。补体结合反应具有高度异性，但操作较为复杂，基层兽医站通常难以承担。所以，对本病的诊断程序应按如下进行：根据临床变化，疑似本病存在时，应立即采血，分离血清，进行血清凝集试验。阳性病牛的血清和疑似病牛的血清，迅速送至上级兽医部门做补体结合反应，进行最后确诊。

【防治措施】

因本病在临床上，一方面难以治愈，另一方面原则上不允许治疗，所以发现病牛后，应采取严格的隔离、扑杀措施，彻底销毁病牛尸体及其污染物。应从源头上控制本病的发生。

(1) 引进牛时须先调查疫情，不从流行布氏杆菌病的单位引进牛；还必须经过布氏杆菌病检疫，证明无病才能引进。新引进的牛进入肉牛养殖场时隔离检疫1个月，经结核菌素和布氏杆菌病血清凝集试验，都呈阴性反应，才能转入健康牛群。

(2) 认真管好牲畜、粪便和水源　发现流产母牛要立即隔离，对流产胎儿、胎衣及羊水等污物都要严密消毒。

(3) 对种公牛每年进行2次定期检疫，检出的阳性牛要隔离饲养或交商业部门收购处理；阳性种公牛要淘汰，以便控制传染源，逐步净化。

(4) 认真落实以免疫为主的综合防治措施，逐步控制和消灭布氏杆菌病，对健康牛的免疫按照农业部关于印发《常见动物疫病免疫推荐方案（试行）》的通知（2014年3月12日）要求的布鲁氏菌病免疫方案执行。

全国区域划分：一类地区是指北京、天津、河北、内蒙古、山西、黑龙江、吉林、辽宁、山东、河南、陕西、新疆、宁夏、青海、甘肃15个省份和新疆生产建设兵团。以县为单位，连续3年对牛羊实行全面免疫。牛羊种公畜禁止免疫。奶畜原则上不免疫，个体病原阳性率超过2%的县，由县级兽医主管部门提出申请，报省级兽医主管部门批准后实施免疫。免疫前监测、淘汰病原阳性畜。已达到或提前达到控制、稳定控制和净化标准的县，由县级兽医主管部门提出申请，报省级兽医主管部门批准后可不实施免疫。

连续免疫3年后，以县为单位，由省级兽医主管部门组织评估考核达到控制标准的可停止免疫。

二类地区是指江苏、上海、浙江、江西、福建、安徽、湖南、湖北、广东、广西、四川、重庆、贵州、云南、西藏15个省份。原则上不实施免疫。未达到控制标准的县，需要免疫的由县级兽医主管部门提出申请，经省级兽医主管部门批准后实施免疫，报农业部备案。

净化区是指海南省。禁止免疫。

免疫程序是经批准对布鲁氏菌病实施免疫的区域，按疫苗使用说明书推荐程序和方法，对易感家畜先行检测，对阴性家畜方可进行免疫。

使用疫苗：布鲁氏菌活疫苗（M5 株或 M5-90 株）用于预防牛、羊布鲁氏菌病；布鲁氏菌活疫苗（S2 株）用于预防山羊、绵羊、猪和牛的布鲁氏菌病；布鲁氏菌活疫苗（A19 株或 S19 株）用于预防牛的布鲁氏菌病。

（5）发病处理

① 任何单位和个人发现疑似疫情，应当及时向当地动物防疫监督机构报告。动物防疫监督机构接到疫情报告并确认后，按《动物疫情报告管理办法》及有关规定及时上报。

② 发现疑似疫情，畜主应限制动物移动；对疑似患病动物应立即隔离。动物防疫监督机构要及时派员到现场进行调查核实，开展实验室诊断。确诊后，当地人民政府组织有关部门按下列要求处理：对患病动物全部扑杀；对受威胁的畜群（病畜的同群畜）实施隔离，可采用圈养和固定草场放牧两种方式隔离；隔离饲养用草场，不要靠近交通要道、居民点或人畜密集的地区。场地周围最好有自然屏障或人工栅栏。

③ 患病动物及其流产胎儿、胎衣、排泄物、乳及乳制品等按照有关法律法规进行无害化处理。

④ 开展流行病学调查和疫源追踪；对同群动物进行检测。

⑤ 对患病动物污染的场所、用具、物品严格进行消毒。饲养场的金属设施、设备可采取火焰、熏蒸等方式消毒；养畜场的圈舍、场地、车辆等，可选用 2%烧碱等有效消毒药消毒；饲养场的饲料、垫料等，可采取深埋发酵处理或焚烧处理；粪便消毒采取堆积密封发酵方式；皮毛消毒用环氧乙烷、福尔马林熏蒸等。

⑥ 发生重大布病疫情时，当地县级以上人民政府应按照《重大动物疫情应急条例》有关规定，采取相应的扑灭措施。

3. 牛口蹄疫病的防治

口蹄疫（foot and mouth disease，FMD）俗称"口疮""蹄癀"，是由口蹄疫病毒引起的，以偶蹄动物为主的急性、热性、高度传染性疫病，往往造成大规模流行，不易控制和消灭，世界动物卫生组织（OIE）将其列为必须报告的动物传染病，我国规定为一类动物疫病。

口蹄疫病毒可侵害多种动物，但主要为偶蹄兽。家畜以牛易感（奶牛、牦牛、犏牛最易感，水牛次之），其次是猪，再次是绵羊、山羊和骆驼。仔猪和犊牛不但易感，而且死亡率也高。野生动物也可感染发病。隐性带毒者主要为牛、羊及野生偶蹄动物，猪不能长期带毒。

牛的潜伏期1～7天，平均2～4天。病牛精神沉郁，闭口，流涎，开口时有吸吮声，体温可升高到40～41℃。发病1～2天后，病牛齿龈、舌面、唇内面可见到蚕豆至核桃大的水疱，涎液增多，并呈白色泡沫状挂于嘴边。采食及反刍停止。水疱约经一昼夜破裂，形成溃疡，呈红色糜烂区，边缘整齐，底面浅平，这时体温会逐渐降至正常。在口腔发生水疱的同时或稍后，趾间及蹄冠的柔软皮肤上也发生水疱，也会很快破溃，然后逐渐愈合。有时在乳头皮肤上也可见到水疱。本病一般呈良性经过，经1周左右即可自愈；若蹄部有病变则可延至2～3周或更久；死亡率1%～2%，该病型叫良性口蹄疫。

有些病牛在水疱愈合过程中，病情突然恶化，全身衰弱、肌肉发抖，心跳加快、节律不齐，食欲废绝、反刍停止，行走摇摆、站立不稳，往往因心肌炎引起心脏停搏而突然死亡，这种病型叫恶性口蹄疫，病死率高达25%～50%。

哺乳犊牛患病时，往往看不到特征性水疱，主要表现为出血性胃肠炎和心肌炎，死亡率很高。

传染源主要为潜伏期感染及临床发病动物。感染动物呼出物、唾液、粪便、尿液、乳、精液及肉和副产品均可带毒。畜产品、饲料、草场、饮水和水源、交通运输工具、饲养管理用具，一旦污染病毒，均可成为传染源。康复期动物可带毒。

易感动物可通过呼吸道、消化道、生殖道和伤口感染病毒，通常以直接或间接接触（飞沫等）方式传播，或通过人或犬、蝇、蟀、鸟等动物媒介，或经过车辆、器具等被污染物传播。如果环境气候适宜，病毒可随风远距离传播。

本病传播虽无明显的季节性，但冬春两季较易发生大流行，夏季减缓或平息。

【防治措施】

因为本病具有流行快、传播广、发病急、危害大等流行特点，疫区发病率可达50%～100%，犊牛死亡率较高。所以，必须高度重视本病的防治工作。由于目前还没有口蹄疫患畜的有效治疗药物。国际动物卫生组织和各国都不主张，也不鼓励对口蹄疫患畜进行治疗，重在预防。

（1）发生疫情处理措施 发生口蹄疫后，应迅速报告疫情，划定疫点、疫区，按照"早、快、严、小"的原则，及时严格封锁，病畜及同群畜应隔离急宰，同时对病畜舍及污染的场所和用具等彻底消毒。对疫区和受威胁区内的健康易感畜进行紧急接种，所用疫苗必须与当地流行口蹄疫的病毒型、亚型相同。还应在受威胁区周围建立免疫带，以防疫情扩散。在最后一头病畜痊愈或屠宰后 14 天内，未再出现新的病例，经大消毒后可解除封锁。

（2）做好免疫

① 疫苗的选择 免疫所用疫苗必须经农业部批准，由省级动物防疫部门统一供应，疫苗要在 2～8℃下避光保存和运输，严防冻结，并要求包装完好，防止瓶体破裂，途中避免日光直射和高温，尽量减少途中的停留时间。

② 免疫接种 免疫接种要求由兽医技术人员具体操作（包括饲养场的兽医）。接种前要了解被接种动物的品种、健康状况、病史及免疫史，并登记造册。免疫接种所使用的注射器、针头要进行灭菌处理，一畜一换针头，凡患病、瘦弱、临产母畜不应接种，待病畜康复或母畜分娩后，仔猪达到免疫日龄再按时补免。

③ 免疫程序 散养畜，每年采取 2 次集中免疫（5、11 月），坚持月月补针，免疫率必须达到 100%。母牛分娩前 2 个月接种 1 次；犊牛 4 月龄首免，6 个月后二免，以后每 6 个月免疫 1 次。如供港或调往外省的牛，出场前 4 周加强免疫 1 次。外购易感动物，48 小时内必须免疫（20～30 天后加强免疫）。

（3）坚持做好消毒 该病毒对外界环境的抵抗力很强，含病毒组织或被病毒污染的饲料、皮毛及土壤等可保持传染性数周至数月。在冰冻情况下，血液及粪便中的病毒可存活 120～170 天。对日光、热、酸、碱敏感。故 2%～4% 氢氧化钠、3%～5% 福尔马林、0.2%～0.5% 过氧乙酸、5% 氨水、5% 次氯酸钠都是该病毒的良好消毒剂。饲养场必须建立严格的消毒制度。大门、生产区门口要设置宽同大门，长为机动车轮一周半的消毒池，池内的消毒药为 2%～3% 氢氧化钠，消池内消毒药定期更换，保持有效浓度。畜舍地面，选择高效低毒次氯酸钠消毒药每周消毒 1 次，周围环境每 2 周消毒 1 次。发生疫情时可选用 2%～3% 氢氧化钠消毒，早晚各 1 次。

（4）严格执行卫生防疫制度 不从病区引购牛，不把病牛引入场。为防止疫病传播，严禁羊、猪、猫、犬混养。保持牛床、牛舍的清洁、卫生；粪便及时清除；定期用 2%苛性钠对全场及用具进行消毒。

4. 牛病毒性腹泻——黏膜病的防治

牛病毒性腹泻——黏膜病（bovine viral diarrhea-Mucosal disease；BVD-MD）简称牛病毒性腹泻或牛黏膜病。该病是以发热、黏膜糜烂溃疡、白细胞减少、腹泻、免疫耐受与持续感染、免疫抑制、先天性缺陷、咳嗽、怀孕母牛流产、产死胎或畸形胎为主要特征的一种接触性传染病。

本病对各种牛易感，绵羊、山羊、猪、鹿次之，家兔可实验感染。患病动物和带毒动物通过分泌物和排泄物排毒。急性发热期病牛血中大量含毒，康复牛可带毒 6 个月。主要通过消化道和呼吸道感染，也可通过胎盘感染。本病常年发生，多发于冬季和春季。新疫区急性病例多，大小牛均可感染，发病率约为 5%，病死率 90%～100%，发病牛以 6～18 个月居多。老疫区急性病例少，发病率和病死率低，隐性感染在 50%以上。潜伏期 7～10 天。

（1）急性型　病牛突然发病，体温升高至 40～42℃，持续 4～7 天，有的呈双相热。病牛精神沉郁，厌食，鼻腔流鼻液，流涎，咳嗽，呼吸加快。白细胞减少（可减至 3000 个/mm³）。鼻、口腔、齿龈及舌面黏膜出血、糜烂。呼气恶臭。通常在口内损害之后，发生严重腹泻，开始水泻，以后带有黏液和血。有些病牛常引起蹄叶炎及趾间皮肤糜烂坏死，从而导致跛行。急性病牛恢复得少见，常于发病后 5～7 天内死亡。

（2）慢性型　发热不明显，最引人注意的是鼻镜上的糜烂。口内很少有糜烂。眼有浆液性分泌物。鬐甲、背部及耳后皮肤常出现局限性脱毛和表皮角质化，甚至破裂。慢性蹄叶炎和趾间坏死导致蹄冠周围皮肤潮红、肿胀、糜烂或溃疡，跛行。间歇性腹泻。多于发病后 2～6 个月死亡。

母牛在妊娠期感染本病时常发生流产，或产下有先天性缺陷的犊牛。最常见的缺陷是小脑发育不全。

主要病变在消化道和淋巴组织。特征性损害是口腔（内唇、切齿齿龈、上颚、舌面、颊的深部）食道黏膜有糜烂和溃疡，直径 1～5 毫米，形状不规则，是浅层性的，食道黏膜糜烂沿皱褶方向呈直线排列。第四胃黏膜严重出血、水肿、糜烂和溃疡。蹄部、趾间皮肤糜烂、溃疡和坏死。肠系膜淋巴结肿胀。犊牛小脑发育不全，亦常见大脑充血，脊髓出血。

由于 BVD 普遍存在，而且致病机理复杂，给该病的防治带来很大困难，目前尚无有效的治疗方法，控制的最有效办法是对经鉴定为持续感染的动物立即屠杀及疫苗接种。应注意本病与牛瘟、口蹄疫、恶性卡他热、牛传染性鼻气管炎、水疱性口炎、蓝舌病等的区别。

【防治措施】

防制本病应加强检疫，防止引入带毒牛、羊或造成本病的扩散。一旦发病，病牛隔离治疗或急宰；同群牛和有接触史的牛群应反复进行临床学和病毒学检查，及时发现病牛和带毒牛。持续感染牛应淘汰。

（1）加强对牛群的饲养管理，保持牛舍干燥、清洁、卫生，通风保暖。定期消毒牛舍、场地及用具。

（2）做好免疫接种　用弱毒疫苗对断奶前后数周内的牛只进行预防接种。对受威胁较大的牛群应隔3～5年接种1次，对育成母牛和种公牛应于配种前再接种1次，多数牛可获得终生免疫。也有报道称，用猪瘟兔化弱毒疫苗给发生过病毒性腹泻的牛群接种，可获得较好的免疫效果。如果应用灭活疫苗，可在配种前给牛免疫接种2次。

（3）治疗方法　本病在目前尚无有效疗法。只能在加强监护、饲养以增强牛机体抵抗力的基础上，进行对症治疗。针对病牛脱水、电解质平衡紊乱的情况，除给病牛输液扩充血容量外，还可投服收敛止泻药（如药用炭、矽碳银），可缩短恢复期，减少损失。并配合应用广谱抗生素或磺胺类药物，可减少继发性细菌感染。

硫酸庆大霉素 120 万国际单位后海穴注射；硫酸黄连素 0.3～0.4克、10%葡萄糖注射液 500 毫升；0.2%氧沙星葡萄糖注射液或诺氟沙星葡萄糖注射液 300 毫升；新促反刍液（5%氯化钙200 毫升、30%安乃近 30 毫升、10%盐水 300 毫升），分三步静脉点滴。也可饮 2%白矾水，灌牛痢方（白头翁、黄连、黄柏、秦皮、当归、白芍、大黄、茯苓各 30 克，滑石粉 200 克，地榆50 克，二花 40 克）均有疗效。

5. 牛流行热的防治

牛流行热（bovine epizootic fever）又称三日热或暂时热，是由牛流行热病毒引起的一种急性热性传染病。其特征是高热，流泪，流涎，流鼻汁，呼吸促迫，后躯僵硬，跛行。一般为良性经过，经 2～3 天恢复。本病的传染力强，呈流行性或大流行性。

本病主要侵害奶牛和黄牛，水牛较少感染。以 3～5 岁牛多发，1～2 岁牛和 6～8 岁牛次之，犊牛和 9 岁以上牛少发。野生动物中，南非大羚羊、猬羚可感染本病，并产生中和抗体，但无临诊症状。在自然条件下，绵羊、山羊、骆驼、鹿等均不感染。绵羊可人工感染并产生病毒血症，继而产生中和抗体。

病牛是本病的主要传染源。病毒主要存在于高热期病牛的血液中。吸血昆虫（蚊、蠓、蝇）叮咬病牛后再叮咬易感的健康牛而传播，故疫情的存在与吸血昆虫的出没相一致。实验证明，病毒能在蚊子和库蠓体内繁殖。本病的发生具有明显的周期性和季节性，通常每 3～5 年流行 1 次，北方多于 8～10 月流行，南方可提前发生。

潜伏期 3～7 天。发病突然，体温升高达 39.5～42.5℃，维持 2～3 天后，降至正常。在体温升高的同时，病牛流泪、畏光、眼结膜充血、眼睑水肿。呼吸促迫，80 次/分钟以上，听诊肺泡呼吸音高亢，支气管呼吸音粗。食欲废绝，咽喉区疼痛，反刍停止。多数病牛鼻炎性分泌物成线状，随后变为黏性鼻涕。口腔发炎、流涎，口角有泡沫。病牛呆立不动，强使行走，步态不稳，因四肢关节浮肿、僵硬、疼痛而出现跛行，最后因站立困难而倒卧。有的便秘或腹泻。尿少，暗褐色。妊娠母牛可发生流产、死胎，泌乳量下降或停止。多数病例为良性经过，病程 3～4 天；少数严重者于 1～3 天内死亡，病死率一般不超过 1%。

急性死亡的自然病例，上呼吸道黏膜充血、肿胀，有点状出血，可见有明显的肺间质气肿，还有一些牛可有肺充血与肺水肿。淋巴结充血、肿胀和出血。实质器官混浊、肿胀。真胃、小肠和盲肠呈卡他性炎症和渗出性出血。

根据大群发生，迅速传播，有明显的季节性，多发生于气候炎热、雨量较多的夏季，发病率高，病死率低，结合临床上高热、呼吸迫促、眼鼻口腔分泌增加、跛行等做出初步诊断。

【防治措施】

（1）注意和牛副流行性感冒、牛传染性鼻气管炎和茨城病等疾病相区别。

① 牛副流行性感冒是由副流感病毒Ⅲ型引起，分布广泛，传播迅速，以急性呼吸道症状为主，类似牛流行热。但是本病无明显的季节

性，同居可感染，多在运输之后发生，故又称运输热；有乳腺炎症状，无跛行。

② 牛传染性鼻气管炎是由牛疱疹病毒Ⅰ型引起的一种急性热性接触性传染病。临床上主要表现为流鼻汁、呼吸困难、咳嗽，特别是鼻黏膜高度充血、鼻镜发炎，有红鼻子病之称。伴发结膜炎、阴道炎、包皮炎、皮肤炎、脑膜炎等症状；发病无明显的季节性，但多发于寒冷季节。

③ 茨城病在发病季节、症状和经过等方面与牛流行热相似。但是本病在体温降至正常之后出现明显的咽喉、食道麻痹，低头时瘤胃内容物可自口鼻返流出来，而且诱发咳嗽。

（2）加强饲养管理　由于牛流行热病毒属弹状病毒科狂犬病毒属的成员。成熟病毒粒子含单股 RNA，有囊膜。对酸碱敏感，不耐热，耐低温，常用消毒剂能迅速将其杀灭。所以，应坚持做好牛舍及周围环境的经常性消毒。搞好牛舍内外环境清洁卫生，对牛舍地面、饲槽要定期用 2% 氢氧化钠溶液消毒。依据流行热病毒由蚊蝇传播的特点，每周 2 次用杀虫剂喷洒牛舍和周围排粪沟，以杀灭蚊蝇，切断传染途径。

（3）治疗方法　早发现、早隔离、早治疗，合理用药，护理得当，是防治本病的重要原则。本病尚无特效治疗药物，只能进行对症治疗，退热、抗菌消炎、抗病毒，清热解毒。如用 10% 水杨酸钠注射液 100～200 毫升、40% 乌洛托品 50 毫升、5% 氯化钙150～300 毫升，加入葡萄糖液或糖盐水内静脉注射（简称水乌钙疗法）和新促反刍液（见牛黏膜病）分两步静脉注射；肌内注射蛋清 20～40 毫升或安痛定注射液 20 毫升，喂牛葱 500～1500 克等均有疗效。

6. 牛巴氏杆菌病的防治

牛巴氏杆菌病是由多杀性巴氏杆菌引起的一种败血性传染病。急性经过主要以高热、肺炎或急性胃肠炎和内脏广泛出血为特征，呈败血症和出血性炎症，故称牛出血性败血病，简称牛出败。

本菌为条件病原菌，常存在于健康畜禽的呼吸道，与宿主呈共栖状态。当牛饲养管理不良时，如寒冷、闷热、潮湿、拥挤、通风不良、疲劳运输、饲料突变、营养缺乏、饥饿等因素使机体抵抗力降低，该菌乘虚侵入体内，经淋巴液入血液引起败血症，发生内源性传染。病畜由其排泄物、分泌物不断排出有毒力的病菌，污染饲料、饮水、用具和外界环境，主要经消化道感染，其次通过飞沫经呼吸道感染健康家畜，亦有经皮肤伤口或蚊蝇叮咬而感染的。该病常年发生，在气温变化大、阴湿寒冷时更易发病；常呈散发性或地方流行性发生。

潜伏期2～5天。根据临床表现，本病常表现为急性败血型、浮肿型、肺炎型。

（1）急性败血型 病牛初期体温可高达41～42℃，精神沉郁、反应迟钝、肌肉震颤，呼吸、脉搏加快，眼结膜潮红，食欲废绝，反刍停止。病牛表现为腹痛，常回头观腹，粪便初为粥样，后呈液状，并混杂黏液或血液且有恶臭。一般病程为12～36小时。

（2）浮肿型 除表现全身症状外，特征症状是颌下、喉部肿胀，有时水肿蔓延到垂肉、胸腹部、四肢等处。眼红肿、流泪，有急性结膜炎。呼吸困难，皮肤和黏膜发绀、呈紫色至青紫色，常因窒息或下痢虚脱而死。

（3）肺炎型 主要表现纤维素性胸膜肺炎症状。病牛体温升高，呼吸困难，痛苦干咳，有泡沫状鼻汁，后呈脓性。胸部叩诊呈浊音，有疼感。肺部听诊有支气管呼吸音及水泡性杂音。眼结膜潮红，流泪。有的病牛会出现带有黏液和血块的粪便。本病型最为常见，病程一般为3～7天。

【防治措施】

（1）加强饲养管理 主要是加强饲养管理，消除发病诱因，增强抵抗力。避免各种应激，增强抵抗力，避免拥挤和受寒，为肉牛创造舒适的生长环境。

（2）加强牛场清洁卫生和定期消毒 由于该菌抵抗力弱，在干燥和直射阳光下很快死亡，高温立即死亡，一般消毒液均能迅速杀死。因此，牛场应坚持做好牛舍内外环境的清洁卫生和消毒工作。

（3）做好免疫接种 每年春秋两季定期预防注射牛出败氢氧化铝甲醛灭活苗，体重在100千克以下的牛，皮下或肌内注射4千克，100千克以上者6毫升，免疫力可维持9个月。

（4）治疗方法 发现病牛立即隔离治疗，并进行消毒。健康牛群立即接种疫苗或用药物预防。感染病牛早期应用血清、抗生素或抗菌药，治疗效果好。血清和抗生素或抗菌药同时应用效果更佳。血清可用猪、牛出败二价或牛、猪、绵羊三价血清，做皮下、肌内或静脉注射，小牛20～40毫升，大牛60～100毫升，必要时重复2～3次；抗生素常用土霉素 8～15 克，溶解在 5％葡萄糖 1000～2000 毫升，静注，每日 2 次；或 10％磺胺嘧啶钠注射液 200～300 毫升，40％乌洛托品注射液 50 毫升，加入 10％葡萄糖溶液内静脉注射，每日 2 次；或普鲁卡因青霉素 300 万～600 万国际单位、链霉素 300 万～400 万国际单位，肌注，每日 1～2 次；或环丙沙星每千克体重 2 毫克，加入葡萄糖内静脉注射，每日 2 次。对症治疗对疾病恢复很重要，强心用 10％樟脑磺酸钠注射液 20～30 毫升或安钠咖注射液 20 毫升，每日肌注 2 次；如喉部狭窄，呼吸高度困难时，应迅速进行气管切开术。

7. 牛前胃阻塞的防治

前胃阻塞是由各种病因导致前胃神经兴奋性降低，肌肉收缩力减弱，瘤胃内容物运转缓慢，微生物区系失调，产生大量发酵和腐败物质，引起消化障碍，食欲、反刍减退，乃至全身机能紊乱的一种疾病。本病是耕牛、奶牛的一种多发病。本病的特征是食欲减退、前胃蠕动减弱、反刍、嗳气减少或废绝。

（1）引起牛前胃阻塞的病因

① 原发性前胃阻塞　引起神经兴奋性降低的因素如下。

a. 长期饲喂粉状饲料或精饲料等体积小的饲料使内容物对瘤胃刺激较小。

b. 长期饲喂单一或不易消化的粗饲料，如麦糠、秕壳、半干的山芋藤、紫云英、豆秸等。

c. 突然改变饲养方式，饲料突变，频繁更换饲养员和调换圈舍。

d. 矿物质和维生素缺乏，特别是缺钙时，血钙水平低，致使神经-体液调节机能紊乱，引起单纯性消化不良。

e. 天气突然变化等情况。

f. 长期重度使役或长时间使役、劳役与休闲不均等。

g. 采食了有毒植物，如醉马草、毒芹等。

引起纤毛虫活性和数量改变的因素：长期大量服用抗菌药物；长期饲喂营养价值不全的饲料等；长期饲喂变质或冰冻饲料。

② 应激因素的影响在本病的发生上起重要作用　如严寒、酷暑、饥饿、疲劳、分娩、断乳、离群、恐惧等。

③ 继发性前胃阻塞，常继发于热性病、疼痛性疾病，以及多种传染病、寄生虫病和某些代谢病（骨软症、酮病）过程中及瓣胃与真胃阻塞、真胃炎、真胃溃疡、创伤性网胃炎、腹膜炎、胎衣不下、误食

胎衣、中毒性疾病过程中。

（2）前胃阻塞的临床症状

① 急性前胃阻塞表现为病畜食欲减退或废绝，反刍减少、短促、无力，嗳气增多并带酸臭味；奶牛和奶山羊泌乳量下降；体温、呼吸、脉搏一般无明显异常；瘤胃蠕动音减弱，蠕动次数减少，波长缩短（少于 10 秒）；触诊瘤胃，其内容物坚硬或呈粥状。病初粪便变化不大，随后粪便变为干硬、色暗，被覆黏液；如果伴发前胃炎或酸中毒时，病情急剧恶化，呻吟、磨牙，食欲废绝，反刍停止，排棕褐色糊状恶臭粪便；精神沉郁，黏膜发绀，皮温不均，体温下降，脉率加快，呼吸困难，鼻镜干燥，眼窝凹陷。

② 慢性前胃阻塞表现为多是继发性的，病畜食欲不定，发生异嗜；反刍不规则，短促、无力或停止，嗳气减少。病情时好时坏，日渐消瘦、被毛干枯、无光泽、皮肤干燥、弹性减退；精神不振，体质虚弱。瘤胃蠕动音减弱或消失，内容物黏硬或稀软，瘤胃轻度臌胀，还有原发病的症状。老牛病重时，呈现贫血与衰竭，并常有死亡发生。

【防治措施】

预防本病主要是改善饲养管理，注意饲料的选择、保管，防止霉败变质；注意精、粗饲料的比例，钙、磷比例，以保证机体获得必要的营养物质，不可任意增加饲料用量或突然变更饲料种类；建立合理的使役制度，休闲时期，应注意适当运动；避免不利因素刺激和干扰，尽量减少各种应激因素的影响。

本病的治疗原则是除去病因，加强护理，增强前胃机能，制止腐败发酵，改善瘤胃内环境，恢复正常微生物区系，对症治疗。

（1）除去病因，加强护理　病初绝食 1～2 天，保证充足的清洁饮水，以后给予适量的、易消化的青草或优质干草。轻症病例可在 1～2 天内自愈。

（2）缓泻　可用硫酸钠（或硫酸镁）300～800 克、液体石蜡油 500～2000 毫升、植物油 500～1000 毫升。盐类泻剂于病初只用 1 次，以防引起脱水和前胃炎。

（3）止酵　大蒜头 200～300 克或大蒜酊 100 毫升、95％酒精或白酒 100～150 毫升加水服、松节油 20～30 毫升，1 次内服。也可用苦味酊 50～100 毫升 1 次内服。

（4）促进前胃蠕动

① 食饵疗法 给病畜适口性好的草料，通过口腔的活动反射性引起胃肠蠕动。

② 促反刍液 5％氯化钙 200～300 毫升，10％氯化钠注射液 300～500 毫升，10％安钠咖注射 20～30 毫升，1 次静脉注射，每日 1 次。如果将 10％安钠咖注射更换为 30％安乃近（新促反刍液），再加入糖液内静注则疗效更好。

③ 拟胆碱药物 新斯的明 20～30 毫克，1 次肌内注射；或氨甲酰胆碱（比赛可灵）2～3 毫克，1 次皮下注射；或 0.25％比塞可灵 10～20 毫升，1 次肌内注射；或毛果芸香碱 30～50 毫克 1 次皮下注射；或 0.2％硝酸士的宁 5～10 毫升，1 次皮下注射或脾俞穴注射。

④ 中药 槟榔 80 克、马钱子 8 克、番木鳖酊 50～80 毫升。

⑤ 刺激性兴奋剂 0.1％硫酸铜液 2000～4000 毫升内服。

(5) 改善瘤胃内环境，恢复正常微生物区系。首先校正瘤胃内环境的 pH 值，若 pH>7 时，以食用醋洗胃，若 pH<7，以碳酸氢钠洗胃；若渗透压较高时，以清水洗胃，待瘤胃内环境接近中性，渗透压适宜时给病牛投服健康牛反刍食团或灌服健康牛瘤胃液 4～8 升。另外用酵母粉 300 克，红糖 250 克，95％酒精或龙胆酊、陈皮酊 50～100 毫升，混合加常水适量，1 次内服，也有助于恢复正常微生物区系，有效治疗该病。酵母粉 500 克、滑石粉 500 克，加温更有良效。

(6) 对症疗法 继发性臌胀的病牛，清油 750 毫升、大蒜头 200 克（捣碎水调服）、食醋 500 毫升，加水适量灌服。当病畜呈现轻度脱水和自体中毒时，应用 25％葡萄糖注射液 500～1000 毫升，40％乌洛托品注射液 20～50 毫升，20％安钠咖注射液 10～20 毫升，静脉注射。或静注 5％碳酸氢钠 500～1000 毫升。重症病例应先强心、补液，再洗胃。

(7) 止痛与调节神经机能疗法 对于一些久病的或重病的畜体来说，可静脉注射安溴 50～150 毫升或 0.25％盐酸普鲁卡因 100～200 毫升，也可以肌内注射盐酸异丙嗪 250～500 毫克或 30％安乃近 30～50 毫升或安痛定 20 毫升。

(8) 中药处方

处方 1：当归（油炒）100～200 克，番泻叶 60～80 克，茯苓 30～40 克，山楂、麦芽、神曲各 60 克，桔梗 30 克，杏仁 30 克，枳实 30 克，木香 20～30 克，厚朴 30 克，香附子 30 克，二丑 30 克，槟榔 60 克，大黄 30 克，炒马钱子 5～8 克，研末开水冲或水煎，加食用油

250～500毫升或石蜡油500毫升，灌服。本方适用于粪少而干的，体质虚弱者加党参、黄芪等以扶正。

处方2：搽皮、莱菔子、枳壳各60克，常山、柴胡各25克，甘草15克，研末开水冲服。如加苦参50克、三仙各50克疗效更好。

处方3：白术（炒）60～90克，茯苓30～45克，川木香30克、槟榔80克、山楂80克、神曲100克、半夏30克、枳实30克、连翘30克、莱菔子80，厚朴30克、马钱子8克，研末开水冲服或水煎服。本方适用于粪便稀软者。

8. 牛瘤胃臌气的防治

瘤胃臌气又称瘤胃臌胀，主要是因采食了大量容易发酵的饲料，在瘤胃内微生物的作用下异常发酵，迅速产生大量气体，致使瘤胃急剧膨胀，膈与胸腔脏器受到压迫，呼吸与血液循环障碍，发生窒息现象的一种疾病。临床上以呼吸极度困难、反刍、嗳气障碍、腹围急剧增大等症状为特征。按病因分为原发性臌胀和继发性臌胀；按病的性质分为泡沫性臌胀和非泡沫性臌胀。按病的速度分为急性臌胀和慢性臌胀。

瘤胃臌胀主要是因采食大量水分，含量较高的容易发酵的饲草、饲料，如幼嫩多汁的青草或者经雨、露、霜、雪侵蚀的饲草、饲料而引起；采食了霉败饲草和饲料，如品质不良的青贮饲料、发霉饲草和饲料引起；饲喂后立即使役或使役后马上喂饮引起；突然更换饲草和饲料或者改变饲养方式，特别是舍饲转为放牧时或由一牧场转移到另一牧场，更容易导致急性瘤胃臌胀的发生；采食了大量含蛋白质、皂甙、果胶等物质的豆科牧草，如新鲜豌豆蔓叶、苜蓿、草木樨、红三叶、紫云英、豆面等，或者喂饲大量谷物性饲料，如玉米粉、小麦粉等也能引起泡沫性臌气。继发性瘤胃臌胀，常继发于食管阻塞、前胃阻塞、创伤性网胃炎、瓣胃与真胃阻塞、发烧性疾病等疾病。

瘤胃臌胀通常在采食易发酵饲料后不久发病，甚至在采食中发病。表现不安或呆立，食欲废绝，口吐白沫，回顾腹部；腹部迅速膨大，左肷窝明显突起，严重者高过背中线；腹壁紧张而有弹性，叩诊呈鼓音；瘤胃蠕动音初期增强，常伴发金属音，后期减弱或消失；因腹压急剧增高，病畜呼吸困难，严重时伸颈张口呼吸，呼吸数增至每分钟60次以上；心跳加快，可达每分钟100次以上；病的后期，心力衰竭，静脉怒张，呼吸困难，黏膜发绀；目光恐惧，全身出汗、站立不稳，步态蹒跚，最后倒地抽搐，终因窒息和心脏停搏而死亡。

慢性瘤胃臌胀表现为瘤胃中度膨胀，时胀时消，常为间歇性反复发作，呈慢性消化不良症状，病畜逐渐消瘦。

【诊断要点】

（1）采食大量易发酵产气饲料。

（2）腹部迅速膨大，左肷窝明显突起，严重者高过背中线；腹壁紧张而有弹性，叩诊呈鼓音；病畜呼吸困难，严重时伸颈张口呼吸。

（3）瘤胃穿刺检查　泡沫性臌胀，只能断断续续地从套管针内排出少量气体，针孔常被堵塞而排气困难；非泡沫性臌胀，则排气顺畅，臌胀明显减轻。

（4）胃管检查　非泡沫性臌胀时，从胃管内排出大量酸臭气体，臌胀明显减轻；而泡沫性臌胀时，仅排出少量带泡沫气体，而不能解除臌胀。

【防治措施】

加强饲喂管理是防止本病发生的关键。禁止饲喂发霉、腐败、冰冻、分解的块根植物及毒草，冰冻的饲料应经过蒸煮再予以饲喂。尽量不喂或少喂堆积发酵或被雨露浸湿的青草。在饲喂易发酵的青绿饲料时，应先饲喂干草，然后饲喂青绿饲料。由舍饲转为放牧时，最初几天要先喂一些干草后再出牧，并且还应限制放牧时间及采食量。不让牛进入苕子地、苜蓿地暴食幼嫩多汁豆科植物。舍饲肥育牛，应该在全价日粮中至少含有 $10\%\sim15\%$ 的粗料。

本病的治疗原则是加强护理，排除气体，止酵消沫，恢复瘤胃蠕动和对症治疗。治疗上　根据病情的缓急、轻重以及病性的不同，采取相应有效的措施进行排气减压。

防止过多饲喂易发酵的幼嫩多汁或沾有雨水的饲草。在喂时把含水分过多的青草进行晒晾，以便减少含水量。尽量不要堆积青草，以防青草发酵。

（1）排气减压

① 口衔木棒法　对较轻的病例，可使病畜保持前高后低的体位，在小木棒上涂鱼石脂（对役畜也可涂煤油）后，衔于病畜口内（图7-1、图7-2），同时按摩瘤胃或踩压瘤胃，促进气体排出。

图 7-1　自制开口器实物图　　　图 7-2　自制开口器操作示意图

②胃管排气法　严重病例，当有窒息危险时，应实行胃管排气法，操作方法同送胃管的方法。

③瘤胃穿刺排气法　严重病例，当有窒息危险且不便实施或不能实施胃管排气法时应采用瘤胃穿刺排气法，操作方法是用套管针、一个或数个20号针头插入瘤胃内放气即可。以上这些方法仅对非泡沫性臌胀有效。

④手术疗法　当药物治疗效果不显著时，特别是严重的泡沫性臌胀，应立即施行瘤胃切开术，排气与取出其内容物。病势危急时可用尖刀在左肷部插入瘤胃，放气后再设法缝合切口。

(2) 止酵消沫

①泡沫性臌胀可用二甲基硅油25～50克，加水500毫升，一次灌服；或滑石粉500克、丁香30克（研细），温水调服；或植物油或石蜡油，水100毫升，一次灌服，如加食醋500毫升，大蒜头250克（捣烂），效果更好。

②止酵可用甲醛20～60毫升，加常水3000毫升灌服；鱼石脂15～30克，一次灌服；或松节油30毫升，一次灌服；或95%酒精100毫升，一次灌服或瘤胃内注入。

注意：煤油、汽油、甲醛、松节油、来苏水虽能消胀，但因有怪味，一旦病畜死亡，其内脏、肉均不能食用，故一般少用。

(3) 排除胃内容物　可用盐类或油类泻剂，如硫酸镁800克，加常水3000毫升溶解后，一次灌服；增强瘤胃蠕动，促进反刍和嗳气，可使用瘤胃兴奋药、拟胆碱药等进行治疗。此外，调节瘤胃内容物pH值可用3%碳酸氢钠溶液洗涤瘤胃。

注意全身机能状态，及时强心补液，进行对症治疗。

（4）慢性瘤胃臌胀多为继发性瘤胃臌胀　除应用急性瘤胃臌胀疗法，缓解臌胀症状外，还必须彻底治疗原发病。

9. 牛瘤胃积食的防治

瘤胃积食又称急性瘤胃扩张，是反刍动物贪食大量粗纤维饲料或容易臌胀的饲料引起瘤胃扩张，瘤胃容积增大，内容物停滞和阻塞以及整个前胃机能障碍，形成脱水和毒血症的一种严重疾病。临床上以瘤胃体积增大且较坚硬，呻吟、不吃为特征。

瘤胃积食主要是由于贪食大量粗纤维饲料或容易臌胀的饲料，如小麦秸秆、山芋豆藤、老苜蓿、花生蔓、紫云英、谷草、稻草、麦秸、甘薯蔓等，再加之缺乏饮水，难于消化所致；因误食大量塑料薄膜而造成积食；突然改变饲养方式以及饲料突变、饥饱无常、饱食后立即使役或使役后立即饲喂等因素引起本病的发生；各种应激因素的影响，如过度紧张、运动不足、过于肥胖等引起本病的发生。

常在饱食后数小时或1～2天内发病。食欲废绝、反刍停止、空嚼、磨牙。腹部膨胀，左肷部充满，触诊瘤胃，内容物坚实或坚硬，有的病畜触诊敏感，有的不敏感，有的坚实，拳压留痕，有的病例呈粥状；瘤胃蠕动音减弱或消失。有的病畜不安，目光凝视，拱背站立，回顾腹部或后肢踢腹，间或不断地起卧。病情严重时常有呻吟、流涎、嗳气，有时作呕或呕吐。病畜发生腹泻，少数有便秘症状。

瘤胃积食也常常继发于前胃阻塞、创伤性网胃腹膜炎、瓣胃阻塞、皱胃阻塞、胎衣不下、药呛肺等疾病过程中。

【诊断要点】

一是有过食饲料，特别是易膨胀的食物或精料；二是食欲废绝，反刍停止，瘤胃蠕动音减弱或消失，触诊瘤胃内容物坚实或有波动感；三是体温正常，呼吸、心跳加快；有酸中毒导致的蹄叶炎使病畜卧地不起的现象。

【防治措施】

本病预防的关键是建立合理的饲养管理制度，防止牛过食。精饲料、糟粕类饲料应加工调制，按规定喂量供给，不突然变换饲料，充分饮水，适当运动；同时还要加强饲料保管和牛的管理，防止牛脱缰过食。避免外界各种不良因素的影响和刺激。

治疗原则是加强护理，增强瘤胃蠕动机能，排出瘤胃内容物，制止发酵，对抗组织胺和酸中毒，对症治疗。

治疗方法如下。

（1）按摩疗法　在牛的左肷部用手掌、拳、木棒与木板（二人抬）、布带（二人拉）按摩瘤胃，每次 5～10 分钟，每隔 30 分钟按摩 1 次。结合灌服大量温水，则效果更好。

（2）腹泻疗法　硫酸镁或硫酸钠 500～800 克，加水 1000 毫升，液体石蜡油或植物油 1000～1500 毫升，给牛灌服，加速排出瘤胃内容物。

（3）促蠕动疗法　可用兴奋瘤胃蠕动的药物，如 10% 高渗氯化钠 300～500 毫升，静脉注射，同时用新斯的明 20～60 毫升，肌注能收到好的治疗效果。

（4）洗胃疗法　用直径 4～5 厘米、长 250～300 厘米的胶管或塑料管 1 条，经牛口腔导入瘤胃内，然后来回抽动，以刺激瘤胃收缩，使瘤胃内液状物经导管流出。若瘤胃内容物不能自动流出，可在导管另一端连接漏斗，向瘤胃内注温水 3000～4000 毫升，待漏斗内液体全部流入导管内时，取下漏斗并放低牛头和导管，用虹吸法将瘤胃内容物引出体外。如此反复，即可将精料洗出。

（5）病牛饮食欲废绝，脱水明显时，应静脉补液，同时补碱，如 25% 葡萄糖 500～1000 毫升，复方氯化钠液或 5% 糖盐水 3～4 升，5% 碳酸氢钠液 500～1000 毫升等，1 次静脉注射。

（6）切开瘤胃疗法　重症而顽固的积食，应用药物不见效果时，或怀疑为食入塑料薄膜而造成的，且病畜体况尚好时，应及早施行瘤胃切开术，取出瘤胃内容物，填满优质草，用 1% 温食盐水冲洗，并接种健畜瘤胃液。

10. 牛瘤胃酸中毒的防治

瘤胃酸中毒又称急性碳水化合物过食，是因采食大量谷类或其他富含碳水化合物的饲料后，导致瘤胃内产生大量乳酸而引起的一种急性代谢性酸中毒。其特征为消化障碍、瘤胃运动停滞、脱水、酸血症、运动失调、甚至瘫痪，衰弱、休克，常导致死亡。

（1）常见的病因

① 饲养管理不当使牛闯进厨房或住宅、饲料房、粮食或饲料仓库或晒谷场，播种时的种子袋没有封好，在短时间内采食了大量人的食物，如面、米、豆腐、馍馍等；谷物或豆类，如大麦、小麦、玉米、稻谷、高粱及甘薯干，特别是粉碎后的谷物，畜禽的配合饲料，在瘤

胃内高速发酵，产生大量乳酸而引起瘤胃酸中毒。

② 舍饲肉牛若不按照由高粗饲料向高精饲料逐渐变换的方式，而是突然饲喂高精饲料而草不足时，易发生瘤胃酸中毒。

③ 现代化奶牛生产中常因饲料混合不匀而使采入精料含量多的牛发病。

④ 在农忙季节，给耕牛突然补饲谷物精料、豆糊、玉米粥或其他谷物，因消化机能不相适应，瘤胃内微生物群系失调，迅速发酵形成大量酸性物质而发病。

⑤ 当牛采食发酵后的甜菜渣、淀粉渣、酒渣、醋渣也发病。

⑥ 当牛采食苹果、青玉米、甘薯、马铃薯、甜菜时也发病。

（2）临床症状　本病多数呈现急性经过，一般 24 小时发生，有些特急性病例可在采食谷类饲料后 3～5 小时内无明显症状而突然死亡或仅见精神沉郁、昏迷，而后很快死亡。本病的主要症状及发病速度与饲料的种类、性质及食入量有关，以玉米、大米、大麦及小麦发病较快而且严重，食入加工粉碎的饲料比饲喂未经粉碎的饲料发病快。

① 急性型　步态不稳，呼吸急促，往往在发现症状后 1～2 小时死亡。临死前张口吐舌，高声哞叫，摔头蹬腿，卧地不起，从口内流出泡沫状含血液体。

② 亚急性型　食欲废绝、精神沉郁、呆立、不愿行走、眼窝凹陷、肌肉震颤。病情较重者瘫痪卧地，头向背侧弯曲呈角弓反张样，四肢直伸，呻吟，磨牙，眼睑闭合，呈睡状。

【诊断要点】

一是根据脱水，瘤胃胀满，大量出汗，卧地不起，多为躺卧，四肢伸直，心跳多在百次以上，呼吸加快，口流涎沫；二是有过食豆类、谷类含丰富碳水化合物饲料的病史；三是瘤胃液 pH 值下降至 4.5～5.0，尿液 pH 值 5.0～5.6，血液 pH 值降至 6.9 以下，血液乳酸升高等。

【防治措施】

应加强饲料管理，合理调制加工饲料，正确组合日粮，严格控制谷物精料的饲喂，防止偷食精料。日粮供应要合理，精、粗饲料比例要平衡，肉牛由高粗饲料向高精饲料的变换要逐步进行，应有一个适应期。耕牛在农忙季节的补料亦应逐渐增加，不可突然一次补给较多谷物或豆类。防止牛闯入饲料房、仓库、晒谷场，暴食谷物、豆类及配合饲料。特别需要注意的是此病犊牛发生率较高，原因是犊牛未上绳拴系，散放养，饲养管理疏忽或饲养员缺乏经验等，需要对犊牛进行重点看管。

治疗原则是加强护理，清除瘤胃内容物，纠正酸中毒，补充体液，恢复瘤胃蠕动。

(1) 缓解体内酸中毒

① 静脉注射 5％碳酸氢钠 1000～1500 毫升，每日 1～2 次；10％氯化钠 500 毫升，每日 1～2 次。

② 补液，常用复方生理盐水或葡萄糖生理盐水，输液量根据脱水程度而定，输液时可加入安钠咖。心跳在百次以上者可加 654-2 100～200 毫克。

(2) 消除瘤胃中的酸性产物

① 导胃与洗胃　用大口径胃导管以 1％～3％碳酸氢钠或 5％氧化镁液，温水反复冲洗瘤胃，冲洗后瘤胃内可投服碳酸氢钠或氧化镁300～500 克。轻症病例，可内服氢氧化镁、碳酸氢钠各300～500 克，加水 4～8 升，灌服。

② 调节瘤胃液的 pH 值，投服碱性药物，如滑石粉 500～800 克、碳酸氢钠 300～500 克或氧化镁 300～500 克，以及碳酸钙 200～300 克等，每天 1 次。

③ 使用缓泻剂，如石蜡油 1000～1500 毫升，大黄苏打片300～500 克。

④ 提高瘤胃兴奋性，可用比塞可灵或新斯的明、毛果芸香碱皮下注射。

⑤ 手术疗法，采食精料过多，产酸严重，无法经洗胃与泻下消除的，对生命构成威胁的宜及早施行瘤胃切开术，排空内容物，用 3％碳酸氢钠或温水洗涤瘤胃数次，尽可能彻底地洗去乳酸。然后，向瘤胃内放置适量轻泻剂和优质干草，条件允许时可给予正常瘤胃内容物。

(3) 恢复瘤胃内容物的体积及瘤胃内微生物群的活性。应喂以品质良好的干草，牛羊无食欲的应耐心强行喂食，为了恢复瘤胃内微生物群的活性，可投服健康牛瘤胃液 5～8 升。

(4) 加强护理　在最初 18～24 小时要限制饮水量。在恢复阶段，应喂以品质良好的干草而不应投食谷物和配合精饲料，以后再逐渐加入谷物和配合饲料。

11. 牛食管阻塞的防治

食管阻塞，俗称"草噎"，是食管被食团或异物突然阻塞的一种严重食管疾病。主要是由饥饿导致吃草太多太急，吞咽过猛，使食团或块根、块茎类饲料未经咀嚼而下咽引起。另外，食管麻痹、食管痉挛、食管狭窄等也可引起本病。

（1）造成食管阻塞的病因

① 容易引发食管阻塞的物质有甘薯、马铃薯、甜菜、苹果、玉米穗、豆饼块、花生饼等大块饲料和破布、塑料薄膜、毛线球、木片或胎衣、煤块、小石子等异物。

② 由于缺乏维生素、矿物质、微量元素，引起异食癖，容易吞食异物而发生。

③ 引起食道阻塞发生的条件是咀嚼不充分。引起咀嚼不充分的原因：饥饿状态下采食过急；在采食中，因突然受到惊吓；抢食或偷食；采食习惯，牛羊采食时速度快，咀嚼极少，所以很容易阻塞。

④ 引起吞咽过程受阻，这种情况主要继发于食管狭窄、食管麻痹、食管炎等疾病。

（2）临床症状　其临床特征是采食过程中突然停止采食，惊恐不安，摇头缩颈，张口伸舌，大量流涎，频繁呈现吞咽动作。颈部食管阻塞时，外部触诊可感阻塞物；胸部食管阻塞时，在阻塞部位上方的食管内积满唾液，触诊能感到波动并引起哽噎运动。胃管探诊，当触及阻塞物时，感到阻力，不能推送入瘤胃中。由于嗳气障碍而易发生瘤胃臌胀，经瘤胃穿刺，病情缓解后，不久又发生急性瘤胃臌气。

【诊断要点】

一是大量流涎、吞咽障碍、瘤胃臌气多突然发病；二是触诊，颈部食管阻塞时可感阻塞物；胸部食管阻塞时，在阻塞部位上方食管内积满唾液，触诊能感到波动；三是导管探诊，当触及阻塞物时，感到阻力，不能推送入瘤胃中；四是 X 射线检查，在完全性阻塞或阻塞物质地致密时，阻塞部呈块状密影。

注意本病要与流涎、瘤胃臌气两症状共有的疾病进行区别诊断。一是有机磷中毒。瞳孔缩小，腹痛，呼吸困难，全身颤抖、抽搐。二是食管狭窄。病情发展缓慢，常常表现假性食管阻塞症状，但饮水和流体饲料可以咽下。三是破伤风。头颈伸直，两耳直立，牙关紧闭，四肢强直如木马状。

【防治措施】

加强饲养管理，定时饲喂，防止饥饿后抢食；合理加工调制饲料，块根、块茎及粗硬饲料要切碎或泡软后喂饲；秋收时当牛羊路过种有马铃薯和萝卜地时应格外小心；妥善管理饲料堆放间，防止偷食或骤然采食；要积极治疗异食癖的病畜。

治疗原则是解除阻塞，疏通食管，消除臌气，防止窒息死亡，加强护理和预防并发症的发生。

（1）瘤胃臌气严重，有窒息死亡危险的应首先穿刺放气。

（2）除噎法

① 挤压法　当采食块根、块茎饲料而阻塞于颈部食管时，将病畜横卧保定，用平板或砖垫在食管阻塞部位；然后以手掌抵于阻塞物下端，朝咽部方向挤压，将阻塞物挤压到口腔，即可排除。若为谷物与糠麸，病畜站立保定，双手从左右两侧挤压阻塞物，促进阻塞物软化，使其自行咽下。

② 推送法　即将胃管插入食管内抵住阻塞物，缓缓把阻塞物推入胃中。此法主要用于胸部、腹部食管阻塞。在下送时先灌一定量植物油或液体石蜡，效果更好。

③ 打气法　把打气管接在胃管上（犊牛、羊用口吹），然后适量打气，并趁势推动胃管，将阻塞物推入胃内。但要注意，不能打气过多和推送过猛，以免食管破裂。

④ 打水法　一般简便的方法是将胃管的一端连接在自来水龙头上，另一端送入食道内，待确定胃管与阻塞物接触之后，迅速打开自来水并顺势将阻塞物送入瘤胃内。

⑤ 虹吸法　当阻塞物为颗粒状或粉状饲料时，除挤压法外，还可使用清水反复泵吸或虹吸，把阻塞物洗出或者将阻塞物冲下。

⑥ 药物疗法　在食管润滑状态下，皮下注射 3% 盐酸毛果芸香碱 3 毫升，促进食管肌肉收缩和分泌，经 3~4 小时奏效。

⑦ 掏噎法　近咽部食管阻塞，装上开口器后，可徒手或借助器械取出阻塞物；也可以用长柄钳（长 50 厘米以上）夹出或用 8 号铁丝拧成套环送入食道套出阻塞物。

⑧ 碎噎法　对容易碎的阻塞物，如甘薯、马铃薯、苹果、嫩玉米穗、豆饼块、花生饼引起的噎症，可用两块砖头对准阻塞物将其砸碎或将病牛右侧侧卧保定在阻塞物的下方，垫一块砖头用另一块砖头对准阻塞物将其砸碎并送入瘤胃中。

⑨ 民间法 先灌入少量植物油，稍待片刻后，将缰绳拴在左前肢系凹部，使牛头尽量低下，然后驱赶前进，借助颈部肌肉收缩，使阻塞物咽入胃内。

⑩ 手术疗法 当采取上述方法不见效时，应施行手术疗法。采用食管切开术，或开腹按压法治疗。也可施行瘤胃切开术，通过喷门将阻塞物排除。近咽部食管阻塞，装上开口器后，可徒手或借助器械取出阻塞物。

12. 牛创伤性网胃腹膜炎的防治

创伤性网胃腹膜炎又称金属器具病或创伤性消化不良。是由于金属异物混杂在饲料内，被误食后进入网胃，导致网胃和腹膜损伤及炎症的一种疾病。本病主要发生于牛间或羊间。

（1）造成创伤性网胃腹膜炎的病因 因为牛在采食时，不能用唇辨别混于饲料中的金属异物，而且异物又不能在口腔中被咀嚼完全便被迅速囫囵吞下，所以只要草料中有金属异物牛就可能将其吞下。容易混入异物的情况：对金属管理不完善；在建筑工地附近、路边或工厂周围等金属多的地方放牧；饲料加工、堆放、运输、包装、管理不善；没有消除金属异物的装备；工作人员携带别针、注射针头、发卡、大头钉等保管不善；用具的金属松动掉落。常见金属异物包括铁钉、碎铁丝、缝针、别针、注射针头、发卡及钢笔尖、回形针、牙签、大头钉、指甲剪、铅笔刀和碎铁片等。各种因素，如妊娠、分娩、爬跨、跳跃、瘤胃臌气等造成胃内压升高是本病发生的诱因。

（2）临床症状 病牛采食时随同饲料吞咽下的金属异物，在未刺入胃壁前，没有任何临床症状。通常存留在网胃内的异物，在分娩阵痛、瘤胃积气以及其他致使腹腔内压增高的因素影响下，突然呈现临床症状。病初，一般多呈现前胃阻塞，食欲减退，有时有异食癖，瘤胃收缩力减弱，因受到抑制而弛缓，不断嗳气，常常呈现间歇性瘤胃臌胀。肠蠕动音减弱，有时发生顽固性便秘，后期下痢，粪有恶臭，奶牛的泌乳量减少。由于网胃疼痛，病牛有时突然骚动不安。病情逐渐加剧，并因网胃和腹膜或胸膜受到金属异物损伤，呈现各种异常临床症状。

① 姿势异常 站立时，常采取前高后低的姿势，头颈伸展，两眼半闭，肘关节向外展、拱背，不愿移动。

② 运动异常 牵病牛行走时，怕上下坡，在砖石或水泥路面上行

走时止步不前。

③ 起卧异常 当病牛卧地、起立时，因感疼痛，极为谨慎，肘部肌肉颤动，甚至呻吟和磨牙。

④ 叩诊异常 叩诊网胃区，即剑状软骨左后部腹壁，病牛感疼痛，呈现不安、呻吟、躲避或退让。

⑤ 反刍吞咽异常 有些病例反刍缓慢，间或见到吃力地将网胃中的食团逆呕到口腔，并且吞咽动作常有特殊表现，颜貌忧苦，吞咽时缩头伸颈、停顿，很不自然。

⑥ 全身机能状态 体温、呼吸、脉搏无明显变化，但在网胃穿孔后，最初几天体温可能升高至 40℃ 以上，其后将至常温，转为慢性过程，无神无力，消化不良，病情时而好转，时而恶化，逐渐消瘦。

单纯性创伤性网胃炎是极其少见的，其往往有创伤性心包炎、创伤性腹膜炎、创伤性肺炎、创伤性胃穿孔、创伤性真胃阻塞等，需要注意判断。

【诊断要点】

一是呈现顽固性前胃迟缓，久治不愈。二是实验室检查，病的初期，白细胞总数升高，中性粒细胞增至 45%～70%、淋巴细胞减少至 30%～45%，核左移。三是 X 射线检查，根据 X 射线影像，可确定金属异物损伤网胃壁的部位和性质。四是金属异物探测器检查，可查明网胃内金属异物存在的情况。

由于本病临床特征不突出，一般病例都具有顽固性消化机能不良现象，容易与胃肠道其他疾病混淆。唯有反复临床检查，结合病史进行论证分析，予以综合判定，才能确诊。本病的诊断应根据饲料管理情况，结合病情发展过程进行。姿态与运动异常，顽固性前胃阻塞，逐渐消瘦，网胃区触诊有痛感，以及长期治疗不见效果，也是本病的基本症状。

注意本病与急性局限性网胃腹膜炎、弥漫性网胃腹膜炎、创伤性网胃心包炎和创伤性真胃阻塞的鉴别诊断。

急性局限性网胃腹膜炎。病畜食欲减退或废绝，肘部外展，不安，拱背站立，不愿活动，起卧时极为谨慎，不愿走下坡路、跨沟或急转弯；瘤胃蠕动减弱，轻度臌气，排粪减少；网胃区触诊，病牛呈敏感反应，且发病初期表现明显。泌乳量急剧减少；体温升高，但部分病例几天后降至常温。有些病例金属刺到腹壁时，皮下形成脓肿。

弥漫性网胃腹膜炎。全身症状明显，体温升高至 40～41℃，脉率、呼吸数加快，食欲废绝，泌乳停止；胃肠蠕动音消失，粪便稀软而少；病畜不愿起立或走动，时常发出呻吟声，在起卧和强迫运动时更加明显。由于腹部广泛性疼痛，难以用触诊的方法检查到网胃局部的腹痛。疾病后期，反应迟钝，体温升高至40℃，多数病畜出现休克症状。

创伤性网胃心包炎。除创伤性网胃炎症状之外，病牛颌下、胸前水肿，心音浑浊并伴有击水音或金属音。

创伤性真胃阻塞。右侧真胃处突出，触诊成面袋状，消瘦，泌乳量少，间歇性厌食，瘤胃蠕动减弱，间歇性轻度臌气，久治不愈。

【防治措施】

预防上，加强日常性饲养管理工作，注意饲料选择和调理，防止饲料中混杂金属异物。采取预防牛食入金属异物的措施。一是给牛戴磁铁笼；二是在饲料自动输送线或青贮塔卸料机上安装大块电磁板；三是加强饲养管理，修理牛舍及有关工具时，要及时把地上的铁钉及铁丝残段等金属异物拾起，不在饲养区乱丢乱放各种金属异物，不在房前屋后、铁工厂、垃圾堆附近放牧和收割饲草；四是喂牛羊时用磁性搅拌工具反复搅拌；五是对野干草收购要严格把关，对一些野干草中有较多杂质的，如小竹片、铁丝、金属异物等要拒收，现在牧场中奶牛吃野干草较多，因此这方面要更加注意；六是定时检查，及时治疗。定期应用金属探测器检查牛群，并应用金属异物摘除器从瘤胃和网胃中摘除异物。如用取铁器不能将铁器全部取出，可在牛胃中放置磁管，以吸附牛胃中残存的铁。

(1) 保守疗法将病牛立于斜坡或斜台上，保持前躯高后躯低的姿势，减轻腹腔脏器对网胃的压力，促使异物退出网胃壁。

(2) 为使异物被结缔组织包围、减轻炎症、疼痛，改善症状，可用"水乌钙疗法"（10％水杨酸钠100～200毫升，40％乌洛托品50毫升，5％氯化钙100～300毫升，葡萄糖内静注）、新促反刍液（5％氯化钙200～300毫升，10％氯化钠注射液300～500毫升，30％安乃近注射20～30毫升，1次静脉注射，每日1次）和抗生素三步疗法。抗生素常用庆大霉素100万～150万国际单位或丁胺卡那霉素5克或青霉素500万～1500万国际单位，均加在葡萄糖液内静脉注射，连用2～3次，疗效十分显著。如效果不显著，除交换使用抗生素外，可改第三步为黄色素（0.5％黄色素100～150毫升加入葡萄糖内）。

(3) 用特别磁铁经口投入网胃中，吸取胃中金属异物，同时青链霉素肌内注射，效果更好。

（4）手术取出金属异物。施行瘤胃切开术，从网胃壁上摘除金属异物。对于患创伤性网胃炎的奶牛要及时手术取铁，造成创伤性心包炎的奶牛要及时淘汰，以免造成更大的损失。

13. 日射病及热射病的防治

日射病和热射病是由于急性热应激引起体温调节机能障碍的一种急性中枢神经系统疾病。日射病是牛羊在炎热季节中，头部持续受到强烈的日光照射而引起脑及脑膜充血和脑实质的急性病变，导致中枢神经系统机能障碍性疾病。热射病是牛羊所处的外界环境气温高，湿度大，产热多，散热少，体内积热而引起的严重中枢神经系统机能紊乱疾病。临床上日射病和热射病统称为中暑。牛中暑是夏秋季的常发病，特别是役用牛和犊牛易发。牛中暑，若防治不及时，往往造成死亡或严重影响农事的进行，应引起高度重视。

（1）发病病因　在高温天气和强烈阳光下使役、驱赶、奔跑、运输等常常可发病。集约化养殖场饲养密度过大、潮湿闷热、通风不良、牛羊体质衰弱或过肥，出汗过多，饮水不足，缺乏食盐，以上情况是引起本病的常见原因。

（2）临床症状　在临床实践中，日射病和热射病常同时存在，因而很难精确区分。

日射病，突然发生，病初，精神沉郁，四肢无力，步态不稳，共济失调，突然倒地，四肢做游泳样运动。病情发展急剧，呼吸中枢、血管运动中枢、体温调节中枢机能紊乱、甚至麻痹。心力衰竭，静脉怒张，脉微弱，呼吸急促而节律失调，结膜发绀，瞳孔初散大后缩小。皮肤、角膜、肛门反射减退或消失，腱反射亢进，常发生剧烈的痉挛或抽搐而迅速死亡。

热射病，突然发病，体温急剧上升，高达41℃以上，皮温升高，出现大汗或剧烈喘息。病畜站立不动或倒地张口喘气，两鼻孔流出粉红色、带小泡沫的鼻液。心悸亢进，脉搏疾速，达每分钟100次以上。眼结膜充血。后期病畜呈昏迷状态，意识丧失，四肢划动，呼吸浅而疾速，节律不齐，脉不感手，第一心音微弱，第二心音消失，血压下降。

日射病和热射病，病情发展急剧，常常因来不及治疗而死亡。早期采取急救措施可望痊愈，若伴发肺水肿，多预后不良。

根据发病季节，病史资料和体温急剧升高，心肺机能障碍和倒地昏迷等临床特征，可以确诊。

【防治措施】

加强高温季节的饲养管理是防止牛发生本病的关键。牛舍建造要较宽敞、凉爽和通风，禁止用油毛毡和塑膜盖牛舍屋顶。防止日光直射头部。役用牛在炎热季节应早晚干活，中午休息，使用过程中也应不时休息并适当多饮水。夏秋季牛要拴在阴凉处休息，要常洗刷牛体，保持清洁凉爽。炎热季节车、船运输牛应在早、晚进行并防止过于拥挤；不可较长时间在水泥、沙（石）地上行走。高温时，役牛干活前应灌饮 3～4 小瓶"十滴水"（兑入 500～1000 毫升凉水）。

治疗原则是加强护理、促进降温、减轻心肺负荷、镇静安神、纠正水盐代谢和酸碱平衡紊乱。

① 消除病因和加强护理　应立即停止一切应激，将病畜移至荫凉通风处，若病畜卧地不起，可就地搭起荫棚，保持安静。

② 降温疗法　不断用冷水浇洒全身，或用冷水灌肠，口服 1％ 冷盐水，或于头部放置冰袋，亦可用酒精擦拭体表。

③ 泻血　体质较好者可泻血适量（牛 1000～2000 毫升，羊 100～300 毫升），同时静脉注射等量生理盐水，以促进机体散热。

④ 缓解心肺机能障碍　对心功能不全者，可注射安钠咖等强心剂。为防止肺水肿，静脉注射地塞米松。

⑤ 静脉注射 20％甘露醇或 25％山梨醇 500～1000 毫升或 50％葡萄糖液 300～500 毫升，可降低颅内压。

⑥ 镇静　当病畜烦躁不安和出现痉挛时，可口服或直肠灌注水合氯醛黏浆剂或肌内注射氯丙嗪或少量静松灵。

⑦ 缓解酸中毒　当确诊病畜已出现酸中毒时，可静脉注射 5％碳酸氢钠注射液，300～600 毫升。

14. 胎衣不下的防治

胎衣不下，又称为胎膜停滞，是指母畜分娩后不能在正常时间内将胎膜完全排出。一般正常排出胎衣的时间大约在分娩后，牛为 12 小时。母畜在娩出胎儿后，胎衣在第三产程的生理时限内未能排出。出现胎衣不下的一般病牛没有全身症状，但食欲和产奶量下降。当子宫出现弛缓或外伤时，可出现全身症状。胎膜排出前子宫颈闭锁，可造成严重的子宫炎并伴有全身症状。本病多发生于具有结缔组织绒毛膜胎盘类型的反刍动物，尤以不直接哺乳或饲养不良的乳牛多见。初产牛对胎衣不下耐受力较差，尤其是胎衣部分不下，子宫颈口闭锁时，初产牛会发生极其严重的全身症状。

（1）发病病因　牛发生胎衣不下的原因很多，主要有以下几个方面。

①产后子宫收缩无力　日粮中钙、镁、磷比例不当，运动不足，消瘦或肥胖，致使母畜虚弱和子宫弛缓；胎水过多，双胎及胎儿过大，使子宫过度扩张而继发产后子宫收缩微弱；难产后的子宫肌过度疲劳，以及雌激素不足等，都可导致产后子宫收缩无力。

②胎儿胎盘与母体胎盘黏着　子宫或胎膜的炎症，都可引起胎儿胎盘与母体胎盘粘连而难以分离，造成胎衣滞留。其中最常见的是感染某些微生物，如布氏杆菌、胎儿弧菌等；维生素A缺乏，能降低胎盘上皮的抵抗力而易感染。

③与胎盘结构有关　牛的胎盘是结缔组织绒毛膜型胎盘，胎儿胎盘与母体胎盘结合紧密，故易发生。

④环境应激反应　分娩时，受到外界环境的干扰而引起应激反应，可抑制子宫肌的正常收缩。

（2）诊断要点　胎衣不下有全部不下和部分不下两种。

①全部胎衣不下　停滞的胎衣悬垂于阴门之外，呈红色→灰红色→灰褐色的绳索状，且常被粪土和草渣污染。如悬垂于阴门外的是尿膜羊膜部分，则呈灰白色膜状，其上无血管。但当子宫高度弛缓及脐带断裂过短时，也可见到胎衣全部滞留于子宫或阴道内。牛全部胎衣不下时，悬垂于阴门外的胎膜表面，有大小不等的、稍突起的、朱红色的胎儿胎盘，随胎衣腐败分解（1～2天）发出特殊的腐败臭味，并有红褐色的恶臭黏液和胎衣碎块从子宫排出，且牛卧下时排出量显著增多，子宫颈口不完全闭锁。部分胎衣不下时，其腐败分解较迟（4～5天），牛耐受性较强，故常无严重的全身症状，初期仅见拱背、举尾及努责；当腐败产物被吸收后，可见体温升高，脉搏增数，反刍及食欲减退或停止，前胃阻塞，腹泻，泌乳减少或停止等。

②部分胎衣不下　将脱落不久的胎衣摊开，仔细观察胎衣破裂处的边缘及其血管断端能否吻合以及子叶有无缺失，可以查出是否发生胎衣部分不下。残存在母体胎盘上的胎儿胎盘仍存留于子宫内。胎衣不下伴发子宫炎和子宫颈延迟封闭，且其腐败分解产物可被机体吸收而引起全身性反应。胎衣部分不下通常仅在恶露排出时间延长时才被

发现，所排恶露性质与胎衣完全不下时相同，仅排出量较少。

【防治措施】

加强饲养管理，增加母畜运动，注意日粮中钙、磷和维生素 A 及维生素 D 的补充，做好布氏杆菌病、沙门氏菌病和结核病等的防治工作，分娩时保持环境卫生和安静，以防止和减少胎衣不下的发生。产后灌服所收集的羊水，按摩乳房；让仔畜吸吮乳汁，均有助于子宫收缩而促进胎衣排出。

注意对于阴门悬吊有胎衣者，既不能在胎衣上悬吊重物，又不能将胎衣从阴门处剪断。采取前一种方法处理，胎衣血管可能勒伤阴道底壁黏膜，也可能引起子宫内翻及脱出，还会引起努责以及重物将胎衣撕破，使部分胎衣留在子宫内；采取后一种方法处理，遗留的胎衣会缩回子宫，以后脱落也不易排出体外，还会使子宫颈提前关闭。如果悬吊的胎衣较重，可在距阴门约 30 厘米处剪断，以免造成子宫脱出。

胎衣不下的治疗方法很多，概括起来可分为药物疗法和手术剥离两类。

（1）药物疗法　原则上是尽早采取全身性抗生素疗法，防止胎衣腐败吸收，并促进子宫收缩。当出现体温升高，产道有外伤或坏死时，应用抗生素做全身治疗。在胎衣不下的早期阶段，常常采用肌内注射抗生素的方法；当出现体温升高，产道创伤或坏死情况时，还应根据临床症状的轻重缓急，加大药量，或改为静脉注射，并配合支持疗法。因分娩后 1 周内的牛施行导管灌注易造成阴道穿窿和子宫壁穿孔，应慎重使用。

① 垂体后叶注射液或催产素注射液，皮下或肌内注射 50 万～100 万国际单位。也可用马来酸麦角新碱注射液，肌内注射 5～15 毫克。

② 己烯雌酚注射液，肌内注射 10～30 毫克，每日或隔日 1 次。

③ 10％氯化钠溶液，静脉注射 300～500 毫升。也可用水乌钙、抗生素、新促反刍液三步疗法，具有良好的疗效。

④ 为预防胎衣腐败及子宫感染，可向子宫内投放四环素或其他抗生素，起到防止腐败、延缓溶解的作用，等待胎衣自行排出。药物应投放到子宫黏膜和胎衣之间。1 次投药 0.5～1 克。

⑤ 茯茶 50～200 克，加水约 5000 毫升，煎 10～60 分钟，加食盐 20～100 克，红糖（或白糖）100～500 克，候温 1 次灌服。一般 1 次有效，灌服后 30～60 分钟即见胎衣排出。单用茶水或糖水或盐水对

轻型病也有效，但组方疗效高，也可预防生产瘫痪、缺乳、虚弱等病症。

（2）手术剥离　手术剥离是用手指将胎儿胎盘与母体胎盘分离的一种方法，牛的手术剥离法宜在产后 10～36 小时内进行。术前确实保定患畜阴门及其周围，手臂和长臂手套等均应消毒。剥离时，以既不残存胎儿胎盘，又不损伤母体胎盘为原则。术后应送入适量抗菌防腐药。

九、牛中毒的防治

1. 牛氢氰酸中毒的防治

氢氰酸中毒，是由于家畜采食富含氰苷配糖体类植物，在氰糖酶的作用下生成氢氰酸，使呼吸酶受到抑制，组织呼吸发生窒息的一种急剧性中毒病。以突然发病、极度呼吸困难、肌肉震颤、全身抽搐和为期数十分钟的闪电型病程为临床特征。

牛采食富含氰苷配糖体的植物是导致氢氰酸中毒的主要原因。富含氰苷配糖体的植物有高粱和玉米的幼苗（特别是受灾之后或收割之后的再生苗）、木薯（特别是木薯嫩叶和根皮部分）、亚麻（主要是亚麻叶、亚麻籽及亚麻籽饼）、各种豆类（如豌豆、蚕豆、海南刀豆等）、许多野生或种植的青草（如苏丹草、三叶草，水麦冬等）、其他植物（如桃、杏、枇杷、樱桃等的叶和种子）。

动物长期少量采食当地含氰苷配糖体类植物，往往能产生耐受性，因而中毒多发生在家畜饥饿之后大量采食或新接触、采食含氰苷配糖体类植物时。

此外，误食或吸入氰化物农药，或误饮化工厂（如冶金、电镀）的废水，也可引起氰化物中毒。

通常于采食含氰苷配糖体类植物的过程中或采食后 1 小时左右突然发病。病畜站立不稳，呻吟苦闷，表现不安。可视黏膜潮红，呈玫瑰样鲜红色，静脉血液亦呈鲜红色。呼吸极度困难，肌肉痉挛，全身或局部出汗，伴发瘤胃臌气，有时出现呕吐。以后则精神沉郁，全身衰弱，卧地不起，皮肤反射减弱或消失，结膜发绀，血液暗红，瞳孔散大，眼球震颤，脉搏细弱疾速，抽搐窒息而死。病程一般不超过1～2 小时。中毒严重的，仅数分钟即可死亡。

根据采食氰苷配糖体类植物的病史，发病的突然性，呼吸极度困难、神经机能紊乱以及特急的闪电式病程，不难做出诊断。

需要鉴别的是急性亚硝酸盐中毒。除调查病史和毒物快速检验外，主要应着眼于静脉血色的改变。亚硝酸盐中毒时，血液因含高铁血红蛋白而褐变，采血于试管中加以震荡，血液褐色不退；氢氰酸中毒时，病初，静脉血液鲜红，末期虽因窒息而变为暗红色，但属还原型血红蛋白，置于试管中加以震荡，即与空气中的氧气结合，生成氧合血红蛋白，而使血色转为鲜红色，大体可以区分。

【防治措施】

对含氰苷配糖体的饲料，应严格限制饲喂量，饲喂之前应经去毒处理。饲草可放于流水中浸泡 24 小时，或漂洗后再加工利用，亚麻籽饼可高温或经盐酸处理后利用。不要在含有氰苷配糖体植物的地区放牧。应用含氰苷配糖体的药物时，严格掌握用量，以防中毒。

本病病情危重，病程短急，且有特效解毒药。因此，应刻不容缓地实施特效解毒疗法。

氢氰酸中毒的特效解毒药是亚硝酸钠、美蓝和硫代硫酸钠。这三种特效解毒药都可静脉注射。每千克体重的用量为 1％亚硝酸钠注射液 1 毫升，2％美蓝注射液 1 毫升，10％硫代硫酸钠注射液 1 毫升。亚硝酸钠的解毒效果比美蓝确实。因此，通常将亚硝酸钠与硫代硫酸钠配伍应用。如亚硝酸钠 3 克、硫代硫酸钠 30 克、蒸馏水 300 毫升，制成注射液，成年牛一次静脉注射；亚硝酸钠 1 克、硫代硫酸钠 5 克、蒸馏水 50 毫升，制成注射液，成年绵羊一次静脉注射。

为阻止胃肠道内的氢氰酸被吸收，可用硫代硫酸钠内服或瘤胃内注入（牛用 30 克），1 小时后可再次给药。

2. 牛酒糟中毒的防治

酒糟是酿酒原料的残渣，除含有蛋白质和脂肪外，还有促进食欲、利于消化等作用。常作为家畜的辅助饲料而被广泛利用。引起酒糟中毒的毒物一般认为与下列一些因素有关。

来自制酒的原料，如发芽马铃薯中的龙葵素、黑斑病甘薯中的翁家酮、谷类中的麦角毒素和麦角胺、发霉原料中的霉菌毒素等。这些物质若存在于用该原料酿酒的酒糟中，都会引起牛相应的中毒；酒糟在空气中放置一定时间后，由于乙酸菌的氧化作用，将残存的乙醇氧化成乙酸，则发生酸中毒；存于酒糟中的乙醇，引起酒精中毒；酒糟保管不当，发霉腐败，产生霉菌毒素，引起中毒。

急性酒糟中毒，首先表现兴奋不安，而后出现胃肠炎症状，食欲减退或废绝，腹痛，腹泻。心动过速，呼吸促迫。运动时共济失调，以后四肢麻痹，倒地不起。最后呼吸中枢麻痹死亡。

慢性酒糟中毒多发生皮疹或皮炎，尤其系部皮肤明显。病变部位皮肤，先湿疹样变化，后肿胀甚至坏死。病畜消化不良，结膜潮红、黄染。有时发生血尿，妊娠家畜可能流产。有的牙齿松动脱落，而且骨质变脆，容易骨折。

【防治措施】

用酒糟饲喂家畜时，要搭配其他饲料，不能超过日粮的30％。用前应加热，使残存于其中的酒精挥发，并且可消灭其中的细菌和霉菌。贮存酒糟时要盖严踩实，防止空气进入，以防酸坏。充分晒干保存亦可。已发酵变酸的酒糟，可加入适量澄清石灰水，以中和酸性物质，降低毒性。

发生酒糟中毒后，应立即停止饲喂酒糟，然后采取以下办法。

一是为中和胃肠道内的酸性物质和排出毒物，可用硫酸钠400克、碳酸氢钠30克、加水4000毫升给牛内服。

二是为增强肝的解毒机能和稀释毒物，可用10％葡萄糖注射液1000毫升、氢化可的松注射液250毫克、10％苯甲酸钠咖啡因注射液20毫升、5％维生素C注射液50毫升，牛一次静脉注射。

三是为中和血中的酸性物质，可用5％碳酸氢钠注射液300～500毫升，给牛一次静脉注射。

四是皮肤的局部病变，按湿疹的治疗方法进行处理。

3. 牛亚硝酸盐中毒的防治

亚硝酸盐中毒，是由于饲料富含硝酸盐，在饲喂前的调制中或采食后在瘤胃内产生大量亚硝酸盐，吸收入血后造成高铁血红蛋白血症，导致组织缺氧，而引起的中毒。临床上以发病突然，黏膜发绀，血液褐变，呼吸困难，神经功能紊乱，经过短急为特征。

亚硝酸盐是饲料中的硝酸盐在硝酸盐还原菌的作用下，经还原而生成的。因此，亚硝酸盐的产生，主要取决于饲料中硝酸盐的含量和硝酸盐还原菌的活力。

饲料中硝酸盐的含量因植物种类而异。富含硝酸盐的饲料包括甜菜、萝卜、马铃薯等块茎、块根类；白菜、油菜等叶菜类；各种牧草、野菜、农作物的秧苗和秸秆（特别是燕麦秆）等。这些饲料调制不当，如蒸煮不透，或小火焖煮时间过长，或在 40～60℃ 焖放 5 小时以上，或腐烂发酵，均有利于硝酸盐还原菌迅速繁殖，使饲料中所含的硝酸盐还原为剧毒的亚硝酸盐。

当家畜食入已形成的亚硝酸盐后，发病急速。一般是 20～150 分钟发病，呈现呼吸困难，有时发生呕吐，四肢无力，共济失调，皮肤、可视黏膜发绀，血液变为褐色，四肢末端及耳、角发凉。若能耐过，很快恢复正常，否则很快倒地死亡。

但如果是在瘤胃内转化为亚硝酸盐。通常在采食之后 5 小时左右突然发病，除上述亚硝酸盐中毒的基本症状外，还伴有流涎、呕吐、腹痛、腹泻等硝酸盐的刺激症状。再者，其呼吸困难和循环衰竭的临床表现更为突出。整个病程可持续 12～24 小时。最后因中枢神经麻痹和窒息死亡。

可根据黏膜发绀、血液褐色、呼吸困难等主要临床症状，特别短急的疾病经过，以及发病的突然性、发生的群体性、采食饲料的种类以及饲料调制失误的相关性，果断地做出初步诊断，并立即组织抢救，通过特效解毒药——美蓝的疗效，验证初步诊断的准确性。为了确立诊断，亦可在现场做变性血红蛋白检查和亚硝酸盐简易检验。

【防治措施】

在饲喂含硝酸盐多的饲料时，最好鲜喂，且需限制饲喂量。如需蒸煮，应加火迅速烧开，开盖、不断搅拌，不要焖在锅内过夜。青绿饲料贮存时，应摊开存放，不要堆积于一处，以免产生亚硝酸盐。

特效解毒剂为亚甲蓝（美蓝）和甲苯胺蓝，同时配合使用维生素 C 和高渗葡萄糖注射液。

亚甲蓝为一种氧化还原剂，在小剂量、低浓度时，经辅酶 I 脱氢酶的作用变成还原型亚甲蓝，而还原型亚甲蓝可把变性血红蛋白还原为还原型血红蛋白。但大剂量、高浓度时，体内的辅酶 I 脱氢酶不足以使之变成还原型亚甲蓝，过多的亚甲蓝便发挥氧化作用，使氧合血红蛋白变为变性血红蛋白，则使病情加重。

临床上应用 1% 亚甲蓝注射液（亚甲蓝 1 克，酒精 10 毫升，生理盐水 90 毫升），牛、羊按每千克体重 0.4～0.8 毫升静脉注射。也可用 5% 甲苯胺蓝注射液，牛、羊按每千克体重 0.1 毫升静脉注射、肌内注射或腹腔注射。

维生素 C 也可使高铁血红蛋白还原成还原型血红蛋白，大剂量维生素 C（牛 3～5 克，配成 5% 注射液，肌内或静脉注射）用于亚硝酸盐中毒，疗效也很确实，只是奏效速度不及美蓝快；或肌内注射硫酸阿托品和强力解毒敏均有良效。

高渗葡萄糖能促进高铁血红蛋白的转化过程，故能增强治疗效果。

此外，可根据病情进行输液、使用强心剂和呼吸中枢兴奋剂等。

4. 牛菜籽渣中毒的防治

菜籽渣中毒是由于菜籽或菜籽渣不经过处理或处理不当引起的一种中毒性疾病。菜籽为我国广为栽培的一年生或越年生十字花科植物，属油料作物，有多种品系，如油菜、芥菜等，其种子榨油后的菜籽渣含蛋白质 32%～39%，是家畜蛋白质含量高、营养丰富的饲料，可作为蛋白质饲料的重要来源。

菜籽或菜籽渣中的主要有毒成分是芥籽苷；也称硫葡萄糖苷，其本身无毒，但在处理过程中，细胞遭到破坏，芥籽苷与芥籽酶经催化水解作用后，产生有毒的异硫氰酸丙烯酯或丙烯基芥籽油和噁唑烷硫酮。此外，还含有芥籽酸、单宁、毒蛋白等有毒成分。菜籽渣的毒性，随油菜的品系不同而有较大差异，芥菜型品种含异硫氰酸丙烯酯较高，甘蓝型品种含噁唑烷硫酮较高，白菜型品种两种毒素的含量均较低。

发生菜籽渣中毒后，病牛表现为精神沉郁，可视黏膜发绀，肢蹄末端发凉，站立不稳，食欲减退，流涎，瘤胃蠕动减弱和腹痛，便秘或腹泻，粪便中混有血液。呼吸困难，常呈腹式呼吸，痉挛性咳嗽，鼻孔流出粉红色泡沫状液体。尿频，血红蛋白尿，尿落地时可溅起大量泡沫。有时呈现神经症状，出现狂躁不安和长期视觉障碍。中毒严重病例，全身衰弱，体温降低，心脏衰弱，最后虚脱而死。

犊牛在采食后 3 小时即可出现中毒症状，表现兴奋不安，继而四肢痉挛、麻痹，6 小时后站立不稳，体温由 39℃升至 40℃，心率加快，可达 110 次/分钟，一般 10 小时左右死亡。

依饲喂菜籽渣的发病史、临床症状及病理变化，可获得初步诊断。确切的诊断可根据动物饲喂试验结果判定。

【防治措施】

用菜籽渣作饲料时，一定要选择新鲜的，在饲喂前要经过无毒处理，并限制用量，一般不应超过饲料总量的 20%。为了安全地利用菜籽渣，目前国内推广试用下列去毒法。

（1）坑埋法 在向阳干燥的地方，挖一宽 0.8 米，深 0.7 米，长度视菜籽渣的数量而定的长方形沟，下铺稻草，将菜籽渣倒入沟内，上盖干草，再盖一尺厚的土，放置两个月后即可饲喂家畜。去毒效果达 70%～98%。

（2）发酵中和法 将菜籽渣经发酵处理，以中和其有毒成分，本法约可去毒 90% 以上，且可用于工厂化方式处理。

（3）蒸煮法 将菜籽渣用温水浸泡 1 昼夜，再充分蒸或煮 1 小时以上，芥籽苷、芥籽酶可被高温破坏，芥籽油可随蒸汽蒸发。

由于本病无特效解毒剂，发现中毒后立即停喂菜籽渣，可给胃肠黏膜保护剂和轻泻剂，用滑石粉 500 克、人工盐 150 克加水服。

中毒初期可用 2% 鞣酸溶液洗胃或内服，为防止虚脱，可注射 654-2 或 10% 安钠咖注射液以及葡萄糖注射液等制剂。

为减少毒物的吸收与缓解刺激，可内服适量牛奶、蛋清、豆浆、淀粉浆等。

5. 牛马铃薯中毒的防治

马铃薯也叫土豆、山药蛋。发生马铃薯中毒主要是由于马铃薯中含有一种有毒的生物碱——马铃薯素（又名龙葵素）。马铃薯素主要含于马铃薯的花、块根幼芽及其茎叶中。块根贮存过久，马铃薯素含量明显增多，特别是保存不当，引起发芽、变质或腐烂时，含量更多。使用上述发芽、腐败的马铃薯饲喂家畜，即可引起中毒。

发生马铃薯重度中毒，表现明显神经症状。病初兴奋不安，狂躁，前冲后退，不顾周围障碍。后期转为沉郁，四肢麻痹，后躯无力，步态不稳，呼吸困难，黏膜发绀，心脏衰弱，一般经 2～3 日死亡；轻度中毒，病程较慢，呈现明显的胃肠炎症状，食欲减退或废绝，流涎、呕吐、便秘，随后剧烈腹泻，粪中混有血液，精神沉郁，体力衰弱，体温升高，妊娠家畜往往发生流产。牛、羊多于口唇周围、肛门、尾根、四肢系凹部及母畜的阴道和乳房部发生湿疹。绵羊则常呈现贫血和尿毒症。

本病的临床特征为神经症状、胃肠炎症状和皮肤湿疹，可结合对饲料情况的了解以及病料检验，进行分析确诊。送检病料可采取呕吐物、剩余饲料或瘤胃内容物等。

【防治措施】

预防工作应从下列几个方面做起。一是不要用发芽、变绿、腐烂、发霉的马铃薯喂家畜。必须饲喂时，应去芽，切除发霉、腐烂、变绿部分，洗净，充分煮熟后再用，但也应限制饲喂量。二是用马铃薯茎叶饲喂家畜时，用量不要太多，并应和其他青绿饲料配合饲喂，发霉腐烂的马铃薯不能用作饲料。也不要用马铃薯的花、果实饲喂家畜。三是用马铃薯作饲料时要逐渐增量。

发现中毒立即停喂马铃薯，为排除胃内容物可用浓茶水或0.1%高锰酸钾溶液或0.5%鞣酸溶液进行洗胃；或用5%葡萄糖氯化钠注射液1000～1500毫升，或5%碳酸氢钠注射液300～800毫升，或加硫代硫酸钠5～15克或氯化钙5～15克或氢化可的松0.2～0.4克静脉注射，或肌内注射强力解毒敏20毫升，也可使用缓泻剂。

对症治疗，当出现胃肠炎时，可应用1%鞣酸溶液，牛500～2000毫升，羊100～400毫升，并加入淀粉或木炭末等内服，以保护胃肠黏膜，其他治疗措施可看看胃肠炎的治疗。狂躁不安的病畜，可应用镇静剂，如10%溴化钠注射液，牛50～100毫升，羊10～20毫升，静脉注射。为增强机体的解毒机能，可注射浓葡萄糖注射液和维生素C注射液，心脏衰弱时可给予樟脑制剂、安钠咖等强心药。

中毒引起的皮疹，先剪去患部被毛，用30%硼酸洗涤，再涂以龙胆紫，有防腐、收敛作用。据报道，发病早期灌服食醋1000毫升以上，并配合其他治疗，效果也较好。

6. 牛尿素中毒的防治

尿素可以作为反刍动物蛋白质饲料的补充来源，尿素的饲喂量一般为成年牛每日150～200克。饲喂量过大或误食过量尿素，以及饲料中的尿素混合不均匀，或将尿素拌入饲料后长时间堆放，牛食入后，都可以引起尿素中毒。这是由于过量尿素在胃肠道内释放大量氨，引起高氨血症而使动物中毒。

牛发生尿素中毒一般为急性中毒。发病急，死亡也快。表现流涎，磨牙，腹痛，踢腹，尿频呕吐，鸣叫，抽搐，肌肉震颤，运动失调，强直性痉挛，呻吟，心率加快，呼吸困难，全身出汗，瘤胃臌胀并有明显的静脉搏动，死前体温升高。慢性中毒时，病牛后躯不全麻痹，四肢发僵，以后卧地不起。

【防治措施】

严格按照尿素的使用量添加，尿素的添加量不超过总日粮的1%，或谷类日粮的3%。利用秸秆喂牛时，尿素可按0.3%～0.5%。或者按照牛的体重确定，每日每头牛每100千克体重喂量在20～30克，一般成年牛每头日供给量不得超过100克。添加尿素时，要先将尿素混入牛精料中充分搅拌后，加在草料中拌匀喂给，现喂现拌。尿素喂牛要由少到多，循序渐进，由过渡期到适应期，一般经10～15日预饲后逐步增加到规定量。每日应分2～3次供给日定量，不能图省事一次性喂给。需坚持常喂不间断。如因故间断，必须从头开始过渡、适应训练。尿素不能加入水中饮用。喂尿素前要让牛多采食粗饲料或青贮饲料，不能空腹时喂给；临喂前将尿素与饲料混合均匀后喂给，不可单纯配合秸秆饲料喂给；也不能溶于水中直接饮用，一般在喂后2小时再饮水。犊牛不宜喂尿素，必须待犊牛能大量吃粗饲料后，方可开始喂给。严禁与含尿酶的饲料混喂，如生大豆、豆饼、豆科类草、瓜类等，以免降低尿素的饲喂效果。

发生尿素中毒的救治方法如下。

① 急性瘤胃臌气时要及时进行瘤胃穿刺放气（放气速度不能太快）。

② 灌入食醋10千克以上。

③ 灌服冷水20千克以上，以稀释胃内容物，减少氨的吸收。

④ 10 %葡萄糖酸钙300毫升，25%葡萄糖500毫升，静脉注射。

十、犊牛五大疾病的防治

1. 新生犊牛窒息

新生犊牛窒息是指新生犊牛在刚出生时，呼吸发生障碍或无呼吸，但有心跳，即为新生犊牛窒息或假死。如不及时采取抢救措施，新生犊牛往往死亡。

（1）临床症状 轻度窒息时，犊牛软弱无力，呼吸微弱而急促，间隔时间长。可视黏膜发绀，舌脱出于口角外，口、鼻内充满羊水和黏液。脉弱，肺部听诊有湿啰音。

严重窒息，犊牛呈假死状态，呼吸停止，仅有微弱心跳，摸不到脉搏。全身松软，卧地不起，反射消失。

（2）防治措施

① 应正确助产，以防本病的发生。

② 首先用布擦净鼻孔及口腔内的羊水，如仍无呼吸，可施行人工呼吸或输氧。将犊牛头部放低，后躯抬高，由一人握住两前肢，前后来回拉动，交替扩展和压迫胸腔，另一人用纱布或毛巾擦净鼻孔及口

腔中的黏液和羊水。在做人工呼吸时，必须耐心，直至犊牛出现正常呼吸才可停止。做人工呼吸的同时，可使用刺激呼吸中枢的药物，如山梗茶碱 5~10 毫克，25% 尼可刹米油溶液 1.5 毫升等，皮下注射效果较好。

③ 为了纠正酸中毒，可静脉注射 5% 碳酸氢钠 50~100 毫升。为防止继发肺炎，可肌内注射抗生素。

2. 犊牛脐带炎

脐带感染是一种多见疾病，由于脐带断端有细菌繁殖的良好条件，在断脐过程中环境卫生差、助产人员的手和器械消毒不严，之后犊舍拥挤，褥草肮脏、潮湿不常换，犊牛彼此吸吮脐带等都可导致脐带感染，引起脐炎、脐静脉炎、脐动脉炎、脐尿管炎和脐尿管瘘。引起感染的病原主要为大肠杆菌、变形杆菌、葡萄球菌、化脓棒状杆菌及破伤风梭菌等，且多呈混合感染。脐带感染进一步发展，可出现菌血症以及全身各器官感染，多见的是四肢、关节及其他器官慢性化脓性感染，破伤风梭菌感染引起犊牛破伤风。

(1) 临床症状　脐周围湿润、肿胀、发热，脐带中央可挤出恶臭的脓汁，脐带溃烂。

(2) 防治方法　在母牛产前，要搞好产房卫生和消毒工作，产后断脐时，应严格消毒，防止犊牛互相吮脐带。如发生炎症时，在脐周围皮下注射青霉素或卡那霉素等。如有脓肿和坏死，应排出脓汁，清除坏死组织，然后消毒清洗，并撒上磺胺粉等消炎药，并给以包扎。脐部肿胀发硬时，用 100 万单位青霉素溶于 30 毫升注射用水做脐周围封闭，有体温升高者必须做全身抗感染治疗。

3. 犊牛消化不良

犊牛消化不良为犊牛常见病之一。病因较多，主要是饲养管理不当或细菌感染引起。如母牛营养不足，使初生犊牛体弱，抵抗力差，过迟喂给初乳或喂奶不定时、不定量，饲料奶质不佳，犊牛舔污物等，均可为引发本病的因素。

(1) 临床症状　患牛腹泻，粪便稀且长，带恶臭。

(2) 防治措施

① 合理饲养怀孕母牛，确保初生犊牛体壮少病。

② 及时给初生犊牛喂初乳，且要定时、定温、定量，保持清洁

卫生。

③ 增加运动和光照，提高犊牛的抵抗力。

④ 内服土霉素、四环素或金霉素、每千克体重75～100毫克，每日3次，连服5～7天。

⑤ 内服磺胺咪或磺胺二甲基嘧啶，每千克体重每日0.3～0.4克，分2～3次服用，次日减半，连用5～7天，同时服等量或半量碳酸氢钠。

4. 犊牛肺炎

肺炎是附带有严重呼吸障碍的肺部炎症性疾患。初生至2月龄的犊牛较多发生。主要原因是管理不当，导致病菌感染所致，危害较大。其特征是患牛不吃食，喜卧，鼻镜干，体温高，精神郁闷，咳嗽，鼻孔有分泌物流出，体温升高，呼吸困难和肺部听诊有异常呼吸音。

（1）临床症状　根据临床症状可分为支气管肺炎和异物性肺炎。

支气管肺炎。病初，先有弥漫性支气管炎或细支气管炎症状。如精神沉郁，食欲减退或废绝，体温升高达40～41℃，脉搏80～100次/分钟，呼吸浅而快，咳嗽，站立不动，头颈伸直，有痛苦感。听诊，可听到肺泡音粗哑，症状加重后气管内渗出物增加，则出现啰音，并排出脓样鼻汁。症状进一步加重后，患病肺叶的一部分变硬，以致空气不能进出，肺泡音就会消失。让病牛运动则呈腹式呼吸，眼结膜发绀而呈严重的呼吸困难状态。

异物性（吸入性）肺炎。因误咽而将异物吸入气管和肺部后，不久就出现精神沉郁、呼吸急速、咳嗽。听诊肺部可听到泡沫性啰音。当大量误咽时，在很短时间内就发生呼吸困难，流出泡沫样鼻汁，因窒息而死亡。如吸入腐蚀性药物或饲料中腐败化脓细菌侵入肺部，可继发化脓性肺炎，病牛出现发高烧、呼吸困难、咳嗽，排出大量脓样鼻汁。听诊可听到湿性啰音，呼吸时可嗅到强烈的恶臭气味。

（2）防治措施

① 合理饲养怀孕母牛，使母牛得到必需营养，以便产出身体健壮的犊牛。犊牛出生后，及时吃上初乳，增强体质。喂奶要做到定时、定量、定温。喂奶器具、水桶、料桶严格消毒，严禁将患病犊牛喝剩的奶，喂给健康犊牛。防止犊牛在断奶过渡时期断奶、换料、换圈三种应激叠加。每天清理粪道、饲喂道。舍内保持清洁干燥，垫料整洁松软。犊牛分群饲养，降低饲养密度，定期带牛消毒。

② 加强兽医巡栏，做到早发现、早诊断、早治疗。病牛及时隔离

治疗。对病牛要置于通风换气良好、安静的环境下进行治疗。在发生感冒等呼吸器官疾病时，应尽快隔离病牛；最重要的是，在没达到肺炎程度以前，要进行适当治疗，但必须达到完全治愈才能终止；对因病而衰弱的牛灌服药物时，不要强行灌服，最好经鼻或口，用胃导管准确地投药。

③ 对于患病牛的治疗原则主要是加强护理，抗菌消炎，止咳祛痰以及对症治疗。主要采用抗生素或磺胺类药物治疗。在治疗中，要用全身给药法。临床实践证明，以青霉素和链霉素联合应用效果较好。青霉素按每千克体重 1.3 万～1.4 万单位，链霉素 3 万～3.5 万单位，加适量注射水，每日肌内注射 2～3 次，连用 5～7 天。病重者可静脉注射磺胺二甲基嘧啶、维生素 C、维生素 B_1、5％葡萄糖盐水 500～1500 毫升，每日 2～3 次。土霉素对本病亦有效，一般用盐酸土霉素注射液 2.5～5.0 毫克/千克（按体重计），每天 2 次肌内注射或静脉注射。随后配合应用磺胺类药物，可有较好的效果。同时，还可用一种抗组织胺剂和祛痰剂作为补充治疗。另外，应配合强心、补液等对症疗法。对重症病例，可直接向气管内注入抗生素或消炎剂，或者用喷雾器将抗生素或消炎剂以超微粒子状态与氧气一同让牛吸入，可取得显著的治疗效果。

对于真菌性肺炎，要给予抗真菌性抗生素，用喷雾器吸入法可收到显著效果。轻度异物性肺炎，可用大量抗生素，配合使用毛果芸香碱，疗效更好。

5. 犊牛腹泻

犊牛腹泻是临床上的常见病之一，本病一年四季均可发生，尤其以初春及夏末秋初多发，于出生后 3 周龄以内的新生犊牛多发生。特征是拉稀便，软便或水样便，呕吐，脱水和体重减轻。它是造成犊牛生长发育不良和死亡的主要疾病之一，以出生 1 个月内发病率和死亡率最高，被称为新生犊牛的杀手。致命的腹泻多侵害生后 2 周内的犊牛，约占犊牛发病率的 80％。给养牛业造成较大的经济损失。腹泻分为营养性（如牛奶饲喂过量、牛奶突然改变成分、低质代乳品、奶温过低等引起）和传染性（诸如细菌、病毒、寄生虫等引起）腹泻两种。大肠杆菌是引起新生犊牛腹泻的主要病源菌。

（1）临床症状　发病初期体温 39.2～40.0℃，随病情恶化，体温升高至 40.1～40.5℃，脉搏 115 次/分钟以上，病牛精神沉郁，食欲减退或废绝，渴欲增进或废绝，反刍停止。眼结膜先潮红后黄染，舌苔重、口干臭，四肢、鼻端末梢多冷凉，脉搏增数，呼吸加快。瘤胃蠕动或弱或消失，有轻度膨胀。肠音初期增强，以后减弱。腹部触诊较敏感。腹泻粪便稀薄、腥臭的水样、棕色稀便，混有黏液，血液及黏膜组织。病后期，肠音减弱，肛门松弛，排便失禁。营养良好的犊牛治疗及时，护理得好，多数可康复。严重患牛病程持续1周以上，预后不良。临死前的病危症状是高度沉郁、心衰、脱水死亡。潜伏期7～14天，临床上一般分为急、慢性两种类型，但即使是同型病例，其症状往往差别很大。

急性型：常见于幼犊，病死率较高。病初，呈上呼吸道感染症状，表现体温升高（40～42）℃，持续4～7天，有的经3～5天又有第二次体温升高；随体温升高，白细胞减少；精神沉郁，厌食，鼻、眼有浆液性分泌物。2～3天内可能有鼻镜及口腔黏膜表面糜烂，舌面上皮坏死，流涎增多，呼气恶臭。通常在口内损害之后，发生严重腹泻，开始水泻，以后带有黏液和血液，恶臭。有些病牛常有蹄叶炎及趾间皮肤糜烂坏死，导致跛行。急性病例恢复的少见，通常多于发病后1～2周死亡，少数病程可拖延1个月。孕牛可发生流产，或产下先天性缺陷的犊牛，主要是小脑发育不全，患犊可能只呈现轻度共济失调或完全缺乏协调和站立能力，有的可能盲目转圈。

慢性型：发热不明显，但体温可能有高于正常的波动。鼻镜糜烂，此种糜烂可在全鼻镜上连成一片。眼常有浆液分泌物。口腔内很少有糜烂，但门齿齿龈通常发红。蹄叶炎及趾间皮肤糜烂、坏死，引起明显的跛行。在鬐甲、颈部及耳后的皮肤皲裂，出现局部性脱毛和皮肤角化，呈皮屑状。病牛通常呈持续感染，发育不良，终归死亡或被淘汰。

（2）防治措施

① 预防　犊牛腹泻是一种犊牛常发的临床疾病。哺乳期犊牛的饲养管理是肉牛生产中的一个重要阶段，如果此时由于营养缺乏或管理不善，造成发病率和死亡率高，则不仅直接给肉牛场造成巨大的经济损失，而且也影响犊牛的生长发育和成年后的泌乳性能。可以说，犊牛腹泻是影响犊牛健康生长的最主要的疾病之一。因此，如何预防犊牛腹泻就成了"重中之重"。

a.加强母牛的饲养管理　怀孕母牛，特别是妊娠后期母牛饲养管理的好坏，不仅直接影响胎儿的生长发育，而且直接影响初乳的质量及初乳中免疫球蛋白的含量。因此，对妊娠母牛要合理供应饲料，饲料配比要适当，给予足够的蛋白质、矿物质和维生素饲料，勿使饥饿或过饱，确保母牛有良好的营养水平，使其产后能分泌充足的乳汁，以满足新生犊牛的生理需要。母牛乳房要保持清洁。有条件的肉牛场或养牛专业户，可于产前给母牛接种大肠杆菌疫苗、冠状病毒疫苗等，以使犊牛产生主动免疫；要保证干草喂量，严格控制精料喂量，防止母牛过肥和产后酮病的发生，以减少犊牛中毒性腹泻出现的可能；牛舍要保持清洁、干燥，母牛要适当运动；产房要宽敞、通风、干燥、阳光充足，消毒工作应经常、持久；产圈、运动场要及时清扫，定期消毒，特别是对母牛产犊过程中的排出物和产后母牛排出的污物要及时清除；牛舍地面每日用清水冲洗，每隔7～10天用碱水冲洗食槽和地面；凡进入产房的牛，每日刷拭躯体1～2次，用消毒药对母牛后躯进行喷洒消毒，使牛体清洁。

b. 犊牛的饲养　新生犊牛在出生30分钟内一定要吃到初乳，因初乳中含有多种抗体，能增强犊牛的免疫能力。同时饲喂犊牛要做到"三定"，即"定时定量、定温"，防止消化道疾病的发生。犊牛在30～40日龄，哺喂量可按初生体重的1/15～1/10计算，1个月后可逐渐使全乳的喂量减少一半，用等量脱脂乳代替。2月龄后，停止饲喂全乳，每日供给一次脱脂乳，同时补充维生素A、D及其他脂溶性维生素。饲喂发酵初乳能有效预防犊牛腹泻。初乳发酵和保存的最适温度为10～12℃。每天可加入初乳质量的1%的丙酸或0.7%的乙酸作为防腐剂。保证饮乳卫生和饮乳的质量，严禁饲喂劣质牛乳和发酵、变质、腐败的牛乳。应将初乳和牛奶加热到36～38℃后饲喂。

② 治疗　发病后要及时医治，可喂服磺胺脒、苏打粉各4～6克，乳酶生2～3克，1次内服，每天2～3次，连服3～5天；或链霉素1.5～3克，苏打粉3～6克，1次内服，每天2次，连用3～5天。病情重者要肌注抗生素，静注复方生理盐水、葡萄糖等。对脱水严重的要大量补充液体，可用5%葡萄糖盐水3000毫升，20%葡萄糖液300毫升，5%碳酸氢钠液250毫升，20%安钠咖液10毫升，1次静脉注射。体温升高的病牛肌注安痛定、地塞米松、利巴韦林。

对于新生犊牛病毒性腹泻，目前尚无特效的治疗方法，对症治疗和加强护理可以减轻症状，增强机体抵抗力，促使病牛康复。目前，对预防新生犊牛病毒性腹泻，我国已生产出一种弱毒冻干苗，可接种于不同年龄和品种的牛。接种后表现安全，接种后14天可产生抗体，并维持1年以上免疫力。

第八章

科学经营管理

经营是养牛场进行市场活动的行为，涉及市场、顾客、行业、环境、投资的问题。而管理是养牛场理顺工作流程、发现问题的行为，涉及制度、人才、激励的问题；经营追求的是效益，要资源，要赚钱；管理追求的是效率，要节流，要控制成本；经营是扩张性的，要积极进取，要抓住机会；管理是收敛的，要谨慎稳妥，要评估和控制风险；经营是龙头，管理是基础，管理必须为经营服务。经营和管理是密不可分的，管理始终贯穿于整个经营过程中，没有管理，就谈不上经营，管理的结果最终在经营上体现出来，经营结果代表管理水平。

肉牛养殖的过程也是一个经营管理的过程，而养牛场的经营管理是对牛场整个生产经营活动进行决策、计划、组织、控制、协调，并对牛场员工进行激励，以实现其任务和目标的一系列工作的总称。

一、经营管理者要不断学习新技术

一个人的学习能力往往决定了一个人竞争力的高低，也正因为如此，无论个人还是组织，未来唯一持久的优势就是有能力比竞争对手学习得更多更快。一个企业如果想要在激烈的竞争中立于不败之地，就必须不断地有所创新，而创新则来自于知识，知识则来源于人的不断学习。通过不断学习，专业能力得到不断提升。所以管理大师德鲁克说："真正持久的优势就是怎样去学习，就是怎样使得自己的企业能够学习得比对手更快。"

作为一个合格的养肉牛场经营管理者，即使养肉牛场的每一项工作不需要你亲力亲为，但是你要懂得怎么做。因此，必须掌握相关的养殖知识，不能当门外汉，说外行话，办外行事。要成为养肉牛的明白人，甚至是养肉牛专家。只有这样，才能管好养肉牛场。

很多养牛场的经营管理者都不是学习畜牧专业的，对养肉牛技术了解得不多，多数都是一知半解。而如今的养肉牛已经不是粗放式养牛时代了，规模化、标准化养肉牛，品种选择、牛舍建设、养牛设备、饲料营养、疾病防治、饲养管理、营销等各方面工作都需要相应的技术，而且这些技术还在不断发展和进步。

同时，发展肉牛产业在资源环境方面的约束将趋紧。一方面，在禁牧、休牧、轮牧和草畜平衡制度下，草原畜牧业产出难以保持以往的高速增长。另一方面，养殖场和饲草基地建设"选址难、用地难"问题突出。需要经营管理者去解决。还有牛疾病防治、饲料配制、繁殖等方方面面的知识要掌握。

做好养牛场的工作安排和各项计划也离不开专业技术知识。牛场的日常工作繁杂，要求经营管理者要有较高的专业素质，才能科学合理地安排好牛场的各项管理工作。可见，学习对牛场经营管理者的重要性不言而喻。那么，学习就要掌握正确的学习方法，牛场的经营管理者如何学习呢？

一是看书学习。看书是最基本的，也是最重要的学习方法。各大书店都有养牛方面的书籍出售，有教你如何投资办养牛场的书籍，如《投资养肉牛你准备好了吗》；有介绍养殖技术的书籍，如《高效健康养肉牛关键技术》；有介绍养殖经验的书籍，如《养肉牛高手谈经验》；有牛病治疗方面的书籍等。养牛方面的书籍种类很多。挑选时首先要根据自己对养牛知识掌握的程度有针对性地挑选书籍。作为非专业人员，选择书籍的内容要简单易懂，贴近实践。没有养牛基础的，要先选择入门书籍，等掌握一定养牛知识以后再购买专业性强的书籍。

二是向明白人请教。这是直观学习的好方法。各农业院校、科研所、农科院、各级兽医防疫部门都有权威专家，可以同他们建立联系，遇到问题可以及时通过电话、电子邮件、登门等方式向专家求教。如今各大饲料公司和兽药企业都有负责售后技术服务的人员，这些人员中有很多人的养殖技术比较全面，特别是疾病的治疗技术较好，遇到弄不懂或不明白的问题可以及时向这些人请教，必要时候可以请他们来现场指导，请他们做示范，同时给全场的养殖人员上课，传授饲养管理方面的知识。

三是上互联网学习和交流。这也是学习的好方法。互联网的普及极大地方便了人们获取信息和知识，人们可以通过网络方便地进行学习和交流，这及时掌握养牛动态，互联网上涉及养牛内容的网站很多，养牛方面地新闻发布得也比较及时。但涉及养殖知识的原创内容不是很多，多数都是摘录或转载报纸和刊物的内容，内容重复率很高，学习时可以选择中国畜牧学会、中国畜牧兽医学会等权威机构或学会的网站。

四是多参加有关知识讲座和有关会议。扩大视野，交流养殖心得，掌握前沿的养殖方法和经营管理理念。

二、把握好养牛的发展趋势

养牛也和其他养殖项目一样，受品种是否优良、数量多少（主要是能繁母牛的多少）、疫病防控的难度、饲养条件和环境保护，以及经济发展快慢等多种因素的影响，但主要受社会发展大环境的影响。通常人口增长，经济发展快，牛肉的消费量增加得也快，而此时牛的数量少，不能满足消费需求，牛的价格就高，养牛的效益也好。相反，牛的价格就低，养牛的效益也不好。

为了更好地掌握肉牛养殖的趋势，牛场的经营管理者要多学习、多思考、多总结、多走动。多学习就是既要多学习养殖方面的常识，又要学习牛肉价格变动的规律；多思考就是能够透过现象看本质，比如肉牛价格的变动，归根结底还是由供需矛盾引起的，这就是本质；多总结就是总结经验、吸取教训，只要能从失败的工作中吸取教训，从成功的工作中总结经验，以后就能更加准确、科学地预见未来，把自己的工作做得更好；多走动就是要走出去，纸上得来终觉浅，绝知此事要躬行，通过与同行的积极交流，及时掌握肉牛养殖方面的信息，取长补短。

由于肉牛养殖受饲养时间的限制，不是短时间见效的养殖项目。架子牛购买以后，至少要经过4个月的育肥期，而饲养母牛则需要较长时间。在饲养的这段时间，会受到市场价格变化、人工和饲料成本上升、疫情、食品安全事件、进口牛肉、走私牛肉等一系列不利因素以及不确定问题的影响。牛场经营者如果不重视提高预见能力，"视力"偏弱，目光短浅，只看到眼前，没有考虑未来的变化，对肉牛养殖的发展方向、变化心中无数，就会陷入困境。

因此，作为投资者既要熟悉肉牛生长的规律和饲养常识，又要了解当前肉牛养殖的形势，更要掌握肉牛养殖的发展趋势。结合自身特点，做好养牛场的经营管理。

三、养牛成功者给我们的启示

一些养牛的成功者，发了"牛"财的人，都是按照充分利用当地饲草资源、实行生态循环、肯吃苦、精心管理的方式去做的。

如据 2016 年 8 月 1 日东北网报道，今年 31 岁的李某，是一个土生土长的桦南县农民。由于家庭条件不好，他初中没毕业就去外地打工，然而辛苦在外奔波的几年里并没有挣到多少钱。春节返乡回家时，他了解到桦南县有丰富的秸秆资源，是肉牛养殖的理想饲料，再加上村里有几户人家养殖肉牛的效益比较好，于是他决定选择肉牛养殖作为自己的创业项目。刚开始走进牛舍，一股股腥臭味刺鼻而来，让他几次想放弃养殖的想法，但好学上进的李某还是坚持了下来。创业之初，他在肉牛繁育、饲养、防疫、销售等方面都是从零开始学习，给牛犊量体温、观察生长情况，李某不敢有丝毫马虎。在养牛的第 2 年，他养的牛得了一场口蹄疫病，死了很多牛，让他损失很大。想过要放弃，但想想还是继续努力干吧，所以一直坚持到现在。面对一个个考验，一道道难关，他都从容面对，逐一克服。凭借着钻研的精神和拼搏的毅力，如今李某的养牛场已经发展到了 110 多头肉牛。饲养技术的不断成熟，让他有自信能够扩大养殖规模。他说："现在我养的肉牛肉质特别好，卖得也特别快，我的牛已经卖到了上海、广州等地。""今年年底，我要成立一个养牛合作社，带领更多的农民一起来养牛。"我们知道，除了购买牛的成本以外，饲草成本是养牛的主要成本。由于牛对饲草的需求量大，如果不能依靠当地廉价的饲草，而全部或者大部分都要通过远途运输和外购，就会增加养殖成本，这种方式从长远看是行不通的。李某的成功是他能利用当地丰富廉价的饲草资源，肯吃苦。养殖是一个辛苦活，没有吃苦精神干不了这个活，管理要精心，选择养牛的时机也合适。

还有 2015 年 8 月 25 日湖北日报报道的夏某循环经济型家庭农场。2014 年 3 月，夏某回到家乡，投资 450 万元建起了潜江第一家循环经济型家庭农场。他从内蒙古、吉林、河北、河南等地考察后引进一百多头肉牛。他的农场实行草畜配套，种养结合的模式养牛。他在周边租赁了 400 亩农田，配套种植玉米、小麦，用作饲料。一亩田的青饲料可以喂 1.5 头牛，一头牛的效益在 3500 元左右，农场可以种两季玉米、一季麦子，一年的收益十分可观。使用全自动液压打包机，饲料切碎以后，机器进行液压打包，打包以后再通过塑料袋进行真空包装，最后在外面套一个编织袋，这样加工的饲料，正常情况下可以存放 2 年不会损坏。这种模式不仅可以提高效益，节约资源，还极大程度地减少了环境污染。夏某循环经济型家庭农场之所以值得借鉴，亮点主要是在循环经济上，如今养殖污染日益受到全社会的重视，谁在这方面解决得好，谁的前景就好。试想如果他还是沿用规模化养牛，饲料全部从外部采购，牛粪不自己实施还田或进行其他处理，他的养牛场不可能发展壮大。

再看看 2011 年 3 月 25 日天津人民广播电台报道的四川省眉山市东坡区悦兴镇马堰村 4 组规模养牛户吴某养殖肉牛养出"三重效益"。即养牛赚钱的直接效益、养牛带来的生态循环效益和养牛带来粮食丰收。

养牛赚钱的直接效益。规模养殖肉牛，饲草料耗量大，也是最犯难的大问题。为此，仅有初中文化的吴某自己买了《养牛实用新技术》《农家肉牛快速饲养法》等科学养牛书籍，潜心自学提高，边喂养边摸索，逐渐成了养牛行家。在科学喂养中，他巧用 2.5 亩退耕还林土地种植优质青草，把自家 20 多亩干稻草用作牛饲料，加上野外割些青草，再适当购买一些酒糟，也就基本解决了牛饲料的来源问题，连年养牛稳赚。

养牛带来的生态循环效益。据吴某介绍，他养殖肉牛的模式是，饲料以稻草为主，解决了自家 20 多亩田的稻草出路问题，牛粪尿进沼气池，牛多肥也多，产生的沼气也多，解决了全家人煮饭、烧水的能源问题，同时经过沼气池处理的肥料，全部施用于自家耕种的 20 多亩农田，仅此每年种粮食种蔬菜，两季作物每亩节省肥料成本 100 多元，全年共省肥料钱 2000 多元，不仅减少了秸秆对环境的污染，而且大量施用农家肥后土壤明显肥沃、松泡，所产的粮食、蔬菜品质好、产量高，在市场上很受青睐，比同等产品能更好地卖出。

养牛带来粮食丰收。吴某告诉笔者，"我每年种 22 亩水稻，每亩仅用 15 千克复混肥和 4 千克尿素，这样就完全不用碳铵、磷肥、钾肥等工业肥料，主要施用沼气池里的牛粪，种出的水稻秸秆亮、籽粒壮、产量高、质量好，平均亩产 600 千克以上，仅粮食生产一项纯收入 16000 元。利用腾出的稻田种植蔬菜 20 亩，亩产 6000 斤，亩纯收入达 1000 元，总计实现蔬菜收入 20000 元。"这样，全家 4 口人，全年实现纯收入共 68000 多元。

可见，吴某的成功同样是得益于种养结合的生态循环经济，这种方式是目前乃至今后政府都要大力提倡和推广的最科学的养殖方式。

四、要适度规模经营

经济学理论告诉我们：规模才能产生效益，规模越大效益越大，但规模达到一个临界点后，其效益随着规模呈反方向下降。适度规模养殖是在一定的适合环境和适合社会经济条件下，各生产要素（土地、劳动力、资金、技术、设备、经营管理、信息等）的最优组合和有效运行，取得最佳的经济效益。所谓肉牛养殖生产的适度规模，是指在一定社会条件下，肉牛养殖生产者结合自身的经济实力、生产条件和技术水平，充分利用自身的各种优势，把各种潜能充分发挥出来，以取得最好经济效益的规模。也就是在经济纯收益能支撑企业（场户）可持续经营的条件下，生产（产量）与市场、资源的可持续利用与保护、土地的承载与消纳能力之间基本达到平衡状态时的最低规模。可见，肉牛养殖的适度规模是动态概念，不论存栏还是屠宰加工能力，在我国不存在具体的头数标准和指标。

适度规模养殖有利于疫病的防控。适度规模经营可以有效利用土地资源、农场劳动力、农产品资源和农作物秸秆资源等资源优势，提高资源的循环利用，减少环境污染。适度规模所产生的粪污可通过沼气发酵、堆肥还田、加工有机肥等得到有效利用，达到节约种植成本的目的。可见，适度规模经营是化解"疫病风险、市场风险、环境污染"的有效途径。

养肉牛规模太小了不行，但也不是规模越大越好，肉牛养殖规模的扩大必须以提高劳动生产率和经济效益为目的。养殖规模的大小因养殖经营者的自身条件不同而不同，不能一概而论。通常养肉牛规模过大，资金投入相对较大，资源过度消耗、生态环境恶化、疫病防控成本倍增、饲料供应、架子牛购买、牛粪处理的难度增大，而且市场风险也增大。因此，适度规模应该注意以下几个方面。

一是与自身资金实力相适应，肉牛养殖的所需投资很大，尤其是短期育肥时购买架子牛需要的流动资金更大。据黑龙江农业信息网，2013 年 8 月 12 日黑龙江省部分地区黄牛平均价格每头最低 4600 元，最高 15000 元，普遍价格每头在 8000 元左右。如果一次购进 100 头，不包括运输和其他费用，仅购牛成本一项至少需要 46 万元。而牛进场以后，陆续要投入饲料、雇人工、防病治病、水电等开支，也是一项很大的开支，一直要等出售牛的时候才能形成良性循环，前期一直是投入。如果资金不足，就会出现难以为继。所以投资者必须根据自身的资金情况来确定饲养规模的大小。资金雄厚者，规模可大些。资金薄弱者，宜小规模起步，适合滚动发展的策略。

二是与所在地区发展形势相结合，根据《全国肉牛优势区域布局规划（2008—2015 年）》，全国规划了中原肉牛区、东北肉牛区、西北肉牛区和西南肉牛区四个优势区域，优势区域涉及 17 个省（自治区、直辖市）的 207 个县市。明确了各肉牛优势区域的发展方向，如果处在这四个肉牛养殖优势区，投资者可以根据所在区域的规划目标定位与主攻方向确定养殖的品种和规模。比如中原肉牛区的目标定位为建成为"京津冀""长三角"和"环渤海"经济圈提供优质牛肉的最大生产基地。东北肉牛区的目标定位为满足北方地区居民牛肉消费需求，提供部分供港活牛，并开拓日本、韩国和俄罗斯等周边国家市场。西北肉牛区的目标定位为满足西北地区牛肉需求，以清真牛肉生产为主；兼顾向中亚和中东地区出口优质肉牛产品，为育肥区提供架子牛。西南肉牛区的目标定位为立足南方市场，建成西南地区优质牛肉生产供应基地。

三是与当地的饲料资源相适应，要全面掌握当地的饲料资源，要保证就近解决饲料问题。靠长途运输、高价购草来饲养肉牛将得不偿失。在条件允许的情况下，若能拿出适当的耕地进行粮草间作、轮作解决青饲料供应问题，一般每头成年基础母牛至少匹配 1 公顷饲草、饲料种植地，粗饲料自给自足、数量和质量均有保障，饲养成本较低，真正做到农牧业生产良性生态循环，实现牛养殖业的规模化、标准化及健康持续发展。饲草问题解决之后，还应考虑季节因素。饲养育肥架子牛的，一般应选在饲草生长旺盛的夏秋季饲养，不宜在冬、春枯草季节饲养。

四是与自身经营管理水平相适应。应考虑投资者自身的经营管理水平，如果不掌握肉牛的生长发育规律和生理特点，不使用科学的饲养技术，就难以获得高效益。因此，要搞规模肉牛养殖，建场前必须对养牛的基础知识进行全面了解，并在以后的饲养实践中不断地总结和学习，系统地运用新技术，降低成本，提高效益。所以，投资者应在自身管理水平允许的范围内确定规模大小。对于没有经验的，可由小规模起步，总结出成熟的管理经验后，再扩大肉牛饲养规模。

五是与架子牛的来源相适应。购买架子牛育肥是肉牛养殖的主要方式，如果养殖场处在架子牛养殖比较集中的区域，架子牛的购买方便，可供挑选的优质架子牛多，购买成本也低。相反，如果养殖者处在架子牛养殖较少的地区，如果要养殖就要到距离很远的地方购买，属于长途贩运，运输成本和运输风险都很高，得不偿失。

结合实践经验，饲养母牛的适度规模应该是，家庭农场、小规模养牛户应以饲养30～60头成年母牛为宜；养殖合作社以养殖100～300头成年母牛为宜，大中型牛场以养殖400～1500头成年母牛为宜。

饲养育肥架子牛的，可以比饲养成年母牛数量多一些，具体数量还要考虑架子牛的来源、饲养场地、饲草、牛粪处理、劳动力、防疫等条件。

五、育肥牛适时出售

确定出栏时间，要根据生长发育规律、育肥效果、饲料报酬、商业时机等来综合判断，以取得好的养殖效益。

肉牛生长发育规律表明，家畜在1岁前生长增重较快，1岁以后生长速度逐渐减慢，特别是1.6～2岁以后生长得更慢。以夏洛莱牛为例，日增重从初生到6月龄为1.18～1.5千克，而7～12月龄为0.9～1.05千克。试验证明，年龄小的肉牛增重1千克需要的饲料量较年龄大的牛要少。因此，从饲料总消耗量和资金周转及设备利用等方面考虑，饲养年龄小的牛较饲养年龄大的牛有利。

一般情况下，6月龄肉牛的肥育期为10～12个月，12月龄牛的肥育期为8～9个月，24月龄牛的肥育期为5～6个月。

食欲观察。牛食欲降低，采食量下降，即使改变饲养技术，食欲仍不能有效提高，此时即可出栏。

称重检查。育肥牛前期体重增加得很快，后期连续3次称重，体重基本不再增加，此时即可出栏。

肥度触摸。牛的胸前、背部、最后肋骨上方、后肢膝壁、公牛阴囊、母牛乳房等处，脂肪较难沉积，如果触摸这些部位感觉丰满、柔软、充实并有弹性，其他部位的体膘已肥满，就证明育肥已完成，此时即可出栏。

六、使养肉牛的效益最大化

养肉牛的目的是为了赚钱。因此，如何使养肉牛的效益最大化，使所养的肉牛卖个好价钱，是每个养殖者最关心的事情。应该注意以下五个方面：

1. 遵循市场规律，养殖适销对路的品种

这是卖出好价钱的前提。养殖场要能见微知著地遵循市场规律，摸准市场的脉搏。养殖户可以根据当地肉牛消费的特点，确定选择养什么品种，也就是说，什么样品种的牛好卖就养什么品种。如目前我国专门化肉牛品种缺乏、高档牛肉供应严重不足，投资者可以从这方面入手。再比如当地的肉牛品种适合与国外引进的优秀品种杂交生产杂交肉牛，杂交后生产的肉牛长得快，肉质好，销路也好，就可以饲养引进品种，如夏洛莱牛、西门塔尔牛、短角牛、利木赞牛、海福特牛、安格斯牛等，与当地的品种杂交；还可以饲养肉牛繁育公司"放养""寄养"的肉牛，或者是选择"公司＋农户"的饲养方式；如果本地区对地方特色的黄牛品种的需求量较大，可以饲养这些地方品种，如秦川牛、南阳牛、鲁西牛、延边牛、新疆褐牛等地方品种，这个品种饲养成本以及养殖技术含量很低，适应性强，而且肉质细嫩，营养价值高，被餐饮行业看好，同样也能取得好效益。无论选择哪个品种，只要搞好饲养管理，产销对路，都能取得比较好的经济效益。市场需求是多元化的，无论养殖什么品种，只有符合市场需求，才能赚到钱。否则，不能适销对路，就不能获利。

从经济效益的角度，要见效快，就养殖大家普遍饲养的品种，因为这样的品种肉牛好挑选、饲料来源广、市场需要量大、饲养技术成熟等。而饲养量少的品种，市场需要养殖场自己去开拓，品种纯度不好保证，没有成熟的饲养技术等，想短期取得好效益非常困难。

2. 健康养殖，生产放心食品

注水牛肉、疾病牛出售、添加违禁的瘦肉精、私屠滥宰严重以及检疫，检验缺乏等这些在肉牛养殖业出现的问题，使我国牛肉质量不能让国内的消费者放心，也难以满足国际贸易上多数进口国的要求。最主要的表现为不能满足卫生及动物检疫标准，其中包括鲜嫩度、卫生保障、疫病控制、兽药残留等，从质量上不具备国际竞争力。

因此，积极发展健康肉牛养殖，养殖户转变粗放式养殖观念，实现标准化规模养殖。在农区专业养牛户和大型养牛场要建立标准化生产体系，并实行标准化生产规程。积极参与专业化养殖小区建设，进入养殖小区后，建标准化牛舍、青贮窖及其相关设施，重点做好品种、饲料、防疫、养殖技术和产品五方面的标准化工作，逐步实现品种良种化、饲养标准化、防疫制度化和产品规格化，做到绝对不添加任何违禁添加剂和不使用任何违禁药物，生产安全放心的牛肉产品，严格执行疫病检测和产品药物残留监测等，生产优质、安全牛肉产品，尤其是生产高档牛肉，给企业带来的效益会更高。

要多在改善养殖条件和饲养管理方面下工夫，少在投机取巧上费心思，不能为一时小利而毁掉整个肉牛养殖的前程。促进安全优质肉牛产品生产。

3. 延伸产业链，增加产品附加值

肉牛产业的发展，不仅取决于养殖环节，而且取决于加工环节。在发达国家，肉牛加工产值一般是养殖产值的 3 倍，而在我国大部分农区，加工产值只是养殖产值的 80％左右。大部分肉牛交易仍以卖活牛为主，加工产品少、价格低。业内人士分析认为，对于传统的肉牛屠宰加工企业，在当前的市场环境下，传统的肉牛饲养、加工企业赢利能力十分有限。受上游饲料、原料价格波动的影响，包括肉牛在内的泛农业产业一直存在峰谷交替的大起大落现象，不断地在阶段性暴利、阶段性亏损、阶段性持平三个状态间"荡秋千"。肉牛企业的战略重点应放在打造由牧场到餐桌的全产业链模式。

因此，对有实力的大型肉牛养殖场和肉牛屠宰企业要提高综合加工能力，引进国外现代科学屠宰方法和先进加工工艺、分割水平，积极拓展市场，根据市场的不同需要，将牛肉进行分部位分割，以满足不同层次人的口味和烹饪需求。将牛肉进行小块包装或精品包装，提高产品档次。加快牛肉的精深加工，增强市场竞争力，达到提高肉牛个体价值的目的。

4. 实施品牌战略，打造过硬品牌

品牌有利于树立养殖场的形象，提高企业及产品的知名度与美誉度。有利于提高产品的附加值，增加利润；有利于市场细分，培养顾客偏好与顾客忠诚，培养稳定的顾客群；有利于促使企业保证和提高产品质量，维护企业自身的信誉；有利于维护企业的正当权益；当今社会，产品竞争同质化、市场竞争白热化，许多企业失败的原因不尽相同，但是成功者的法宝却惊人地相似，那就是他们无一例外地借助了品牌的力量。一个成功的品牌，能够为其所有者不断带来超额利润，今天的市场竞争，很大程度上就是品牌竞争。

要重视对品牌的创立和宣传，有条件的企业要积极申报 ISO22000 食品安全管理体系认证、ISO9001：质量管理体系、ISO14001 环境管理体系认证等相关认证、清真食品认证、绿色食品认证、QS 认证等多项认证，这些认证是牛肉过硬品质的保证，是企业长久发展、产品品质稳步提高的坚强基石。参加各种形式的展销推介活动，营造良好的品牌发展氛围。

逆水行舟，不进则退，要想在同质化竞争越来越激烈的市场中分得一杯羹，立于不败之地，就必须创立自己的过硬品牌。

5. 整合销售渠道，实施深度营销

健全有序的流通渠道是一个产业建立与发展的基础，一个完整产业体系的建立与发展离不开高效有序的市场流通网络。因此，肉牛养殖场要在充分利用现有销售渠道的基础上逐步建立具有自身特色的销售渠道和网络，并对其实施有效的管理和控制，才能让养牛的效益倍增。

对于资金实力雄厚的养殖企业，可以在建场立项时就开始大造声势，把项目进展的每一个步骤都作为宣传的好时机，等真正可供出售的肉牛能对外销售的时候，不用太多宣传推介就达到一定知名度了。比如，在肉牛场立项的时候，可以利用地方政府招商引资政策，让地方政府有关部门参与规划，让当地的主流媒体报道这一投资项目，地方政府为了自身的政绩，也会主动通知媒体报道，后续的奠基仪式、开工仪式、当地政府和省市领导视察、引进种牛、养殖人才招聘会以及主动参与当地的一些公益事业和慈善捐款等，都是造势的最好也是最廉价的方式。

对于创业初期，资金规模不大的养牛场，可以借势而为。可以考虑先加入相关合作组织来整合资源，提升形象，扩大影响，借力开拓自己的市场，销售产品。目前，在养肉牛行业中存在不同的组织，如畜产品龙头企业、国家和地方养肉牛协会、养肉牛合作社等。饲养者可以根据自己的实际情况，选择适合自己的渠道来扩大生牛产品的销售，增加经济效益。等自身积累一定的实力后，在明确自己市场定位的基础上，经营者要敢于解放思想，大胆创新，根据本场的生产情况制定自己的市场营销策略来开拓市场。

七、做好养牛场的成本核算

养牛场的成本核算是指将在一定时期内养牛场生产经营过程中所发生的费用，按其性质和发生地点，分类归集、汇总、核算，计算出该时期内生产经营费用总额和分别计算出每种产品的实际成本和单位成本的管理活动。其基本任务是准确、及时地核算产品实际总成本和单位成本，提供正确的成本数据，为企业经营决策提供科学依据，并借以考核成本计划执行情况，综合反映企业的生产经营管理水平。

养牛场成本核算是养牛场成本管理工作的重要组成部分，成本核算的准确与否，将直接影响养牛场的成本预测、计划、分析、考核等控制工作，同时对养牛场的成本决策和经营决策产生重大影响。

通过成本核算，可以计算出产品实际成本，可以作为生产耗费的补偿尺度，是确定牛场盈利的依据，便于养牛场依据成本核算结果制定产品价格和企业编制财务成本报表。还可以通过产品成本核算计算出的产品实际成本资料，与产品的计划成本、定额成本或标准成本等指标进行对比，除可对产品成本升降的原因进行分析外，还可据此对产品的计划成本、定额成本或标准成本进行适当修改，使其更加接近实际。

通过产品成本核算，可以反映和监督养牛场各项消耗定额及成本计划的执行情况，可以控制生产过程中人力、物力和财力的耗费，从而做到增产节约、增收节支。同时，利用成本核算资料，开展对比分析，还可以查明养牛场生产经营的成绩和缺点，从而采取针对性的措施，改善养牛场的经营管理，促使牛场进一步降低产品成本。

通过产品成本的核算，还可以反映和监督产品占用资金的增减变动和结存情况，为加强产品资金管理、提高资金周转速度和节约有效地使用资金提供资料。

可见做好养牛场的成本核算具有非常重要的意义，是规模化养牛场必须做好的一项重要工作。

1. 成本核算的主要原则

（1）合法性原则　指计入成本的费用都必须符合法律、法规、制度等的规定。不合规定的费用不能计入成本。

（2）可靠性原则　包括真实性和可核实性。真实性就是所提供的成本信息与客观经济事项相一致，不应掺假，或人为地提高、降低成本。可核实性指成本核算资料按一定原则由不同会计人员加以核算，都能得到相同的结果。真实性和可核实性是为了保证成本核算信息正确、可靠。

（3）有用性和及时性原则　有用性是指成本核算要为牛场经营管理者提供有用的信息，为成本管理、预测、决策服务　及时性是强调信息取得的时间性。及时的信息反馈，可及时地采取措施，改进工作，而过时的信息往往成为徒劳无用的资料。

（4）分期核算原则　企业为了取得一定期间所生产产品的成本，必须将川流不息的生产活动按一定阶段（如月、季、年）划分为各个时期，分别计算各期产品的成本。成本核算的分期，必须与会计年度的分月、分季、分年相一致，这样便于利润的计算。

（5）权责发生制原则　应由本期成本负担的费用，不论是否已经支付，都要计入本期成本；不应由本期成本负担的费用（即已计入以前各期的成本，或应由以后各期成本负担的费用），虽然在本期支付，也不应计入本期成本，以便正确提供各项成本信息。

（6）实际成本计价原则　生产所耗用的原材料、燃料、动力要按实际耗用数量的实际单位成本计算、完工产品成本的计算要按实际发生的成本计算。虽然原材料、燃料、成品的账户可按计划成本（或定额成本、标准成本）加、减成本差异，以调整到实际成本。

（7）一致性原则　成本核算所采用的方法，前后各期必须一致，以使各期成本资料有统一的口径，前后连贯，互相可比。

2. 核算对象

养牛业生物资产核算的对象主要指牛的种类（奶牛和肉牛）和群别。养牛业生产成本核算的对象主要指承担发生各项生产成本的母牛、犊牛、幼牛等。为了便于管理和核算，要划分养牛业的群别。

基本牛群：包括产母牛和种公牛。

犊牛群：指出生后到6个月断乳的牛群，又称"6月以内犊牛"。

幼牛群：指6个月以上断乳的牛群，又称"6月以上幼牛"，包括育肥牛等。

划分养牛业的群别，要根据生产管理的需要，也可以按生产周期、批次划分养牛业的群别。

3. 科目设置

为了核算养牛业生物资产的有关业务，应设置主要科目。主要科目的名称和核算内容如下。

（1）"生产性生物资产"科目 本科目核算养牛企业持有的生产性生物资产的原价。即"基本牛群"，包括产母牛和种公牛，以及待产的成龄牛的原价。

本科目可按"未成熟生产性生物资产——待产的成龄母牛群"和"成熟生产性生物资产——产母牛和种公牛群"，分别对牛的生物资产种类（奶牛和肉牛等）进行明细核算。也可以根据责任制管理要求，按所属责任单位（人）等进行明细核算。

（2）"消耗性生物资产"科目 本科目核算养牛企业持有的消耗性生物资产的实际成本。即"犊牛群""幼牛群"的实际成本。

本科目可按牛的消耗性生物资产的种类（奶牛和肉牛等）和群别等进行明细核算。也可以根据责任制管理要求，按所属责任单位（人）等进行明细核算。

（3）"养牛业生产成本"科目 本科目核算养牛企业进行养牛生产的各项生产成本，包括为生产"牛肉"的产母牛和种公牛、待产的成龄母牛的饲养费用，由"牛肉"承担的各项生产成本；为生产肉用"犊牛"的产母牛和种公牛、待产的成龄母牛的饲养费用，肉用"犊牛"承担的各项生产成本；"幼牛群"的饲养费用，"幼牛群"承担的各项生产成本。

本科目分别对养牛业确定成本核算对象和成本项目，进行费用的归集和分配。

（4）其他相关科目 涉及以上主要科目的相关科目如下。

① 产母牛和种公牛、待产的成龄母牛需要折旧摊销的，可以单独设置"生产性生物资产累计折旧"科目，比照"固定资产累计折旧"科目进行处理。

② 生产性生物资产发生减值的，可以单独设置"生产性生物资产减值准备"科目，比照"固定资产减值准备"科目进行处理。

③ 消耗性生物资产发生减值的，可以单独设置"消耗性生物资产跌价准备"科目，比照"存货跌价准备"科目进行处理。

④ 制造费用（共同费用）和辅助生产成本的核算，这些要按企业

生产管理情况确定，比照"制造费用"和"辅助生产成本"科目进行处理。

上述涉及生物资产相关科目的核算，不再过多叙述。

4. 账务处理方法

以养母牛为例，讲解按生产流程发生的正常典型业务的账务处理，归纳为如下5大类20项业务事例，分别叙述。非典型特殊会计业务事例和副产品等业务事例，本讲解不再叙述。本讲解也不包括房屋和设备等建设工程业务核算。

（1）母牛的饲养准备阶段的核算　包括购买饲料、防疫药品、产母牛和种公牛、待产的成龄母牛等业务的核算。

例1：银行和现金支付购入饲料款，包括饲料的购买价款、相关税费、运输费、装卸费、保险费以及其他可归属于饲料采购成本的费用。会计分录如下。

借：原材料——××饲料

贷：银行存款

贷：库存现金

例2：现金支付药品款，包括药品购买价款和其他可归属于药品采购成本的费用。会计分录如下。

借：原材料——××药品

贷：库存现金

例3：银行和部分现金支付购入幼牛款，按应计入消耗性生物资产成本的金额，包括购买价款、相关税费、运输费、保险费以及可直接归属于购买幼牛该项资产的其他支出。会计分录如下。

借：消耗性生物资产——幼牛群

贷：银行存款

贷：库存现金

例4：银行和部分现金支付购入产母牛、公牛、待产的成龄母牛款，按应计入生产性生物资产成本的金额，包括购买价款、相关税费、运输费、保险费以及可直接归属于购买产母牛、种公牛、待产的成龄母牛该项资产的其他支出。会计分录如下。

借：生产性生物资产——基本牛群

贷：银行存款

贷：库存现金

（2）幼牛饲养的核算 包括直接使用的人工、直接消耗的饲料和直接消耗的药品等业务的核算。属于养牛共用的水、电、汽（由于只有一个表计量）和有关共同用人工以及其他共同开支，应在"养牛业生产成本——共同费用"科目核算，借记"养牛业生产成本——共同费用"科目，贷记"银行存款"等科目，而后分摊。属于公司管理方面的人工费和有关费用，应在"管理费用"科目核算，借记"管理费用"科目，贷记"库存现金""银行存款"等科目。

例5： 养幼牛直接使用的人工，按工资表分配数额计算。会计分录如下。

借：养牛业生产成本——幼牛群

贷：应付职工薪酬

例6： 养幼牛直接消耗的饲料，按报表饲料投入数额或者按盘点饲料投入数额计算。会计分录如下。

借：养牛业生产成本——幼牛群

贷：原材料——××饲料

例7： 养幼牛直接消耗的药品，按报表药品投入数额或者按盘点药品投入数额计算。会计分录如下。

借：养牛业生产成本——幼牛群

贷：原材料——××药品

（3）牛的转群的核算 指牛群达到预定生产经营目的，进入又一正常生产期，包括"犊牛群"成本的结转、"犊牛群"转为"幼牛群""幼牛群"转为"基本牛群"、淘汰的"基本牛群"转为育肥牛（幼牛群）的核算。

例8： "幼牛群"转为"基本牛群"，先结转"幼牛群"的全部成本，包括"幼牛群"转前通过"养牛业生产成本——幼牛群"科目核算的饲料费、人工费和应分摊的间接费用等必要支出。会计分录如下。

借：消耗性生物资产——幼牛群

贷：养牛业生产成本——幼牛群

例9： "幼牛群"转为"基本牛群"，按"幼牛群"的账面价值结转，包括原全部购买价值和结转的饲养过程的全部成本。会计分录如下。

借：生产性生物资产——基本牛群

贷：消耗性生物资产——幼牛群

例 10：淘汰的产母牛（基本牛群）转为育肥牛，按淘汰的基本牛群的账面价值结转。会计分录如下。

　　借：消耗性生物资产——幼牛群（包括育肥牛）

　　贷：生产性生物资产——基本牛群

例 11："犊牛群"转为"幼牛群"，先结转"犊牛群"的全部成本，包括"犊牛群"转前通过"养牛业生产成本——基本牛群"科目核算的饲料费、人工费和应分摊的间接费用等必要支出。会计分录如下。

　　借：消耗性生物资产——犊牛群

　　贷：养牛业生产成本——基本牛群

例 12："犊牛群"转为"幼牛群"，按"犊牛群"的账面价值结转。会计分录如下。

　　借：消耗性生物资产——幼牛群

　　贷：消耗性生物资产——犊牛群

（4）牛（生物资产）出售的核算　包括犊牛和幼牛出售的核算和淘汰产母牛（基本牛群）出售的核算。幼牛出售前在账上作为消耗性生物资产，淘汰产母牛（基本牛群）出售前在账上作为生产性生物资产，这两种因出售交易而可视同成品出售对待。

例 13：幼牛和育肥牛出售的核算，按银行实际收到的金额结算。会计分录如下。

　　借：银行存款

　　贷：主营业务收入——幼牛（育肥牛）

例 14：按幼牛（育肥牛）账面价值结转成本。会计分录如下。

　　借：主营业务成本——幼牛（育肥牛）

　　贷：消耗性生物资产——幼牛（育肥牛）

例 15：淘汰产母牛（基本牛群）正常出售的核算，按银行实际收到的金额结算。会计分录如下。

　　借：银行存款

　　贷：主营业务收入——产母牛（基本牛群）

例 16：按产母牛（基本牛群）账面价值结转成本。会计分录如下。

　　借：主营业务成本——产母牛（基本牛群）

　　贷：生产性生物资产——基本牛群

5. 考核利润指标

（1）产值利润及产值利润率　产值利润是产品产值减去可变成本

和固定成本后的余额。产值利润是一定时期内总利润额与产品产值之比。计算公式为

产值利润率＝（利润总额/产品产值）×100％

（2）销售利润及销售利润率

销售利润＝销售收入－生产成本－销售费用－税金

销售利润率＝（产品销售利润/产品销售收入）×100％

（3）营业利润及营业利润率

营业利润＝销售利润－推销费用－推销管理费

企业的推销费用包括接待费、推销人员工资及差旅费，广告宣传费等。

营业利润率＝（营业利润/产品销售收入）×100％

利润反映了生产与流通合计所得的利润。

（4）经营利润及经营利润率：

经营利润＝营业利润＋营业外损益

营业外损益指与企业的生产活动没有直接联系的各种收入或支出。如罚金、由于汇率变化影响的收入或支出、企业内事故损失、积压物资削价损失、呆账损失等。

经营利润率＝（经营利润/产品销售收入）×100％

（5）衡量一个企业的赢利能力　养牛生产是以流动资金购入饲料、母牛、架子牛、医药、燃料等，在人的劳动作用下转化成肉牛产品，通过销售又回收了资金，这个过程叫资金周转一次。

利润就是资金周转一次或使用一次的结果。资金在周转中获得利润，周转越快，次数越多，企业获利就越多。资金周转的衡量指标是一定时期内流动资金周转率。

资金周转率（年）＝（年销售总额/年流动资金总额）×100％

企业的销售利润和资金周转共同影响资金利润的高低。

资金利润率＝资金周转率×销售利润率

企业赢利的最终指标应以资金利润率作为主要指标。

附录

一、无公害食品 肉牛饲养管理准则

无公害食品 肉牛饲养管理准则

代号：NY/T 5128—2002

发布日期：2002-07-25 实施日期：2002-09-01

中华人民共和国农业部

前言

本标准由中华人民共和国农业部提出。

本标准起草单位：中国农业科学院畜牧研究所、中国农业大学。

本标准主要起草人：许尚忠、李俊雅、李胜利、任红艳、贾恩堂、邵志文。

无公害食品 肉牛饲养管理准则

1 范围

本标准规定了无公害肉牛生产中环境、引种和购牛、饲养、防疫、管理、运输、废弃物处理等涉及肉牛饲养管理的各环节应遵循的准则。

本标准适用于生产无公害牛肉的种牛场、种公牛站、胚胎移植中心、商品牛场、隔离场的饲养与管理。

2 规范性引用文件

下列文件中的条款是通过本标准的引用而成为本标准的条款。凡是注日期的引用文件，其随后所有的修改单（不包括勘误的内容）或修订版均不适用于本标准，然而鼓励根据本标准达成协议的各方研究是否可使用这些文件的最新版本。凡是不注日期的引用文件，其最新版本适用于本标准。

GB 16548 畜禽病害肉尸及其产品无害化处理规范

GB 16549 畜禽产地检疫规范

GB 16567 种畜禽调运检疫技术规范

GB/T 18407.3-2001 农产品安全质量 无公害畜禽产地环境要求

GB 18596 畜禽场污染物排放标准

NY/T 388 畜禽场环境质量标准

NY 5027 无公害食品 畜禽饮用水水质标准

NY 5125 无公害食品 肉牛饲养兽药使用准则

NY 5126 无公害食品 肉牛饲养兽医防疫准则

NY 5127 无公害食品 肉牛饲养饲料使用准则

种畜禽管理条例

饲料和饲料添加剂管理条例

3 术语和定义

下列术语和定义适用于本标准。

3.1

肉牛 beef cattle

在经济或体形结构上用于生产牛肉的品种（系）。

3.2

投入品 input

饲养过程中投入的饲料、饲料添加剂、水、疫苗、兽药等物品。

3.3

净道 non-pollution road

牛群周转、场内工作人员行走、场内运送饲料的专用道路。

3.4

污道 pollution road

粪便等废弃物运送出场的道路。

3.5

牛场废弃物 cattle farm waste

主要包括牛粪、尿、尸体及相关组织、垫料、过期兽药、残余疫苗、一次性使用的畜牧兽医器械及包装物和污水。

4 牛场环境与工艺

4.1 牛场环境应符合 GB/T 18407.3 要求。

4.2　场址用地应符合当地土地利用规划的要求，充分考虑牛场的放牧和饲草、饲料条件。

4.3　牛场的布局设计应选择避风和向阳，建在干燥、通风、排水良好、易于组织防疫的地点。牛场周围 1 000 米内无大型化工厂、采矿场、皮革厂、肉品加工厂、屠宰厂、饲料厂、活畜交易市场和畜牧场污染源。牛场距离干线公路、铁路、城镇、居民区和公共场所500 米以上，牛场周围有围墙（围墙高＞1.5 米）或防疫沟（防疫沟宽＞2.0 米），周围建立绿化隔离带。

4.4　饲养区内不应饲养其他经济用途的动物。饲养区外 1 000 米内不应饲养偶蹄动物。

4.5　牛场管理区、生活区、生产区、粪便处理区应分开。牛场生产区要布置在管理区主风向的下风向或侧风向，隔离牛舍、污水、粪便处理设施，病、死牛处理区设在生产区主风向的下风向或侧风向。

4.6　场区内道路硬化，裸露地面绿化，净道和污道分开，互不交叉，并及时清扫和定期或不定期消毒。

4.7　按生长阶段进行牛舍结构设计，牛舍布局符合实行分阶段饲养方式的要求。

4.8　种牛舍设计应能保温隔热，地面和墙壁应便于清洗和消毒，有利于废弃物排放和处理的设施。

4.9　牛场应设有废弃物储存、处理设施，防止泄漏、溢流、恶臭等对周围环境造成污染。

4.10　牛舍应通风良好，空气中有毒有害气体含量应符合 NY/T 388 的要求，温度、湿度、气流、光照符合肉牛不同生长阶段的要求。

5　引种和购牛

5.1　引进种牛要严格执行《种畜禽管理条例》第 7、8、9 条，并按照 GB 16567 进行检疫。

5.2　购入牛要在隔离场（区）观察不少于 15 天，经兽医检查确定为健康合格后，方可转入生产群。

6　饲养投入品

6.1　饲料和饲料添加剂

6.1.1　饲料和饲料原料应符合 NY 5127。

6.1.2　定期对各种饲料和饲料原料进行采样和化验。各种原料和产品标志清楚，在洁净、干燥、无污染源的储存仓内储存。

6.1.3 不应在牛体内埋植或在饲料中添加镇静剂、激素类等违禁药物。

6.1.4 使用含抗生素的添加剂时，应按照《饲料和饲料添加剂管理条例》执行休药期。

6.2 饮水

6.2.1 水质应符合 NY 5027 的要求。

6.2.2 定期清洗消毒饮水设备。

6.3 疫苗和使用

6.3.1 牛群的防疫应符合 NY 5126 的要求。

6.3.2 防疫器械在防疫前后应彻底消毒。

6.4 兽药和使用

6.4.1 治疗使用药剂时，执行 NY 5125 的规定。

6.4.2 肉牛育肥后期使用药物时，应根据 NY 5125 执行休药期。

6.4.3 发生疾病的种公牛、种母牛及后备牛必须使用药物治疗时，在治疗期或达不到休药期的不应作为食用淘汰牛出售。

7 卫生消毒

7.1 消毒剂

选用的消毒剂应符合 NY 5125。

7.2 消毒方法

7.2.1 喷雾消毒

对清洗完毕后的牛舍、带牛环境、牛场道路和周围以及进入场区的车辆等用规定浓度的次氯酸盐、有机碘混合物、过氧乙酸、新洁尔灭、煤酚等进行喷雾消毒。

7.2.2 浸液消毒

用规定浓度的新洁尔灭、有机碘混合物或煤酚等的水溶液洗手、洗工作服或胶靴。

7.2.3 紫外线消毒

人员入口处设紫外线灯照射至少 5 分钟。

7.2.4 喷撒消毒

在牛舍周围、入口、产床和牛床下面撒生石灰、火碱等进行消毒。

7.2.5 火焰消毒

在牛只经常出入的产房、培育舍等地方用喷灯的火焰依次瞬间喷射消毒。

7.2.6　熏蒸消毒

用甲醛等对饲喂用具和器械在密闭的室内或容器内进行熏蒸。

7.3　消毒制度

7.3.1　环境消毒

牛舍周围环境每2～3周用2％火碱或撒生石灰消毒1次；场周围及场内污染地、排粪坑、下水道出口，每月用漂白粉消毒1次。在牛场、牛舍入口设消毒池，定期更换消毒液。

7.3.2　人员消毒

工作人员进入生产区净道和牛舍要更换工作服和工作鞋、经紫外线消毒。外来人员必须进入生产区时，应更换场区工作服和工作鞋，经紫外线消毒，并遵守场内防疫制度，按指定路线行走。

7.3.3　牛舍消毒

每批牛只调出后，应彻底清扫干净，用水冲洗，然后进行喷雾消毒。

7.3.4　用具消毒

定期对饲喂用具、饲料车等进行消毒。

7.3.5　带牛消毒

定期进行带牛消毒，减少环境中的病原微生物。

8　管理

8.1　人员管理

8.1.1　牛场工作人员应定期进行健康检查，有传染病者不应从事饲养工作。

8.1.2　场内兽医人员不应对外出诊，配种人员不应对外开展牛的配种工作。

8.1.3　场内工作人员不应携带非本场的动物食品入场。

8.2　饲养管理

8.2.1　不应喂发霉和变质的饲料和饲草。

8.2.2　按体重、性别、年龄、强弱分群饲养，观察牛群的健康状态，发现问题及时处理。

8.2.3　保持地面清洁，垫料应定期消毒和更换。保持料槽、水槽及舍内用具洁净。

8.2.4　对成年种公牛、母牛定期浴蹄和修蹄。

8.2.5　对所有牛用打耳标等方法编号。

8.3　灭蚊蝇、灭鼠、驱虫

8.3.1 消毒水坑等蚊蝇滋生地，定期喷撒消毒药物，消灭蚊蝇。

8.3.2 使用器具和药物灭鼠，及时收集死鼠和残余鼠药，并应做无害化处理。

8.3.3 选择高效、安全的抗寄生虫药物驱虫，驱虫程序要符合NY 5125 的要求。

9 运输

9.1 商品牛运输时，应经动物防疫监督机构根据 GB 16549 检疫，并出具检疫证明。

9.2 运输车辆在使用前后要按照 GB 16567 的要求消毒。

10 病、死牛处理

10.1 牛场不应出售病牛、死牛。

10.2 需要处死的病牛，应在指定地点进行扑杀，传染病牛尸体要按照 GB 16548 进行处理。

10.3 有使用价值的病牛应隔离饲养、治病、病愈后归群。

11 废弃物处理

11.1 牛场污染物排放应符合 GB 18596 的要求。

12 资料记录

12.1 所有记录应准确、可靠、完整。

12.2 牛只标记和谱系的育种记录。

12.3 发情、配种、妊娠、流产、产犊和产后监护的繁殖记录。

12.4 哺乳、断奶、转群的生产记录。

12.5 种牛及肥育牛来源、牛号、主要生产性能及销售地记录。

12.6 饲料及各种添加剂来源、配方及饲料消耗记录。

12.7 防疫、检疫、发病、用药和治疗情况记录。

二、无公害食品 肉牛饲养兽医防疫准则

无公害食品 肉牛饲养兽医防疫准则

代号：NY 5126—2002

发布日期：2002-07-25　实施日期：2002-09-01

中华人民共和国农业部

前言

本标准由中华人民共和国农业部提出。

本标准起草单位：农业部动物及动物产品卫生质量监督检验测试中心、农业部动物检疫所。

本标准主要起草人：郭福生、曲志娜、陆明哲、陆红、刘俊辉、王娟、刘爽。

1　范围

本标准规定了生产无公害食品的肉牛饲养场在疫病的预防、监测、控制和扑灭方面的兽医防疫准则。

本标准适用于生产无公害食品肉牛饲养场的兽医防疫。

2　规范性引用文件

下列文件中的条款通过本标准的引用而成为本标准的条款。凡是注日期的引用文件，其随后所有的修改单（不包括勘误的内容）或修订版均不适用于本标准，然而鼓励根据本标准达成协议的各方研究是否可使用这些文件的最新版本。凡是不注日期的引用文件，其最新版本适用于本标准。

GB 16548　畜禽病害肉尸及其产品无害化处理规程

GB 16549　畜禽产地检疫规范

NY/T 388　畜禽场环境质量标准

NY 5027　无公害食品　畜禽饮用水水质

NY 5125　无公害食品　肉牛饲养兽药使用准则

NY 5127　无公害食品　肉牛饲养饲料使用准则

NY/T 5128　无公害食品　肉牛饲养管理准则

中华人民共和国动物防疫法

3　术语和定义

下列术语和定义适用于本标准。

3.1　动物疫病 animal epidemic disease

动物的传染病和寄生虫病。

3.2　病原体 pathogen

能引起疾病的生物体，包括寄生虫和致病微生物。

3.3　动物防疫 animal epidemic prevention

动物疫病的预防、控制、扑灭和动物、动物产品的检疫。

4　疫病预防

4.1　环境卫生条件

肉牛饲养场的环境卫生质量应符合 NY/T 388 规定的要求。

4.2　肉牛饲养场的卫生条件

4.2.1　肉牛饲养场的选址、布局、设施及其卫生要求、工作人员健康卫生要求、运输卫生要求、防疫卫生等必须符合 NY/T 5128 规定的要求。

4.2.2 具有清洁、无污染的水源，水质应符合 NY 5027 规定的要求。

4.2.3 肉牛饲养场应设管理和生活区、生产和饲养区、生产辅助区、畜粪堆贮区、病牛隔离区和无害化处理区，各区应相互隔离。净道与污道分设，并尽可能减少交叉点。

4.2.4 非生产人员不应进入生产区。特殊情况下，需经消毒后方可入场，并遵守场内的一切防疫制度。

4.2.5 应按照 NY/T 5128 规定的要求建立规范的消毒方法。

4.2.6 肉牛饲养场内不准屠宰和解剖牛只。

4.3 引进牛只

4.3.1 坚持自繁自养的原则，不从有牛海绵状脑病及高风险的国家和地区引进牛只、胚胎/卵。

4.3.2 必须引进牛只时，应从非疫区引进牛只，并有动物检疫合格证明。

4.3.3 牛只在装运及运输过程中没有接触过其他偶蹄动物，运输车辆应做过彻底清洗消毒。

4.3.4 牛只引入后至少隔离饲养 30 天，在此期间进行观察、检疫，确认为健康者方可合群饲养。

4.4 饲养管理要求

肉牛饲养场的饲养管理应符合 NY/T 5128 规定的要求。

4.5 饲料、饲料添加剂和兽药的要求

4.5.1 饲料和饲料添加剂的使用应符合 NY 5128 规定的要求，禁止饲喂动物源性肉骨粉。

4.5.2 兽药的使用应符合 NYT 5128 规定的要求。

4.6 免疫接种

肉牛饲养场应根据《中华人民共和国动物防疫法》及其配套法规的要求，结合当地实际情况，有选择地进行疫病的预防接种工作，并注意选择适宜的疫苗和免疫方法。

5 疫病控制和扑灭

5.1 肉牛饲养场发生或怀疑发生一类疫病时，应依据《中华人民共和国动物防疫法》及时采取以下措施：

5.1.1 立即封锁现场，驻场兽医应及时进行诊断，采集病料由权威部门确诊，并尽快向当地动物防疫监督机构报告疫情。

5.1.2　确诊发生口蹄疫、蓝舌病、牛瘟、牛传染性胸膜肺炎时，肉牛饲养场应配合当地畜牧兽医管理部门，对牛群实施严格的隔离、检疫、扑杀措施。

5.1.3　发生牛海绵状脑病时，除了对牛群实施严格的隔离、扑灭措施外，还需追踪调查病牛的亲代和子代。

5.1.4　全场进行彻底的清洗消毒，病死或淘汰牛的尸体按 GB16548 进行无害化处理。

5.2　发生炭疽时，焚毁病牛，对可能污染点彻底消毒。

5.3　发生牛白血病、结核病、布鲁氏菌病等疫病，发现蓝舌病血清学阳性牛时，应对牛群实施清群和净化措施。

6　产地检疫

产地检疫按 GB 16549 和国家有关规定执行。

7　疫病监测

7.1　当地畜牧兽医行政管理部门必须依照《中华人民共和国动物防疫法》及其配套法规的要求，结合当地实际情况，制订疫病监测方案，由当地动物防疫监督机构实施，肉牛饲养应积极予以配合。

7.2　肉牛饲养场常规监测的疾病至少应包括口蹄疫、结核病、布鲁氏菌病。

7.3　不应检出的疫病：牛瘟、牛传染性胸膜肺炎、牛海绵状脑病。

除上述疫病外，还应根据当地实际情况，选择其他一些必要的疫病进行监测。

7.4　根据当地实际情况由动物防疫监督机构定期或不定期地进行必要的疫病监督抽查，并将抽查结果报告当地畜牧兽医行政管理部门，同时反馈肉牛饲养场。

8　记录

每群肉牛都要有相关的资料记录，其内容包括：肉牛来源，饲料消耗情况，发病率、死亡率及发病死亡原因，消毒情况，无害化处理情况，实验室检查及其结果，用药及免疫接种情况，肉牛去向。所有记录必须妥善保存。

参 考 文 献

[1] 肖冠华，等．投资养肉牛你准备好了吗．北京：化学工业出版社，2014.

[2] 王加启，等．肉牛高效益饲养技术（修订版）．北京：金盾出版社，2009.

[3] 肖冠华．养肉牛高手谈经验．北京：化学工业出版社，2015.

[4] 王利明，等．应用 B 超进行肉牛早期的妊娠诊断 [J]．西南农业学报．2006，19（1）：146～148.

[5] 吕润全．奶牛妊娠早期诊断技术介绍．中国奶牛．2012（6）：55～56.

[6] 左海洋，等．奶牛早期妊娠诊断技术研究进展．畜牧兽医学报．2014，45（10）：1584～1591.

[7] 全国畜牧总站体系建设与推广处．肉牛养殖主推技术．中国畜牧业．2014（10）.

[8] 和林春，红海．浅谈公牛的阉割技术．中国畜禽种业．2013，9（6）：59～60.

[9] 杜海燕，等．肉牛寄生虫病的综合防治．河南畜牧兽医．2014，35（8）.

[10] 单守峰，王峰．牛蹄病的防治．安徽农学通报．2009，15（9）.

[11] 张玉茹，等．肉牛舍的标准化设计及环境控制．云南畜牧兽医．2007（3）.